本书得到河南省科技厅科技攻关项目（项目编号：232102111094）和周口师范学院高层次人才科研启动经费（项目编号：ZKNUC2021048）资助

水稻主要病虫害及防治技术

郑晓红 著

科学技术文献出版社
SCIENTIFIC AND TECHNICAL DOCUMENTATION PRESS
·北京·

图书在版编目（CIP）数据

水稻主要病虫害及防治技术 / 郑晓红著 . -- 北京 : 科学技术文献出版社 , 2024. 11. -- ISBN 978-7-5235-2140-3

Ⅰ. S435.11

中国国家版本馆 CIP 数据核字第 2024044E7C 号

水稻主要病虫害及防治技术

策划编辑：秦 源 责任编辑：李晓晨 公 雪 责任校对：张永霞 责任出版：张志平

出 版 者 科学技术文献出版社
地 址 北京市复兴路15号 邮编 100038
编 务 部 （010）58882909，58882087（传真）
发 行 部 （010）58882868，58882870（传真）
官方网址 www.stdp.com.cn
发 行 者 科学技术文献出版社发行 全国各地新华书店经销
印 刷 者 北京厚诚则铭印刷科技有限公司
版 次 2024 年 11 月第 1 版 2024 年 11 月第 1 次印刷
开 本 710×1000 1/16
字 数 230千
印 张 15.5
书 号 ISBN 978-7-5235-2140-3
定 价 59.00元

版权所有 违法必究

购买本社图书，凡字迹不清、缺页、倒页、脱页者，本社发行部负责调换

前　言

中国是世界上最大的稻米生产和消费国，水稻作为主要粮食作物之一，对国家的粮食安全和社会稳定至关重要。然而，水稻在生长过程中面临着多种病虫害的威胁，这些病虫害不仅影响产量和品质，还增加了农业生产的成本。随着气候变化和农业生产方式的不断演变，水稻病虫害的发生与流行规律也在不断变化。因此，了解和掌握水稻病虫害防治技术显得尤为重要。

从专业背景来看，植物保护学和农业科学在水稻病虫害防治中发挥着关键作用。植物保护学主要研究植物病害、虫害及杂草的发生规律与防治措施，为农业生产提供科学依据和技术支持。农业科学则涵盖了从品种选育、耕作制度到病虫害防治的各个方面，形成了一个系统的农业生产技术体系。近年来，随着生物技术、生态学和信息技术的发展，水稻病虫害防治技术也得到了显著提升。

本书的写作意图在于系统总结和归纳水稻主要病虫害的发生规律和综合防治技术，旨在为广大农业科技工作者、农民和农业管理人员提供一本实用性强、内容丰富的专业书籍。通过对水稻病虫害的深入研究和实际案例的分析，我们希望能够为我国水稻生产提供科学指导，提升水稻生产的效率和效益，保障国家粮食安全。

《水稻主要病虫害及防治技术》全书共分为六章。第一章“水稻病虫害概述”介绍了水稻病害和虫害的基础知识，并详细说明了田间调查技术，为后续章节的深入探讨奠定基础。第二章“水稻病虫害综合防治技术”系统阐述了植物检疫、农业防治、物理机械防治、生物防治和化学防治等综合防治手段，强调了多种方法的有机结合和综合应用。第三章“水稻主要病害及防治技术”具体分析了真菌性病害、病毒性病害、细菌性病害和其他病害的特点及其防治策略。第四章“水稻主要虫害及防治技术”介绍了钻蛀性害虫、迁飞性害虫、检疫性害虫及其他害虫的防治技术，为不同类型的虫害提供了针对性的防治方案。第五章“水稻病虫害防治的案例分析”通过南方水稻黑条矮缩病、东北地区水稻二化螟和我国水稻褐飞虱抗药性治理等典型案例，展示了具体的防治实践和经验总结。第六章“水稻病虫害防治的发展对策”提出了加强和完善防治技术体系、推进抗性品种的选育和推广、加大政府的扶持力度及积极推进病虫害遥感检测与预警技术的创新等未来发展的策略和方向。

本书具有以下几个特点：首先，内容全面系统，涵盖了水稻病虫害防治的各个方面；其次，注重实用性，提供了大量可操作性强的防治技术和方法；再次，通过典型案例分析，帮助读者更好地理解和应用所学知识；最后，结合最新研究成果，反映了水稻病虫害防治领域的前沿动态。本书适合广大农业科技工作者、农民、农业管理人员及农业院校的师生阅读和参考。希望本书能够成为大家在水稻病虫害防治工作中的得力助手，为我国水稻产业的健康发展贡献力量。

目 录

第一章　水稻病虫害概述

第一节　水稻病害的基础知识

一、水稻病害的定义和症状

（一）水稻病害的定义

水稻病害的发展是植物病理学中的一个重要研究领域，涉及多种复杂的生物和非生物因素。在水稻的生长过程中，若遭遇不利的环境条件，如温度、湿度异常或受到病原，如真菌、细菌的侵袭，水稻的正常生理和生长发育过程将受到干扰。这些干扰导致水稻的生理功能出现异常和组织结构受损，最终在外观上表现为病态，形成所谓的水稻病害。

水稻病害与其他，如冰冻、虫害或风力导致的机械性伤害显著不同。这些伤害虽然可能立即影响水稻，但并不涉及病理变化的过程。相反，水稻病害是一个包含病理变化并逐步加剧的过程，这种病理变化是由病原在植株体内的活动引起的，这些活动包括病原的侵染、定殖及对寄主细胞的破坏。

管理水稻病害要求对病害的生物学特性有深入的了解，包括病原的生命周期、传播方式及其与寄主相互作用的机制。这些知识对于开发有效的病害管理策略至关重要，包括选择抗病品种、合理调配灌溉和施肥计划，以及适时使用农药。因此，探究和应用这些知识不仅有助于提高水稻产量和品质，还对保障粮食安全和可持续农业发展具有重要意义。

（二）水稻病害的识别

水稻病害的识别与分类至关重要，尤其在田间诊断中发挥着核心作用。

水稻病害的症状主要分为两大类：病状和病征，如图 1–1 所示。病状是指水稻自身表现出的异常。例如，叶片的变色、枯死或畸形等，直接反映了植株生理受损的程度。病征描述的是在感染部位形成的病原繁殖体和营养结构，如霉层、粉状物，或其他可见的病原产生物。不同类型的病原在水稻上引起的病害症状表现各异。例如，由真菌和细菌引起的病害通常会在水稻上产生明显的病状和病征。这些病原不仅影响水稻的生理功能，还在植株体表或内部形成可识别的病征，如发霉或形成特定形状的病斑。相比之下，由病毒和一些非侵染性因子引起的病害主要表现为病状，而不形成明显的病征，这类病害包括由环境压力，如干旱或化学毒素引起的病态。

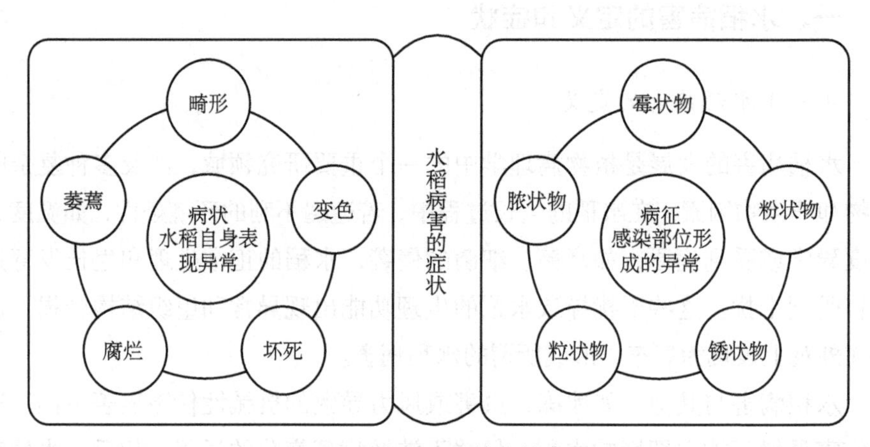

图 1–1 水稻病害的症状类型

水稻纹枯病是一种典型的病害，既表现出病状也有病征，从而为病害的诊断提供了多重视角。在实际应用中，对这些症状的观察不仅能帮助农业技术人员快速识别病害类型，还是制定有效防治策略的基础。因此，对水稻病害的症状和病征进行详细研究与记录，是提高水稻健康管理效率和作物产量的关键步骤。通过精确的田间诊断，可以实施更具针对性的病害控制措施，从而减少农药的使用，提高农业的可持续性。

1. 病状的类型和表现

（1）变色

水稻感染病原后，部分组织或全株可能会失去正常的绿色，表现为黄化、

斑驳、坏斑和条斑等。例如，病毒病常导致黄化；水稻纹枯病引起斑驳；稻瘟病表现为坏斑；水稻条纹叶枯病则导致条斑。

（2）坏死

此病状涉及植物组织局部区域死亡，通常在叶片、叶鞘或茎秆上形成各种形状的病斑，如圆形、椭圆形、梭形或条状。病斑边缘的明显程度不一，稻瘟病和水稻白叶枯病便是此类病害的典型。

（3）腐烂

在水稻栽培中，腐烂是一种常见的病害症状，表现为细胞组织的广泛破坏和分解。此病状主要影响幼苗阶段的根部或茎基，显著地削弱植株的生长潜力和生存率。典型的病害包括水稻苗期的绵腐病和立枯病。这些病害通常由土壤中的病原真菌引起，它们在适宜的环境条件下迅速繁殖，侵入水稻的细胞组织，引发组织结构的破坏和功能失调。腐烂不仅限制了水稻的吸水和养分吸收能力，还可能导致整个植株的死亡。

（4）萎蔫

在水稻的生长过程中，维管束系统的健康至关重要，它负责植株内水分和养分的输送。当水稻的茎秆或根部的维管束由于病原的侵袭而受到破坏时，会导致水分供应不足，进而引起植株的萎蔫。这种萎蔫现象不仅影响水稻的生长发育，还可能导致植株死亡，对产量造成严重影响。水稻稻瘟病便是引起维管束损伤和植株萎蔫的一种常见病害。

（5）畸形

水稻在受到病原感染后，常见的生理反应之一是细胞组织的非正常增生或抑制，这种变化最终导致植株出现畸形病状。这些畸形可能表现为叶片、茎秆或根部的异常生长，严重影响植株的整体发育和功能。水稻恶苗病是此类病害的一个例证，它不仅会损害植株的外观，还可能削弱其生长潜力和生产力。

2. 病征的类型和表现

（1）霉状物

在病部可能产生霉层，颜色多样，如白色或黑色。水稻苗期的绵腐病常见白色霉状物。

（2）粉状物

病部可能会产生粉状层，颜色为白色或黑色，水稻稻粒黑粉病便会出现此种病征。

（3）锈状物

此类病征表现为病部的小疱状突起，破裂后释放出褐色的粉状物，稻曲病的病征便属于此类。

（4）粒状物

病部可产生形状和大小各异的粒状物，如水稻纹枯病和小球菌核病等。

（5）脓状物

在潮湿条件下，病部可能形成露珠状的菌脓，该病征常见于水稻白叶枯病和水稻细菌性条斑病。

二、水稻侵染性病害的病原及发病过程

（一）病原真菌

1. 真菌的营养体

在真菌界中，营养体的主要形态为丝状体，这些结构由单独的菌丝构成。单个菌丝，即一根细长的管状细胞，通常是无色或带有色素的。这些菌丝通过不断地生长和分支，相互交织在一起形成一个复杂的网络，称为菌丝体。菌丝的生长具有显著的持续性，甚至一小段菌丝也能够生长发展成为一个全新的菌丝体。

在真菌的分类中，低等和高等真菌的菌丝结构存在明显差异。低等真菌的菌丝通常不具备隔膜，其内部结构为多核状态，使得整个菌丝体内的细胞核在连续的细胞质中自由分布。相对的，高等真菌的菌丝则具有多个隔膜，每个隔膜将菌丝划分为多个独立的细胞单元，形成真正的多细胞结构。这些隔膜不仅有助于细胞内物质的分配和运输，也在某种程度上实现了对细胞内环境的更精确控制。

2. 真菌的繁殖体

真菌在完成营养阶段的生长发育后，进入繁殖阶段。在繁殖过程中，真

菌主要采用 2 种繁殖方式：无性繁殖和有性繁殖。

（1）无性繁殖

无性繁殖是真菌中一种普遍存在的繁殖方式，不涉及性器官或性细胞的结合。在此过程中，真菌直接通过其菌丝体或特化的产孢结构生成孢子，进而繁殖新的个体。这些直接形成的孢子被称为无性孢子，它们是真菌传播和扩散的重要形式。无性孢子的产生形式多样，可以根据其形成的位置和机制分为以下几种类型。

①游动孢子：游动孢子是真菌无性繁殖的一种特殊形式，主要在湿润环境中或水生的真菌种类中观察到。这种孢子在游动孢子囊内形成，孢子囊本身从菌丝体或特定的孢囊梗上发育而来。孢子囊的形态多样性丰富，能适应多种环境条件。

当游动孢子成熟后，它们被释放到周围的水域中。这些孢子具有 1 ~ 2 根鞭毛，这是它们移动的关键结构。鞭毛的摆动使孢子能够在水中自由游动，寻找适合的营养源或新的宿主环境。值得注意的是，游动孢子没有细胞壁，这使得它们在水中能够更灵活地移动，但也可能更容易受到外界环境的威胁。

②分生孢子：分生孢子是真菌无性繁殖的一种主要形式，其生产机构与普通菌丝结构明显不同，具体体现在分生孢子梗的形成上。分生孢子梗是专门的结构，从菌丝体分化而来，专门负责孢子的产生和释放。分生孢了的类型繁多，形态各异，可以根据其在梗上的生长位置分为顶生、侧生和串生孢子，每种孢子在大小和色泽上也表现出显著的差异。这些孢子在成熟后会从分生孢子梗上自然脱落，进入环境中寻找适合的生长条件。

在一些真菌中，分生孢子梗及孢子不仅可能会简单地附着于菌丝上，还可能着生在特化的结构内。这些结构通常呈近球形并带有孔口，称为分生孢子器；或者表现为更复杂的盘状形态，称为分生孢子盘。分生孢子器和分生孢子盘是适应环境压力和提高繁殖效率的进化结果，它们提供了一个保护孢子的微环境，有助于孢子在适当的时机释放，增加孢子生存和扩散的可能性。

（2）有性繁殖

有性繁殖在真菌中是一个复杂的生物学过程，通过性细胞或特定的性器官——雌雄配子囊的结合来进行。这种繁殖方式最终会产生有性孢子，以促

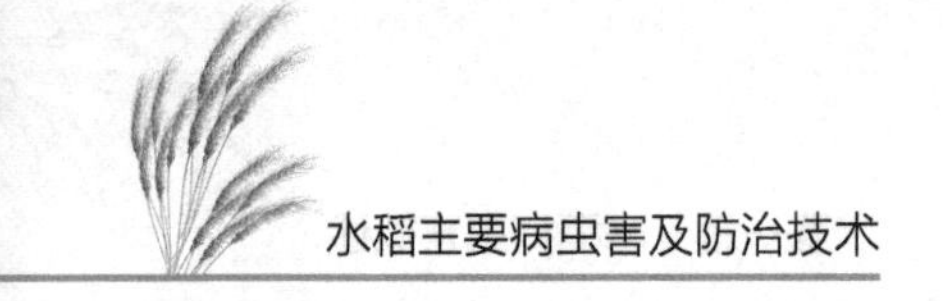

进遗传多样性的发展。有性繁殖的过程主要分为3个阶段：质配、核配及减数分裂。真菌常见的有性孢子有以下几种。

①卵孢子：卵孢子的形成是真菌有性繁殖过程中的一个关键环节，涉及2种形态和大小不同的异型配子囊——雄器和藏卵器。这一过程开始于雄器与藏卵器的接触，随后雄器生成受精管，穿透至藏卵器内。通过受精管，雄器将其细胞质和细胞核输送到藏卵器中，与藏卵器内卵球的细胞质和细胞核进行融合。

这种核的结合形成了一个双倍体状态的受精卵，该受精卵随后在藏卵器内发育成为具有厚壁的卵孢子。这些卵孢子的形成是真菌繁殖的一个重要阶段，因为它们包含了遗传上多样化的新组合，有助于真菌种群的环境适应性和生存能力。在一个藏卵器中，通常可以形成数个卵孢子，这些卵孢子在成熟后将被释放到环境中，寻找适合的条件以萌发和形成新的菌丝体。

②子囊孢子：子囊孢子的形成过程涉及2种异型的配子囊，即雄性器官和产囊体的结合。这一过程包括质配、核配及减数分裂，最终产生单倍体的有性孢子。这些孢子通常位于子囊中，子囊的形态多样，可以是卵圆形、长圆形或棍棒形，其特征为无色且透明。

在子囊内，孢子的数量各异，标准情况下每个子囊有8个孢子。然而，在某些情况下，子囊内可能仅含有2个或4个孢子。大多数子囊菌能够产生一种被保护层覆盖的子囊果。根据其结构和形态的不同，子囊果可以被分为不同的类型。具体而言，若子囊果为球形且无任何孔口，通常被称为闭囊壳。而那些近球形且具有真正的壳壁和固定孔口的子囊果，被称为子囊壳。还有一种由子座消解而形成的，形态类似子囊壳的子囊果，这种类型的子囊果被称为子囊腔。此外，若子囊果表现为盘状，则这种形态的子囊果被称为子囊盘。

③担孢子：大多数担子菌缺乏明显分化的性器官。这类真菌的繁殖过程通常开始于不同性别标记的菌丝细胞，分为“+”和“-”型，通过质配结合形成双核菌丝。随着发展，这些双核菌丝会在其顶部进一步发育出棒状的担子。在担子的发展过程中，内含的双核会经历核配和随后的减数分裂。这一连串的核心过程导致形成4个单倍体的细胞核。这些单倍体细胞核是担子菌繁殖的关键，它们位于担子的顶端，并最终发展成4个外生担孢子。

3. 真菌的生活史

真菌的生活周期是一段连续的旅程，始于孢子的形成，经历萌发、生长和繁殖，最终返回孢子生成的起始点，完成一个循环。这一过程通常被划分为无性阶段和有性阶段两个部分。真菌生活史的起点是孢子形成过程中的萌发阶段，这标志着生命的新一轮开始。随后，真菌进入营养生长阶段，这一阶段是真菌体积和复杂性增加的时期。达到一定的生长阶段后，真菌进入无性繁殖阶段。在这一阶段，真菌通过无性孢子的形式进行繁殖。这些无性孢子在适宜的条件下可以迅速扩散，并可能在生长季节中多次大量产生，从而增加真菌对植物的再次侵染机会。

随着季节的推移，尤其是在寄主植物的生长后期或当病菌侵染达到后期时，真菌转向有性繁殖。与无性繁殖相比，有性繁殖通常只发生一次，真菌通过这种方式产生有性孢子。这些有性孢子的形成是真菌生活史中的关键转折点，因为它们含有新的遗传组合，增加了种群的遗传多样性。有性孢子萌发后，真菌再次形成菌丝体，这些菌丝体继续进行营养生长。随着菌丝体的成熟和适宜的环境条件的产生，真菌又会开始产生无性孢子，从而重新启动繁殖循环。这种周期性的繁殖和生长模式使得真菌能够适应不同环境条件并存活，同时保证了其种群的持续更新和扩张。

4. 真菌的主要类群

在真菌的分类上，学术界存在多种意见，而目前普遍采用的是安斯沃思在1971年和1973年提出的分类系统。根据这一系统，真菌界被划分为两大门：黏菌门和真菌门。黏菌门的特征是其营养体呈变形体或原质团的形式。相对的，真菌门的营养体主要表现为菌丝体的结构，尽管将根肿菌归类于此存在一定的争议，但它暂时被包括在真菌门中。真菌门进一步细分为5个亚门，分别为鞭毛菌亚门、接合菌亚门、子囊菌亚门、担子菌亚门和半知菌亚门。

（1）鞭毛菌亚门

鞭毛菌亚门中的真菌种类包含一些对油菜植株具有潜在危害的种类。这些病原在营养生长阶段，少数以原质团形式存在，而多数则形成无隔的多核菌丝体。这种结构形态有利于病菌在寄主内部有效地扩散和吸收营养。在繁殖方式上，这些真菌展示出多样性，无性繁殖时能够形成带有1根或2根鞭

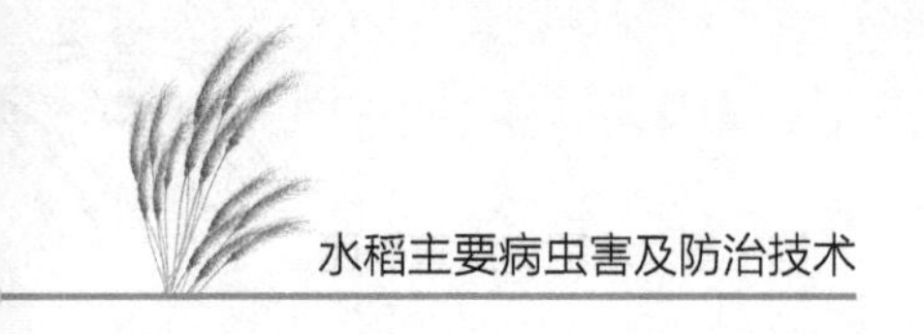

毛的游动孢子，这种孢子可以在富含水分的环境中自由移动，增加了其传播的机会。而有性繁殖则通过形成卵孢子来进行，这需要特定的条件才能成功完成。

在适应环境方面，这类真菌更倾向于湿润的环境和含水量高的土壤，这种环境有助于孢子的游动和生长。例如，腐霉菌，它在无性繁殖过程中会产生形态各异的孢子囊，如球形、柠檬形或裂瓣状。这些孢子囊通常着生在菌丝的顶端，萌发时会产生泡囊。原生质通过排孢管进入泡囊内，最终形成游动孢子，这一过程极大地便利了其在潮湿环境中的传播。

有性繁殖时，腐霉菌会在每个藏卵器内形成 1 个卵球，从而产生 1 个卵孢子，这种繁殖方式有利于遗传材料的多样性和稳定性。腐霉菌与水稻病害密切相关，它能引发水稻的绵腐病，这是一种严重影响水稻生产的病害。

（2）接合菌亚门

接合菌亚门是真菌门的一个亚门，其成员的菌丝体无隔，少数在幼嫩时产生隔膜，细胞壁由几丁质和壳聚质构成。无性繁殖主要产生于孢子囊内的孢囊孢子，这些孢子无鞭毛，不能游动。有性繁殖为相同的或不同的菌丝所产生的两个同形等大或同形不等大的配子囊，经过接合后形成球形或双锥形的接合孢子。

接合菌亚门的真菌在自然界中分布广泛，大多数为腐生菌，腐生于土壤、植物残体和动物粪便中；少数是寄生菌，可以寄生在植物和昆虫体内，引起病害。接合菌亚门中的真菌可以引起水稻的多种病害，包括稻曲病、水稻纹枯病和水稻软腐病，这些病害对水稻的生长和产量有显著的负面影响。

（3）子囊菌亚门

大多数子囊菌的营养体由有隔菌丝体构成，展现出极其复杂的生理结构。在繁殖方式上，这类真菌通过无性繁殖和有性繁殖 2 种方式进行。无性繁殖主要是通过生成各种类型的分生孢子，而有性繁殖则产生子囊孢子，这是其特有的繁殖形式。在子囊孢子的形成和着生方面，子囊可以附着在不同的结构上，如闭囊壳、子囊腔或子囊盘。这些结构提供了必要的支持和保护，使孢子能在陆地环境中有效生长和传播。所有的子囊菌都是陆生的，这意味着它们已完全适应了陆地生态系统。其中，腔菌是一种与水稻病害密切相关的子囊

菌。这种真菌的子囊在由菌丝组成的子座溶解后形成的子囊腔内生长。腔菌对水稻的影响显著，它能够引起多种病害，包括水稻叶尖干枯病和胡麻叶斑病等。

（4）担子菌亚门

担子菌的生活史中包括2种类型的菌丝体：初生菌丝体和次生菌丝体。初生菌丝体由单核细胞构成，但在大多数担子菌中，这一阶段并不十分明显。相对而言，次生的双核菌丝体发展得更为完善和显著，这种双核状态是担子菌生活史中的一大特征。在繁殖方式上，多数担子菌不通过无性孢子进行繁殖。它们的有性繁殖特征在于形成特有的担子和担孢子，这是其生命周期中至关重要的阶段。高等担子菌，如常见的食用菌，其担子和担孢子主要生长在所谓的担子果内，这些结构为担孢子提供了保护并有助于其传播。相比之下，低等担子菌，如黑粉菌，通常不形成担子果，展示出与高等担子菌不同的生活方式和生殖特征。

担子菌的次生双核菌丝通常在植物组织的细胞间隙中寄生，利用这些位置作为营养和生长的来源。在菌丝体的生长后期，特别是在寄主植物内部，它们会形成冬孢子。这些冬孢子在适当的条件下会萌发，最终形成担子和担孢子，从而完成繁殖周期。其中，担子菌中的黑粉菌对水稻的影响显著，能够引起稻粒黑粉病和稻叶黑粉病。

（5）半知菌亚门

半知菌是一类具有隔膜的菌丝体和繁茂分枝的真菌。这些真菌的生命周期中通常缺乏已知的有性阶段，至今未能发现其有性繁殖过程，因此其繁殖应主要通过无性阶段进行。在无性阶段，半知菌通过产生各种形态的分生孢子来进行繁殖。一旦在某些半知菌中发现了有性阶段，这些真菌多数被归类为子囊菌，只有极少数被认为是担子菌。

半知菌的分生孢子及其分生孢子梗的形态多样性十分丰富。分生孢子梗可以是散生的或聚生的，而分生孢子本身可能是顶生的或侧生的，由单细胞或多细胞构成，可以是无色的或有色的。这些分生孢子可能直接附着在寄主表面的分生孢子梗上，或者生长在由菌丝构成的球状、瓶状或不规则形状且带有孔口的分生孢子器内。在某些情况下，分生孢子甚至生长在由菌丝

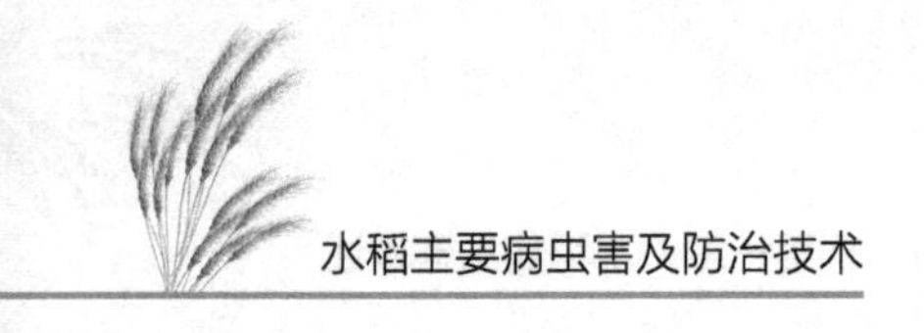

构成的盘状结构，即分生孢子盘上。然而，还有一些半知菌并不产生分生孢子。

①丛梗孢菌属于一种特殊类型的真菌，其特点是菌丝体不育或能够直接产生孢子。这些孢子通常是在分生孢子梗上形成的，并且大多数是散生，附着在分生孢子梗上进行生长和繁殖。丛梗孢菌包括引起稻瘟病和稻曲病等多种植物病害的真菌，这些病害对农作物的健康和产量具有显著影响。

②无孢菌是一类不产生分生孢子的真菌。这种真菌的菌丝可以交织在一起，形成所谓的菌核。这些菌核通常呈褐色或黑色，形态不规则。典型的病害，如纹枯病和稻小球菌核病，都是由无孢菌引起的。

（二）病原细菌

植物病原细菌属于原核生物，具备细胞壁但缺乏固定的细胞核，通常表现为杆状形态。这些细菌的大小一般在 1 ~ 3 微米长和 0.5 ~ 1 微米宽，通过一种二分裂的方式进行繁殖。在适宜的环境条件下，这些细菌可以每 20 分钟分裂一次，显示出极高的繁殖速度。

大多数植物病原细菌拥有鞭毛，这些鞭毛位于细菌的一端或两端，称为极鞭，或者分布在细菌体的周围，称为周鞭。鞭毛的存在不仅是这些细菌移动的重要工具，也是它们分类的重要依据之一。在革兰氏染色测试中，大部分植物病原细菌呈现阴性反应，只有少数表现为阳性。

在实验条件下，植物病原细菌可以在人工培养基上生长，并在培养基上形成白色、黄色或灰色的菌落。这些细菌一般偏好碱性环境，并且在 26 ~ 30 ℃的环境下生长最为适宜。虽然这些细菌在高温下（如 50 ℃）10 分钟内即可死亡，但它们对低温具有较强的抵抗力。在对植物造成危害的病原细菌中，有几个主要的类群值得关注，包括假单胞杆菌、黄单胞杆菌、欧氏杆菌、土壤杆菌、木质菌和棒形杆菌等。在水稻常见的致病细菌中，以下两个属最为常见。

1. 假单胞杆菌属

这类菌体呈杆状，拥有多根极生鞭毛。它们在革兰氏染色中呈阴性反应，

在培养基上形成的菌落通常为灰白色或白色。假单胞杆菌属的细菌能够引起水稻细菌性褐条病，对水稻的健康构成威胁。

2. 黄单胞杆菌属

这些菌体也是杆状的，具有1根极生鞭毛。它们的革兰氏染色同样呈阴性。在培养基上，这些细菌的菌落呈黄色，能够引起水稻白叶枯病和水稻细菌性条斑病。

（三）植物病毒

1. 一般性状

植物病毒属于非细胞形态的生物实体，这意味着它们缺乏传统细胞结构，且仅可通过电子显微镜观察到。这些病毒具有多种形态，包括球形、杆状和线状等，展现出其形态的多样性。植物病毒的内部主要由核酸组成，这些核酸主要为核糖核酸（RNA），尽管有的也存在脱氧核糖核酸（DNA），但后者在植物病毒中较为少见。病毒的这些核酸被一层蛋白质外壳所包围，形成了病毒粒体的主要结构。

这些病毒面对外界条件显示出一定的稳定性，能够在不同环境下保持其结构和传染能力，这种稳定性成为鉴别和研究植物病毒的重要特性之一。

（1）钝化温度（失毒温度）

钝化温度，亦称为失毒温度，是指将病株汁液提取后，在不同的温度条件下处理10分钟所能达到的、使病毒失去传染力的最低温度。这一参数是通过观察病毒在特定温度处理后能否继续传播疾病来确定的，有效地揭示了病毒对温度变化的敏感性，是研究病毒稳定性和制定防治措施的重要依据。

（2）稀释终点

稀释终点是指将提取的病株汁液与水混合，逐步稀释到一定程度，直至汁液不再具有侵染力的那个稀释比例。这一过程用于确定病毒的活性临界点，即病毒在何种稀释水平下失去感染宿主能力。通过测定稀释终点，可以评估病毒的感染潜力和稳定性，这对于病毒学研究和制定有效的病害管理策略具

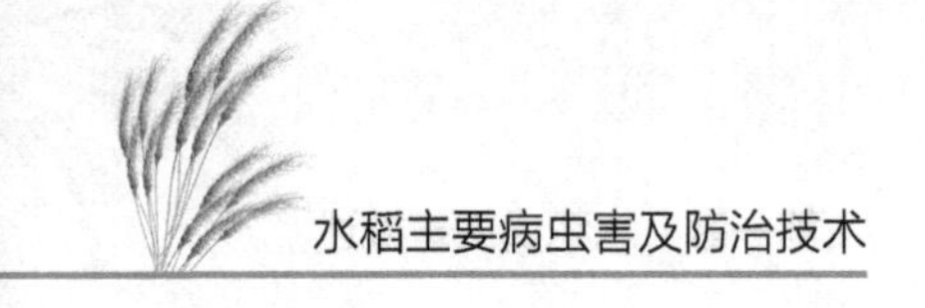

有重要意义。

（3）体外保毒期

体外保毒期是指将提取的病株汁液在室内条件下，特别是在 20 ~ 22 ℃的温度范围内保存，期间病毒能够保持其侵染力的最大时长。这一指标反映了病毒在控制环境中的稳定性和活性持久度。通过监测体外保毒期，可以更好地了解病毒在非宿主环境下的生存能力，这对于评估病毒的潜在风险及开发防治措施具有重要意义。

2. 植物病毒的侵入

植物病毒能够通过与健康植株表面的微小机械伤口接触和摩擦的方式，借助病株汁液进行传播。在田间环境中，多种外部因素，如暴风雨、牲畜及野生动物的活动都可能导致健康植物与感染植物之间的物理接触，从而促进病毒的传播。此外，在农业操作中，作业者的手、衣物及使用的农具也可能沾染病毒，这不仅可能导致病毒的携带，还可能在操作过程中对植物造成伤害，为病毒侵入创造机会。

昆虫作为植物病毒传播的另一关键载体，扮演着重要角色。特定类型的昆虫，如叶蝉和灰飞虱，能够有效地传播特定病毒。例如，叶蝉是普通矮缩病菌和黄矮病菌的传播者，而灰飞虱则能够传播黑条矮缩病菌和条纹叶枯病菌等。这些昆虫通过与植物的直接接触，将病毒从一棵植株传至另一棵植株，加剧了病毒性疾病的蔓延与影响。

3. 植物病毒的发育和繁殖

病毒与真菌和细菌在发育与繁殖方面具有显著不同。当病毒粒体进入宿主细胞后，其主要作用是干扰和破坏植物的生理及代谢途径。病毒的增殖过程开始于病毒的 RNA 与其蛋白质外壳的分离。随后，该 RNA 模板形成一个对应的负面影像，类似于照相底片，这个过程是病毒复制的关键步骤。

这个负面影像，即负链 RNA，会不断地复制形成新的病毒 RNA。这些新生成的 RNA 分子吸引周围的氨基酸，促使它们通过肽链反应连接成蛋白质亚基。这些新合成的蛋白质亚基随后与新制造的 RNA 结合，并在宿主细胞内与病毒的蛋白质外壳组装，最终形成新的病毒粒体。这些新的病毒粒体能够离开原始宿主细胞，去感染新的细胞，从而在植物体内扩散。

4. 水稻上的病毒病

病毒病在水稻种植区域中属于一种重要的疾病，它在中国各大稻作区域广泛存在。在国内，水稻最常见的几种病毒病包括普通矮缩病、黄矮病、黑条矮缩病、条纹叶枯病和丛矮病等。这些病害主要集中在长江以南的省份和城市，特别是普通矮缩病和黄矮病在这些地区的发生率较高。最近几年，黑条矮缩病和条纹叶枯病的发生情况更是日益严重，对水稻的健康和产量构成了显著威胁。

（四）病原线虫

线虫是一种广泛分布的低等动物，可以在多种环境中找到，包括水域、土壤、动物体内和人体内。当这些生物寄生在植物上时，会引发所谓的植物线虫病，这是一种严重影响植物健康和生长的病害。植物寄生线虫的体形非常小，长度一般为 0.3 ～ 1 mm，宽度为 0.015 ～ 0.035 mm。大多相同性别的线虫形态相同，但在某些种类中，雌雄具有不同的形态，其中，雄性通常呈蠕虫状，而雌性则可能呈梨形或柠檬形。这些线虫具有特化的口腔结构，包括 1 个能够刺入植物组织内部吸取养分的吻针。

在繁殖过程中，大多数植物内寄生线虫会在交配后由雌虫将卵产在土壤中或植物体内。土壤中的卵孵化成幼虫后，如果遇到合适的植物宿主，这些幼虫便开始侵入并开始其寄生生活。线虫幼虫通常经历 4 个发育阶段，从卵孵化直接进入第 2 龄幼虫阶段，这一阶段的幼虫具有较强的抗逆性，常是越冬和初次侵染植物的主要形态。线虫完成其生活史所需的时间长度各不相同，短的可能只需几天，长的可能持续 1 年。植物线虫只能在活的寄主上取食，其寄生方式分为外寄生和内寄生两种。外寄生线虫仅将吻针插入植物内吸食养分，而内寄生线虫则会钻进植物内部进行吸食。值得注意的是，一些原本是外寄生的线虫在一定时间后也可能进入植物内部进行吸食。

植物线虫引起的病害主要通过 3 种方式发生：线虫分泌的酶和毒素、线虫对植物养分的吸收，以及线虫在植物组织中穿行造成的物理损伤。这些活动最终导致植物出现多种病态，包括生长不良、植株矮小、衰弱、颜色异常、局部畸形及根部肿大等症状。

（五）病原的侵染过程

病原在侵染植物时需经历 4 个阶段：接触、侵入、潜育和发病。这一系列阶段共同构成了侵染过程，也被称为病程，如图 1–2 所示。在这个过程中，病原首先与植物体接触，然后侵入植物组织内部，在植物内部潜伏一段时间，最后导致植物表现出病态。这些阶段反映了病原从完全外部的存在到最终引发植物病状的全过程。

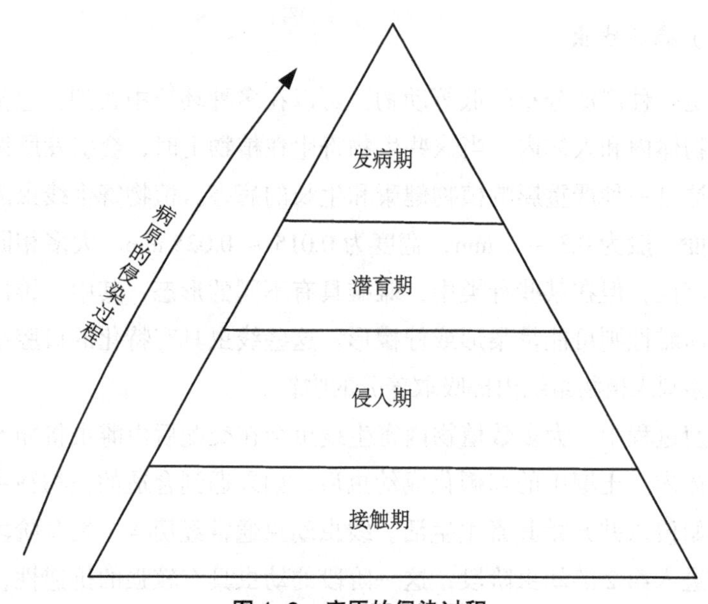

图 1–2　病原的侵染过程

1. 接触期

病原在侵染植物的过程中，首要步骤是与植物建立接触，此为侵染的起始阶段。病原的休眠结构或繁殖体，如真菌的孢子、细菌的菌体、病毒的粒子等，通常通过自然媒介，如风和雨，或者生物载体，如昆虫传播，到达植物表面。这种传播方式使得病原能够从外部环境成功地附着到宿主植物上，创建侵入的机会。在这个关键时期，有效地减少或避免病原与植物的直接接触是防止植物病害发生的一项重要策略。

2. 侵入期

侵入期描述了病原侵入寄主植物体内并与之建立寄生关系的时间段。在这一阶段，病原以3种主要方式侵入植物体。

（1）直接侵入

直接侵入描述了病原如何通过物理方式突破植物表皮并进入植物体内的过程。在这种情况下，如某些真菌，孢子在萌发后会形成芽管。这个芽管在与植物表面接触的地方会膨大并形成一个附着器。从附着器中生长出的侵入丝能够穿透表皮下的角质层，从而进入植物内部。此外，寄生性种子植物和线虫也有能力直接从健康的植物表皮进行侵入。

（2）自然孔口侵入

自然孔口，如气孔、水孔、皮孔和蜜腺在植物体表面广泛存在，其中，气孔作为侵入途径尤为关键。多种真菌和细菌正是通过这些气孔侵入植物体内的，它们也能通过植物的其他自然孔口进入。这些孔口为病原提供了一个天然的通道，使其能够绕过植物的一些防御机制，直接到达植物内部组织。

然而，病毒与真菌和细菌的侵入方式有所不同，它们不能通过这些自然孔口直接侵入植物。病毒通常需要通过外部机械伤口或昆虫等载体的帮助才能进入植物体内。这种区别在于病原的结构和侵入机制的不同，病毒由于缺乏自我穿透植物表皮的能力，因此依赖外部因素来实现其侵入过程。

（3）伤口侵入

某些寄生性较弱的真菌和一些细菌可以通过植物的伤口侵入，而病毒则需要微小伤口才能侵入。病原侵染植物的过程受到特定环境条件的影响，其中，湿度是一个关键因素。例如，细菌侵入植物体前需要在植物表面形成水滴或水膜，而大多数真菌的孢子萌发则需要高湿的环境。此外，温度也对病原的活性有重要影响，适宜的温度可以加速病原的萌发过程，并提高其侵入植物体内的成功率。

3. 潜育期

潜育期定义为病原侵入寄主并建立寄生关系后，直到植物开始表现出症状之前的时间段。在此期间，病原在寄主体内吸收营养并生长蔓延，同时寄主也在进行各种程度的抵抗。这一阶段对于病害的管理和控制极为关键，因

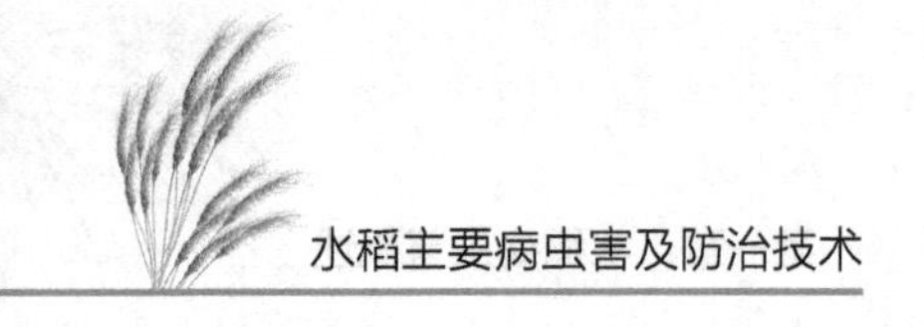

为它决定了病害的发展速度和最终的严重程度。病原可以分为两大类：专性寄生物和非专性寄生物。专性寄生物，如白粉菌和霜霉菌，主要从活体寄主组织中吸取养分和水分，其特点是不会立即引起寄主细胞的死亡。相比之下，非专性寄生物则先通过分泌酶或毒素来杀死寄主细胞并破坏组织，随后从这些死亡的细胞中吸收所需的营养。这种病原的侵染过程通常更具破坏性。

病原的侵入方式也有所不同。一些病原在侵入后，其活动范围仅限于侵染点附近，被称为局部侵染。大多数侵染性病害属于这一类。然而，有些病原能从侵染点扩散至植物组织的其他部分甚至是全株，这种情况则被称为系统侵染。系统侵染往往导致更广泛的损害和更严重的病症。潜育期的持续时间不仅取决于病害的种类，还受到环境因素，如温度的影响。温度条件越接近病原的最佳生长范围，潜育期通常越短。相反，如果温度条件不利于病原的活动，潜育期则会相应延长。

4. 发病期

发病期是指植物开始出现症状到病害进一步加剧的阶段。在这一时期，植物病害的表现形式可以变得更加明显和严重。例如，在斑点病中，初始的小斑点可能会逐渐扩大。在真菌性疾病中，感染区域可能开始产生孢子。对于细菌性病害，感染部位可能产生类似脓液的分泌物。

环境条件，尤其是湿度和温度，对病害的发展有着显著的影响。大多数真菌病（白粉菌除外）在高湿度环境下才能有效地产生孢子，且湿度的增加通常会导致孢子数量的增多。此外，温度作为另一个关键因素，它不仅影响病斑的扩大，还影响孢子的形成和成熟。

（六）植物病害循环

病害循环描述了侵染性病害如何从一个生长季节开始发展，并在随后的生长季节中继续出现和扩散的过程。

1. 越冬和越夏

病原的越冬和越夏过程描述了病原如何在休眠期间存活，并成为下一生长季节初次侵染的源头。这些病原在哪里越冬或越夏，直接影响到下一季病害的暴发和传播，因此了解和管理这些病原的藏身之处对于控制未来病害至

关重要。减少下一生长季节中病原的数量对于病害管理极为重要，特别是消灭那些越冬和越夏的病原，可以有效地阻断病害的再次发生。因此，识别病原的越冬和越夏场所，采取适当的管理措施，是防止病害持续蔓延的关键策略。病原的越冬越夏场所主要包括以下几处。

（1）种子

水稻病害中的种子携带病害循环是指病原通过附着在种子上或在种子内部潜伏，在种子播种后，病原在适宜条件下萌发并侵染水稻植株，从而在作物生长季节中引起病害。这种循环是病害周年发生和传播的重要途径，尤其是在越冬和越夏期间，种子携带的病原可以在土壤中或作为病残体存活，成为下一个生长季节初侵染的主要来源。

在水稻的生长周期中，种子携带的病原可以在春季播种时直接侵染幼苗，或者在水稻生长过程中通过风雨等传播方式再次侵染健康植株。这种循环不仅增加了病害的发生概率，还使病害管理变得更加复杂。为了打断这种循环，农业生产中常采用种子处理技术，如使用杀菌剂浸种或拌种，以减少种子上的病原数量，从而降低病害的发生风险。此外，合理的田间管理和作物轮作也是减少种子携带病害循环的有效措施。

（2）田间病株

田间病株是病原越冬和越夏的重要场所。病株残留的组织，如秸秆、根茎等，可以为病原提供保护，使其能够在恶劣环境中存活。越冬期间，病原在这些残留组织中形成休眠结构，待到来年春季条件适宜时，这些休眠结构萌发，产生新的侵染结构（如分生孢子），进而侵染健康的水稻植株。

（3）病株残体

大多数非专性寄生的真菌和细菌能够在植物的病残体中生存。这些病原在病残体中的存活期主要取决于病残体的腐烂速度；随着病残体的完全分解和腐烂，相应的病原也会死亡并消失。例如，水稻纹枯病和稻曲病的病原就可以在病残体中越夏或越冬。

（4）土壤

许多病原能够在土壤中度过冬季和夏季。例如，水稻纹枯病的菌核在水稻收获时会掉落到土壤中，并在稻田里越冬。这些菌核在土壤中存活，为翌

年的病害暴发提供了病源。

（5）粪肥

在大多情况下，植物病残体被用作肥料，导致病原混入粪肥中。还有一些情况下，带病饲料喂养牲畜后，病原通过牲畜的排泄进入粪便。如果这些粪肥未经高温发酵和充分腐熟处理便施用，病原便能存活下来并成为病害的初次侵染来源。

2. 病原的传播

越冬或越夏后的病原必须传播到寄主植物上才能进行初次侵染。初次侵染导致植物发病后，病菌会从感染部位向周围扩散，这个过程也需要病原的传播。病原的传播方式有多种，如通过气流、雨水、昆虫和人类活动等，均能将病原从一个地方带到另一个地方，从而促进病害的扩散和加剧。

（1）气流传播

气流传播是真菌的重要传播方式。真菌通常产生大量孢子，这些孢子重量轻且体积小，因此很容易被气流携带。由于这种特性，真菌孢子能够随气流传播到相当远的距离，从而有效扩散到新的宿主和环境中。

（2）雨水传播

病原细菌及产生分生孢子盘和分生孢子器的真菌，依赖雨水进行传播。例如，水稻白叶枯病病斑表面的细菌菌脓和稻瘟病的分生孢子，都通过雨水扩散。雨水将这些病原从感染部位带到附近的水稻组织上，促进病害的传播。

（3）昆虫传播

昆虫传播与病毒的关系最为密切，也与细菌有一定关联，而与真菌的关系较小。昆虫传播病毒的主要方式是通过口器在被感染植物上吸食，然后转移到健康植物上吸食，从而将病毒传递给健康植物。根据病毒在昆虫体内的持续时间，昆虫传播的病毒分为非持久性和持久性两种类型。

非持久性病毒是指昆虫在吸食带毒植物后，能够立即传播病毒，但这种传毒能力在短时间内会消失。灰飞虱传播的病毒大多属于这一类型，如水稻条纹叶枯病病毒。相比之下，持久性病毒在昆虫吸食带毒植物后，需要在昆虫体内经过一段潜伏期才能具备传毒能力。然而，一旦昆虫感染了持久性病毒，就能够终身传毒。

（4）人类活动传播

短距离的病原传播可以通过田间的农事操作和机械设备来实现。人们在田间进行的各种操作，或是使用农机具，都可能将病原从一个区域带到另一个区域。远距离传播则主要依赖种子和种苗的调运，以及人们的商业活动。

3. 初侵染和再侵染

病原在越冬或越夏后，在寄主植物生长期进行的首次感染被称为初侵染。当病原侵入植物体内后，会扩展蔓延并引发疾病。在此过程中，病原在植物体表产生繁殖体，这些繁殖体通过传播再度感染植物，这种过程被称为再侵染。

再侵染的次数与病害的潜育期长短密切相关。潜育期越短，再次侵染的次数可能就越多。环境条件，尤其是温度和湿度，对潜育期的长短有显著影响。适宜的环境条件会缩短病害的潜育期，从而增加再侵染的频率。然而，也有少数病害仅有初次侵染而没有再侵染。

（七）病原的寄生性、致病性和植物的抗病性

1. 病原的寄生性

病原的寄生性是指病原从寄生植物上获取养分的能力，被寄生的植物称为寄主。寄生物通常分为专性寄生物和非专性寄生物。专性寄生物只能从活的寄主细胞或活组织中吸收养分，当寄主组织死亡后，这些病原也会停止生长，甚至死亡。

病原能感染的植物数量和种类，称为病原的寄主范围。寄主范围广的病原可以侵染不同科的植物，而寄主范围窄的病原只能侵染特定的植物。不同病原的寄主范围和感染程度也各有不同，有些病原侵染植物产生的影响比较严重，而有些病原对植物带来的影响可能微乎其微。

2. 病原的致病性

病原的致病性是指其对寄主植物造成破坏和毒害的能力。专性寄生物通过吸收寄主植物的营养来生存，虽然不会立即导致寄主细胞和组织的死亡，但会对寄主的生长和发育产生负面影响。相比之下，非专性寄生物能够分泌酶或毒素等代谢产物，这些产物会破坏植物的细胞和组织，从而引发病害。因此，病原的寄生性和致病性虽然相关，但它们是两个不同的概念。寄生性

指病原获取营养的方式，而致病性则描述了病原对寄主植物造成的具体损害。

3. 植物的抗病性

植物的抗病反应可以分为几种类型：免疫、抗病、感病、耐病和避病。当植物完全不受病原感染时，称为免疫。抗病指的是病原可以侵染植物，但植物发病并不严重。感病是指病原侵入植物后导致严重的发病。耐病是指病原侵入植物后，尽管植物发病，但由于其具有较强的补偿能力，对产量影响不大。避病指的是植物本身没有抗病能力，但在易受感染的时期通过某种方式避开了病原的侵染高峰期。例如，通过调整播种期以避开病原侵染的高峰，这是一种常见的避病措施。

植物的抗病性并不是一成不变的。病原致病性的变化、环境条件的影响或植物自身的变异都可能引起抗病性的变化。

三、水稻病害的诊断方法

水稻病害诊断的目的是确认水稻是否患病，查明和鉴别病因，并确定病害种类，然后根据病害特点采取及时有效的防治措施。水稻病害可分为非侵染性病害和侵染性病害两类，这两类病害的防治方法截然不同。因此，首先需要确定病害的类别，以便实施针对性的防治策略。

（一）非侵染性病害的诊断方法

1. 田间观察和环境调查法

田间观察时应特别关注病害的分布情况和症状表现。非侵染性病害通常表现为大面积且均匀分布的症状，而不是从一个点向周围扩散。这类病害的发生与环境条件和栽培管理密切相关。例如，施肥不当、排灌不合理、农药喷洒不均、极端温度（低温或高温），以及工厂排放的烟尘和废水等因素，都可能导致水稻出现非侵染性病害。

施肥过多或过少、排灌不当会导致水稻营养失衡，从而出现各种生理性病害。农药使用不当，尤其是过量使用或在不适宜的气候条件下使用，可能对水稻造成药害。极端的温度条件，如低温冻害或高温灼伤，也会使水稻出现非侵染性病害的症状。此外，周边工厂排放的烟尘和废水中的有害物质可

能污染土壤和水源，进一步加剧水稻的非侵染性病害。为了准确确定病害的原因，需要对水稻田周边的环境状况和田间的栽培管理进行全面的调查和综合分析。这包括记录和评估施肥、排灌和农药使用情况，以及周边环境污染源的影响。通过细致的观察和分析，可以辨别出导致病害的具体因素，进而采取相应的防治措施。

2. 症状鉴别法

水稻的非侵染性病害在表现症状时，只有病状而没有病征。然而，水稻病毒病尽管也是侵染性病害，但同样没有病征。因此，需要通过仔细观察田间植株发病时是否有中心病株或发病中心形成，并结合症状来进行判别。为了进一步排除未表现病征的真菌和细菌病害，可以将病部表面消毒，然后放在消毒的保湿容器内保湿约 24 小时，之后观察病部是否出现病征。如果没有病征，则可以鉴定为非侵染性病害。

（二）侵染性病害的诊断方法

侵染性病害具有传染性，通常在田间呈分散状发病，最初会出现几个发病中心，然后向四周扩展，发病面积逐渐扩大。多数真菌病害在发病部位会呈现出霉状物、粉状物或粒状物等病征，而细菌病害在潮湿条件下则会产生乳白色或黄色的菌脓。通过观察这些病征并结合病状，可以鉴定病害的种类。

然而，一些真菌和细菌病害，如某些叶斑病，其病斑症状非常相似，仅通过症状难以确定病害种类。在这种情况下，可以采取一些特殊的方法进行鉴定。对于真菌病害，可以用消毒的针或镊子挑取病部的病原，放置在载玻片的水滴中，盖上盖玻片后在显微镜下观察病菌孢子的形态，以确定病原种类。不过，需要注意的是，病斑上有时可能存在腐生菌。

对于细菌病害，可以从病部剪取一小块新鲜的病组织，并带有少量健康组织，用清水洗净后放置于干净的载玻片上，滴加 1 滴蒸馏水，盖上盖玻片进行显微镜检查。如果病组织中有大量云雾状细菌溢出，则可以诊断为细菌病害。需要注意，这种显微镜鉴定方法需要一定的实验条件，并且鉴定人员需要具备一定的经验。

第二节　水稻虫害的基础知识

一、昆虫的外部形态特点

（一）昆虫身体的一般结构

昆虫属于无脊椎动物中的节肢动物门昆虫纲。节肢动物的共同特征包括：身体由一系列体节组成，左右对称，并且具有外骨骼。昆虫纲的主要特征表现为以下几点。

（1）昆虫的身体分为头、胸、腹 3 个体段。

（2）头部是感觉和取食的中心，具有口器、触角和复眼，有些昆虫还具有单眼。

（3）胸部是运动的中心，通常具有 3 对足和 2 对翅。

（4）腹部是生殖和代谢的中心，大部分内脏器官和生殖系统位于其中，腹部末端有生殖孔和肛门开口。

这些特征使昆虫在节肢动物中独具一格，适应了多种环境条件和生态位。头部的触角和复眼使昆虫具有敏锐的感觉能力，能够高效地寻找食物和避开天敌。胸部的足和翅膀为昆虫提供了强大的运动能力，使其能够迅速移动和飞行，从而扩大生存范围。腹部集中的内脏和生殖系统则保障了昆虫的生理功能和繁殖能力，确保了种群的延续和繁衍。

（二）昆虫的头部构造

头部是昆虫身体最前面的部分，由多个体节融合而成。内部包含脑、肌肉、神经等结构，外部则有触角、眼、口器等感觉器官和取食器官。头部是昆虫的感觉和取食中心，通过这些器官，昆虫能够感知环境、寻找食物并进行取食活动。

1. 昆虫触角的结构和类型

（1）昆虫触角的结构

触角是昆虫的主要感觉器官。成虫的触角位于两只复眼之间或下方，由 3

节组成。与头壳相连的基部称为柄节，第 2 节称为梗节，其余部分统称为鞭节。

（2）昆虫触角的类型

昆虫触角的形状通常因种类和性别而异，常见的类型有以下几种。

①刚毛状：刚毛状触角短小，柄节和梗节较为粗大，鞭节则细如刚毛。这种类型的触角常见于蝉和蜻蜓。

②丝状：丝状触角细长如丝，除了柄节和梗节较粗外，鞭节的各小节形状和大小相似，连接呈线状。这种类型的触角常见于蝗虫和天牛。

③念珠状：念珠状触角的特点是柄节较大，梗节较小，鞭节的各小节形状类似球形，大小几乎相等，看起来像一串珠子。这种触角类型常见于白蚁。

④锯齿状：锯齿状触角的特点是每个鞭小节向一侧突出成三角形，形状类似锯条。叩头虫的触角就是这种类型的典型例子。

⑤羽毛状：羽毛状触角，也称为双栉齿状，特点是各鞭小节向两侧突出，呈现出细枝状，形状类似羽毛，因此被称为羽毛状。蚕蛾的触角便是这一类型的典型例子。

⑥栉齿状：栉齿状触角的特点是各鞭小节向一侧突出，呈梳齿状，形状类似于梳子。这种类型的触角常见于绿豆象雄虫。

⑦膝状：膝状触角的特点是柄节特别长，而梗节较短，二者之间呈现出膝状弯曲。这种类型的触角可以在蜜蜂身上找到。

⑧具芒状：具芒状触角的特点是短而粗，通常只有 3 节，其中，第 3 节特别膨大，并且上面生有 1 根刚毛。蝇类的触角就是这一类型的典型例子。

⑨环毛状：环毛状触角的特点是，在除柄节和梗节外的鞭节各小节上环生 1 圈细毛。雄蚊的触角就是这一类型的典型例子。

⑩棍棒状：棍棒状触角的特点是基部和中部细长如丝，末端的几节逐渐膨大，形状类似棍棒。这种类型的触角常见于蝶类。

⑪锤状：锤状触角类似于棍棒状，但末端的几节突然膨大，并且末端平截，形状如锤。郭公虫的触角就是这种类型的典型例子。

⑫鳃片状：鳃片状触角的特点是鞭节末端的 3 ～ 7 个小节扩展成片状，重叠在一起，形状类似鱼鳃。金龟子的触角就是这种类型的典型例子。

（3）昆虫触角的作用

①感觉作用：触角是昆虫的重要感觉器官，表面布满了各种感觉器，这些感觉器能够感知到近距离的各种物质刺激。通过触角，昆虫可以判断周围环境情况，从而决定是否停留、取食或进行其他行为。

②嗅觉作用：一些昆虫的触角上具有大量嗅觉器，这些嗅觉器能够感知到一定距离内的化学物质、食物气味或异性分泌的性激素气味。通过这种嗅觉能力，昆虫可以找到食物场地和配偶。例如，三化螟成虫依靠水稻中的稻酮气味找到水稻，而菜粉蝶则通过芥子油的气味找到十字花科植物。许多昆虫通过嗅觉感知性激素，借此找到异性进行交尾。

③听觉作用：部分昆虫的触角上具有高度特化的声波感受器，即江氏器，这是昆虫听觉器官中最敏感的一种。雄蚊利用触角上的江氏器，可以听到雌蚊飞翔时发出的声音，从而找到雌蚊进行交尾。这种听觉机制在昆虫的交配行为中起到了关键作用，帮助其完成繁殖过程。江氏器的存在展示了昆虫在感觉器官上的高度进化，使其能够在复杂的环境中进行有效的通信和行为协调。

④抱握雌体作用：雄性芫菁的触角具有抱握雌体的功能，在交尾时，用于牢牢抓住雌体。这一特化功能确保了交配过程的顺利进行，展示了触角在昆虫繁殖行为中的重要作用。

除此之外，在水生昆虫的世界中，触角同样扮演着重要的角色。例如，仰泳蝽通过其触角维持身体平衡，确保在水中能有效地移动。与此类似，墨蚊的触角不仅有助于它们在水域中导航，还能够捕捉小型昆虫作为食物。

（4）触角的应用

①鉴定昆虫种类：触角在昆虫体系中是极具特色的器官，其形状、分节数目及着生位置的变异性，为科学家们提供了昆虫种类鉴定的关键线索。昆虫的触角不仅在感觉上发挥着重要作用，还在生物分类学中扮演着决定性的角色。例如，蝴蝶的触角通常是棒状的，表现为简单直线形态，这使得蝴蝶在昆虫界中相对容易被辨认。相比之下，蛾类昆虫的触角则显示出更高的多样性，它们可以是细长的丝状或更为复杂的羽毛状，这种形态的多样性帮助蛾类更好地适应夜间的生活环境。此外，白蚁的触角呈现为念珠状，每节

相连如同一串珠子，这种结构的触角帮助白蚁在地下或是木材中有效地感知环境。

②辨别昆虫的性别：在昆虫界中，雌雄个体之间的差异不仅限于外生殖器的不同，触角的形状也经常表现出显著的性别特征。这种形态上的差异有助于昆虫在繁殖过程中相互识别和交流。例如，小地老虎这一类昆虫中，雄性的触角呈羽毛状，而雌性则为丝状。这种“设计”使得雄性能够通过触角接收更多的化学信号，从而有效地寻找配偶。类似地，在绿豆象中，雄性的触角呈栉齿状，而雌性则显示为锯齿状，这种差异可能与它们在生态系统中不同的角色定位和生存策略有关。

③用于害虫预测、预报及防治：昆虫的触角不仅是其感知外界的重要器官，而且装备有多种感化器官，对特定化学物质具有极高的敏感性。这一生物特征在农业害虫管理和控制中被巧妙利用，通过昆虫的化学诱导来预测、预报及防治害虫的技术得到了广泛应用。例如，在棉花种植区域，人们通过放置具有特定气味的物质来吸引棉铃虫，常用的方法是在棉田内插放散发气味的杨树枝条，这种方法利用了棉铃虫对特定气味的敏感性，将其从作物上诱集到指定位置，从而减少作物损失。此外，对于贮藏害虫，如衣鱼和衣蛾，樟脑精所散发的气味能有效地驱使这些害虫远离存储的衣物，保护财产免受损害。

在更广泛的农作物害虫管理实践中，性诱剂的使用已经成为一种常见的策略。这种方法通过模拟昆虫的信息素，吸引害虫到特定的陷阱或区域。在小麦田里，支架上放置的盛有糖、醋、酒的容器，不仅可以吸引小地老虎和黏虫等害虫，还可以通过捕获成虫，及时了解害虫的发生时间和数量。这一信息对农民而言至关重要，因为它可以帮助他们及时采取措施，如调整喷洒农药的时间和频率，从而更有效地控制害虫的数量。此外，这种诱集和诱杀的技术不仅可以减少成虫的数量，还能显著减少害虫的交配次数和雌性害虫的产卵率，从而有效地压低下一代害虫的发生基数。

2. 昆虫的眼

昆虫的视觉系统包括两种主要类型：复眼和单眼，这两种眼睛在形态和功能上都有所不同，扮演着昆虫生活中不可或缺的角色。

（1）复眼

在昆虫的复杂视觉系统中，复眼扮演着至关重要的角色。除了一些特殊的穴居或寄生昆虫外，大多数昆虫在成虫、若虫和稚虫阶段都具备1对复眼。这些眼睛一般位于昆虫头部的两侧，形态各异，包括圆形、卵圆形和肾形等，而在少数昆虫中，复眼还可能分为上下两部分，显示出其多样化的适应性。

复眼的结构极为独特，它是由许多小的视觉单元组成的，这些小单元称为小眼，面部通常呈正六边形。这些小眼在形状、大小、数量及其在头部的具体位置方面均表现出显著的多样性，这种多样性使得复眼能够执行多种视觉功能。每个小眼都负责捕捉从不同角度进入的光线，使昆虫能够拥有广阔的视野和动态的视觉感知。

复眼的功能远不止于此，它是昆虫重要的视觉器官之一，具有高度的适应性。它不仅能够分辨近距离的物体，特别擅长于捕捉移动中的物体，还具备分析光线波长、颜色和强度的能力。更令人称奇的是，复眼能够感知到人类肉眼看不见的短波光，如紫外线，这一特性在自然界中极为重要，因为它关系到昆虫的生存策略，包括觅食、寻找配偶和躲避天敌。

（2）单眼

昆虫的视觉系统中的单眼可以分为两类：背单眼和侧单眼，这些单眼在昆虫的生活和生态行为中发挥着重要的基础作用。背单眼通常位于昆虫头部的背面或额区上方，这种位置的选择使得背单眼在昆虫体系中有其特定的称呼和功能。成虫、若虫及稚虫阶段的昆虫通常会具备背单眼，数量多为3个，但在某些种类中，背单眼的数量可能减少至1个或2个，甚至在极少数情况下昆虫可能完全没有背单眼。

侧单眼一般位于昆虫头部的两侧，在不同昆虫种类中的数量也有所不同，每侧可能有1～6个。这种分布模式的单眼在幼虫阶段尤为常见，对于昆虫的生存策略和环境适应有着不可忽视的影响。昆虫的单眼，无论是背单眼还是侧单眼，其数量和位置的差异都是昆虫分类学中的一个重要标准。单眼的主要功能是感知光的方向和强度，而不是形成清晰的图像。这种感知能力对昆虫而言至关重要，尤其是在其生活的多变环境中。单眼使昆虫能够迅速反应光源变化，从而做出适应性行为，如寻找遮蔽处或向光源移动。

3. 昆虫的口器

（1）口器的类型

昆虫的口器是其摄食行为的关键器官，根据不同的饮食习性和食物的性质，昆虫口器的形状和结构也展现出多样化的特化。这种适应性演化使得昆虫能够有效地获取和消化各种类型的食物，从而在多变的生态环境中生存和繁衍。不同的昆虫口器类型适应了不同的食物来源和取食方式。与农业害虫防治紧密相关的几种昆虫口器类型包括咀嚼式、刺吸式、锉吸式和虹吸式等。

①咀嚼式口器：咀嚼式口器是昆虫中最原始且常见的口器类型，它的结构复杂且功能多样，主要由5个基本部分构成：上唇、上颚、下颚、下唇和舌。

上唇位于口器的最前端，形如一个双层的横形薄片。这部分的外壁经过骨化处理，而内部则为保持柔软且多毛的味觉器官，使昆虫能够辨别食物的味道。上唇的主要功能是作为口器的上盖，覆盖在上颚前面，帮助挡住被咬碎的食物并有效地将其引导入口。

紧随上唇之后的是上颚，通常呈坚硬的锥状或块状结构，位于上唇的后方。上颚的前端装备有切齿，专门用于切断和撕裂食物。其基部的内侧则设有类似磨盘齿槽的粗糙部分，称为臼齿，用于磨碎食物。

下颚则位于上颚的后方，构成口器的侧壁。下颚包括轴节、茎节、外颚叶、内颚叶和下颚须5个部分。其中，外颚叶和内颚叶具有握持和撕碎食物的功能，协助上颚进行取食。下颚须则负责感觉和味觉，增强昆虫对食物的感知能力。

下唇位置在下颚后面，作为口器的后壁。其结构与下颚类似，但左右两侧融合成一体，依然由5部分组成：后唇、前唇、侧唇舌、中唇舌和下唇须。下唇的主要功能是托挡食物，并协助其他口器的附肢将食物推进口腔。下唇须同时具备感觉、味觉和嗅觉功能，为昆虫提供全面的感官信息。

舌则位于口腔中央，常附在下唇的内壁上。这是一个狭长的囊状物，表面密布毛带和感觉器，主要负责味觉功能，并协助昆虫吞咽食物。

许多农业害虫的幼虫都具有咀嚼式口器，这类昆虫的为害特征明显，包括咬食植物叶片形成缺刻和孔洞，咬断植物茎秆，甚至蛀食植物茎、花、果实。这些行为会导致植物出现枯心、倒秆、落花或落果的现象。有些害虫还会取食播种的种子或地下的根、茎，引起作物缺苗、断垄或枯死。此外，有的害

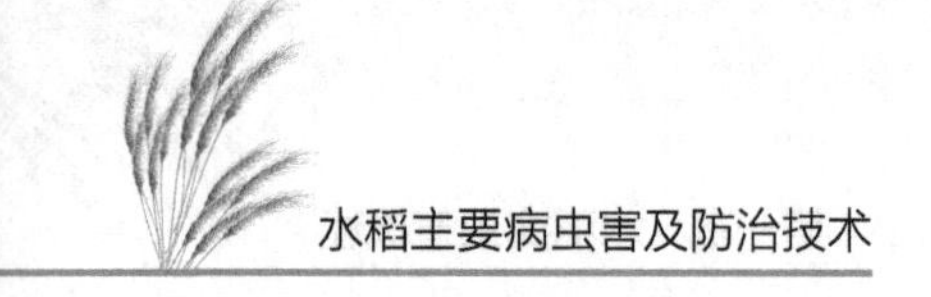

虫还会吐丝卷叶，藏匿其中取食叶肉。这些为害行为均造成了显著的机械损伤，影响农作物的健康和产量。总的来说，咀嚼式口器的昆虫在农业中常常引起一系列问题，需要特别注意对其进行监控和管理。

②刺吸式口器：刺吸式口器是昆虫中一种特别的取食结构，其构造细节适应了复杂的取食需求。这种口器由1对细长的上颚和下颚形成的口针构成，口针内部包含食物道和唾道。此外，下唇演变成1条管状结构，内部容纳着口针，而上唇则退化为1个小的三角形片状物，位于喙管基部的顶部。在这种口器类型中，下颚须和下唇须通常退化或完全消失。

在取食过程中，昆虫首先将口针从喙管内部抽出，使喙管顶端紧贴植物表层。上颚和下颚的口针会交替穿透植物组织，随后通过唾道将唾液注入植物组织中。这些唾液中含有的酶会在植物体外开始消化过程，之后昆虫再通过食道将预消化的营养吸入消化道内。刺吸式口器的昆虫对植物的危害不仅是吸取细胞内的汁液，这些昆虫分泌的唾液还能引发植物细胞的异常分裂，这种生物化学刺激常导致植物出现变色斑点、条纹、卷缩、虫瘿和肿瘤等症状。在严重的情况下，植物可能出现枝叶干枯脱落、花果掉落，甚至整株枯死。此外，刺吸式口器的昆虫还可能通过传播病毒对植物造成更大的危害。据最新研究报道，大约有400种昆虫能够传播超过200种植物病毒。这些由刺吸式口器昆虫传播的病毒，其造成的损失往往远超昆虫直接对植物的物理伤害。

③锉吸式口器：锉吸式口器是蓟马类昆虫所特有的一种口器结构，具有独特的形态和功能。这种口器的头部呈圆锥形，向下突出，喙部较短小，主要由上唇和下唇构成。内部则藏有3根口针，其中，左上颚特化成为1根发达的口针，作为刺穿植物的主要工具。与此同时，右上颚可能已经退化或消失。两根下颚口针则合并形成食物道，而舌和下唇之间形成了唾道。

在取食过程中，蓟马使用左上颚的口针先刺入植物表面，造成伤口。当植物汁液由伤口流出后，蓟马会将其喙紧贴于这些伤口，通过口针将植物汁液直接吸入消化道内。这种取食方式使得锉吸式口器昆虫能够有效地从植物体内获取营养。

锉吸式口器的昆虫通常对植物的叶片、芽、花朵和果实造成伤害。被害植物最初会出现不规则的白色小斑点，这是因为植物体内的汁液被吸取后留

下了痕迹。随着时间的推移，这些受害部位由于严重失水会逐渐出现皱缩、畸形或卷曲等症状，这些都是锉吸式口器昆虫活动的典型后果。

④虹吸式口器：虹吸式口器是蝶类和绝大多数蛾类昆虫所特有的一种复杂的结构。这类口器的显著特点是下颚的外颚叶极度延长，并由一系列骨化环和膜质环交替紧密排列组成，形成1个可以卷曲的钟表发条状喙，其端部尖细。内部结构方面，每个外颚叶的内侧具有1条纵槽，两个外颚叶紧密嵌合在一起，从而形成1个用于输送食物的通道。在这种口器中，除了下唇须的3节较为发达外，其他附肢和附器大多数已经退化。

虹吸式口器的昆虫主要以花蜜为食，通常不会直接对农作物造成伤害。然而，也存在一些如吸果夜蛾类的昆虫，它们能够刺穿果皮，吸取果汁。这种行为不仅损害水果的外观和品质，而且在刺穿果实的过程中可能为细菌等病原提供侵入的途径，导致果实腐烂。果实的腐烂不仅严重影响产量，还会降低水果的市场价值，给果农带来经济损失。因此，尽管虹吸式口器的昆虫多数以花蜜为食，对农业影响较小，但那些能够吸食果汁的种类却被果农视为重要的害虫。

⑤刮吸式口器：刮吸式口器是蝇类幼虫的特有结构，其口器在演化过程中已经严重退化，通常只能看到1对口钩。这对口钩位于两个口沟之间，这里是食物的进入口。在取食过程中，蝇类幼虫首先使用这些口钩将食物撕裂，使之变得松散。接着，幼虫便利用其口器吸食由此产生的汁液和固体碎屑。

（2）昆虫口器的类型与害虫防治之间的联系

研究昆虫口器的不同类型对于昆虫种类的识别极为重要。通过了解各种口器的结构特点，人们可以更准确地判断昆虫可能造成的具体为害症状。这种知识不仅增强了人们对昆虫行为的理解，还可以指导人们更加科学和合理地运用农药进行防治。

①确定昆虫的分类：在昆虫分类学中，口器的类型是判断昆虫类别的重要标准。例如，具备虹吸式口器的昆虫通常归属于鳞翅目，这一类昆虫以其特有的长管状喙而闻名。另外，锉吸式口器是缨翅目昆虫的显著特征。

②确定昆虫的种类：昆虫的不同口器类型会在它们为害植物时表现出

不同的症状。了解这些口器的特点，即使在害虫离开植物后，仍可以通过观察植物的受害状况和受害部位来推断是哪种口器的昆虫造成的损害。这种方法对于害虫识别和管理具有重要意义。例如，当在植物叶片上发现明显的缺刻或发现整个叶片被食尽的情况时，通常可以判定这是咀嚼式口器的昆虫所为。咀嚼式口器的昆虫，如某些甲虫和毛虫，能够直接咬断植物组织，食用叶片，留下典型的咬痕或完全食尽叶片。另外，如果在植物叶片上观察到褪色斑点、条纹、卷缩、虫瘿或肿瘤等症状，这通常指向刺吸式口器的昆虫为害。

③指导害虫防治：为了在经济和效率上有效地控制害虫，必须考虑到不同昆虫口器类型对杀虫剂选择的影响。例如，对于咀嚼式口器的昆虫，它们通过直接咀嚼植物组织进行取食，因此可以使用胃毒剂。这类杀虫剂可以直接喷洒在害虫的寄主植物上，或者与害虫喜爱的饵料混合，制作成毒饵来消灭害虫。这种方法利用了害虫在进食过程中将毒素带入消化系统中的行为，从而达到杀灭的效果。

然而，对于刺吸式口器的昆虫，这类害虫的取食方式是通过口针直接刺入植物组织内部，吸取植物的汁液。这意味着喷洒在植物表面的胃毒剂并不能有效地被害虫摄取，因此对这类害虫无效。在这种情况下，必须使用具有内吸作用的杀虫剂，这样当害虫吸取含有毒剂的植物汁液时，毒剂便能通过其口针进入害虫体内，使其中毒死亡。此外，触杀剂这类杀虫剂则通过与害虫体壁接触而渗透进入害虫体内发挥作用，因此它们对各种口器类型的昆虫都有效。市场上一些杀虫剂还能同时具备触杀、胃毒、内吸乃至熏蒸等多重杀虫效果，这使得它们可以广泛用于防治不同口器类型的害虫。在进行害虫防治时，还应详细了解害虫的为害方式和为害部位，精准把握施药的时机，以确保害虫防治的经济效益和实际效果。

（三）昆虫的胸部

昆虫的胸部，作为其身体的第二大部分，通过颈膜与头部连接。这一部分由前胸、中胸和后胸 3 个体节构成，每个体节在其侧下方各生有 1 对足，分别为前足、中足和后足。在大多数情况下，昆虫的中胸和后胸背面的两侧

分别着生有 1 对翅膀，分别称为前翅和后翅。足和翅是昆虫用于移动的主要器官，因此，胸部成为昆虫活动的核心区域。

1. 胸部的基本构造

昆虫的胸部结构十分独特，每一个胸节都由 4 块坚固的骨板构成：背面的背板、腹面的腹板，以及两侧的侧板。这种结构使得胸部能够有效地承受翅膀和足部在运动时产生的强大牵引力。为了进一步增强其结构的稳固性，各胸节的体壁不仅进行了高度的骨化处理，还通过互相嵌接的方式连接起来，并且具备复杂的沟槽和脊线，便于肌肉的附着。

昆虫胸部各节的发达程度通常与翅膀和足部的功能紧密相关。例如，螳螂的前足极为发达，用于捕捉猎物，因此其前胸特别长大，以支持强大的前足。双翅目昆虫，如苍蝇和蚊子，前翅非常发达而后翅退化，这导致它们的中胸特别粗壮以适应飞行需求，而后胸则相对狭小。再比如蝗虫，以后足的强力跳跃功能著称，相应的后胸部分也非常发达，以适应其跳跃时的动力需求。

2. 胸足的基本构造和类型

（1）胸足的基本构造

昆虫的胸足分为成虫的胸足和幼虫的胸足，二者在构造上存在显著差异。成虫的胸足结构相对复杂，并且类型繁多，尽管如此，其基本构造仍保持一致。成虫的胸足由基节、转节、腿节、胫节、跗节和前跗节几个部分组成。前 4 节通常各为 1 个独立的节，但某些昆虫（如姬蜂）可能有 2 个节。胫节的端部通常会着生 1 个可动的距，增加了足部的活动范围。

跗节则通常分为 2 ~ 5 个小节，具有一定的灵活性，这在昆虫的运动和抓握中起着重要作用。至于前跗节，它位于胸足的最末端，在一般的成虫中已经退化，通常被两个侧爪所取代。这两个侧爪不仅增强了昆虫的抓握能力，在一些昆虫中，两爪之间还可能存在 1 块膜质的中垫或爪间突，这些结构有助于昆虫在各种表面上更稳定地行走或攀爬。

（2）胸足的类型及功能

昆虫的足部结构和功能因其适应的生活环境和生活方式而显著不同，展现了多样化的形态和构造变异。昆虫的足根据其主要功能可以被分类为以下几种类型。

①步行足：这类足部一般较细长，各节并无明显的特化，主要适于行走。典型的昆虫，如蚜虫，其足部结构使其能够在各种表面上有效移动。

②跳跃足：这种足的腿节特别膨大，胫节则细长，末端配有距，专门用于跳跃。蝗虫和蟋蟀的后足就是此类，使它们能够进行长距离的跳跃。

③开掘足：这种足的胫节宽扁而粗壮，末端有锯齿状结构，跗节则呈铲状，便于挖掘土壤。蝼蛄的前足便是这种类型，非常适合其生活在地下的习性。

④捕捉足：例如，螳螂的前足，基节特别长，腿节粗大，腹面具有槽，槽两侧配有刺，胫节腹面有 1 排刺。当胫节弯曲折叠时，正好嵌入腿节的槽内，非常适合捕捉小虫。

⑤携粉足：蜜蜂的后足就为这种类型，胫节端部宽扁，外侧平滑且稍凹，边缘具有长毛，形成用于携带花粉的花粉筐。第 1 跗节特别膨大，内侧具有多排横列刺毛，形成花粉梳，用以梳理花粉。

⑥游泳足：常见于水生昆虫的后足，这些足部的各节扁平细长，并具有长缘毛，类似桨状，非常适合划水。龙虱和仰泳蝽的后足就是此类型。

⑦抱握足：雄性龙虱的前足的第 1 ~ 3 跗节膨大成吸盘状，主要在交配时用于抱握雌体，是这种足的独特功能。

⑧攀缘足：特有于虱类昆虫的足。这类足的胫节肥大，外缘有指状突起，跗节只有 1 节，前跗节特化为 1 个大型爪。当爪弯曲时，其尖端与胫节端部的指突紧密接触，形成钳状结构，便于牢牢地夹住寄主的毛发。

对幼虫而言，其胸足的结构与成虫相似，但更为简单，通常跗节不分节，前跗节仅具有 1 个爪，这也显示了其在生长发育过程中的适应性简化。

3. 翅的基本构造和类型

在昆虫界中，除了极少数种类，大多数昆虫都具备 1 ~ 2 对翅膀。这些翅膀对昆虫而言具有重要的生物学功能，它们不仅有助于昆虫在觅食时快速移动，也使它们能有效地避开天敌。此外，翅膀支持昆虫进行迁飞和扩散，这在寻找配偶和繁殖后代时尤为重要，增加了昆虫种群的生存机会和地理分布范围。

（1）翅的基本构造

昆虫的翅膀通常呈三角形，具备 3 条边和 3 个角。当昆虫的翅膀平展时，

前方的边被称为前缘，靠近身体的边称为后缘或内缘，而位于前缘和内缘之间的边则是外缘。在翅膀的基部，靠近身体的角被称为基角；前缘与外缘之间形成的角是顶角；外缘与内缘之间形成的角则是臀角。

为了适应飞行和折叠的需求，昆虫的翅膀表面通常具有 3 条褶纹，这些褶纹将翅膀分成 4 个小区域。在翅膀的基部，存在 1 条基褶，它将翅膀的基部区域划分为 1 个三角形的腋区；从翅膀基部延伸到臀角的是轭褶，轭褶前的翅膀面称为臀前区，而褶线后的区域被称为臀后区。在某些昆虫中，臀区的后方还存在 1 条褶，其后方区域被称为轭区。

昆虫的翅膀一般由薄膜质组成，为了增强其强度，这些薄膜中通常嵌入了多条翅脉。这些翅脉在翅膀上的分布模式被称为脉相，脉相是昆虫学研究进化和分类的一个重要依据。翅脉分为纵脉和横脉，这些脉线之间形成的小区域被称为翅室。翅室的形状和数量是昆虫分类中常用的特征之一。

（2）翅的变异

昆虫为了适应多样化的生活环境，其翅膀经历了多种变异，以满足不同的功能需求。这些变异体现在翅膀的结构和质地上，常见的几种类型包括以下几种。

①膜翅：膜翅是一种翅膜质构成的昆虫翅膀，这类翅膀既薄又透明，翅脉结构非常明显。这样的翅膀类型典型地见于蜂类和蚜虫等昆虫。

②覆翅：翅基部的质地较厚且坚韧，类似皮革，并且具有半透明的特性，使得翅脉清晰可见。这种翅膀通常覆盖在昆虫的体背和后翅上，不仅起到飞行的功能，还提供了额外的保护作用。蝗虫和蟋蟀等昆虫的前翅就是这种类型，它们能有效地协助昆虫在恶劣环境中存活，同时保护它们免受物理伤害。

③鞘翅：翅的质地坚硬，类似角质，而翅脉已经不再明显。这种翅膀不具备飞行功能，主要用于保护昆虫的身体和覆盖在其下的后翅。金龟子和天牛等昆虫的前翅就是典型的鞘翅。

④半鞘翅：半鞘翅在其基部具有革质特性，这一部分的翅脉不明显，而端部则是由膜质构成，其翅脉清晰可见。这种独特的结构设计使得半鞘翅既有一定的保护功能，又保留了飞行的能力。蝽类昆虫的前翅就属于这种类型，

它们的翅膀既坚韧又灵活，能够适应多种环境条件，同时，在必要时支持昆虫进行飞行。

⑤鳞翅：鳞翅的结构特征在于其翅膀是由膜质材料构成的，并且表面被1层细小的鳞片所覆盖。这种翅膀不仅美观，还具有保护昆虫免受环境损伤的功能。蛾和蝶就是具有这种类型翅膀的昆虫，他们的翅膀因覆盖着鳞片而显得色彩斑斓，同时这些鳞片能帮助它们调整体温和掩蔽身体。

⑥毛翅：翅由膜质构成，且翅面及翅脉上分布着1层稀疏的毛。这种翅膀结构不仅提供了额外的保护，还可以帮助昆虫在空气中更有效地导航。石蛾的前翅和后翅就属于这类毛翅。

⑦缨翅：缨翅具有狭长的膜质结构，其中，翅脉已经显著退化。这种翅膀的边缘生有众多细长的缘毛，外观类似于红缨枪，因此得名缨翅。这种翅膀类型常见于蓟马类昆虫的前后翅。

⑧平衡棒：在某些昆虫中，后翅退化成类似小棍棒的结构，称为平衡棒，这些翅膀已失去了飞行功能。然而，它们在昆虫飞行过程中发挥着平衡身体的重要作用。典型的例子包括蚊子和苍蝇等双翅目昆虫，它们的这种后翅结构帮助它们在空中保持稳定，从而使飞行更加高效。

（3）翅的连锁与飞行

在具有翅膀的昆虫群体中，大部分昆虫在飞行时需要保持前后翅协同动作，以此提高飞行的效率和控制能力。为了实现这一目的，昆虫进化出了一种特殊的结构，称为连锁器，它的功能是将前翅和后翅连接在一起。这种连接机制除了极少数外（如蜻蜓和白蚁，它们的翅膀并不通过连锁器结构连接），普遍存在于大多数飞行昆虫中。昆虫常见连锁器有以下几种。

①翅缰连锁：在鳞翅目的大多数蛾类中，后翅的前缘基部通常具备1根或几根坚固的刚毛，这种结构称为翅缰。这些刚毛在雄蛾中通常只有1根，而在雌蛾中则为多根，这一特征常被用来区分雌雄。与此相对应，前翅基部的反面长有1簇毛状的结构，被称为缰钩。在飞行过程中，翅缰会嵌入缰钩中，从而将前翅和后翅有效地连接起来。

②翅钩列连锁：在多数蜂类昆虫中，后翅前缘的中部装备了1列向上弯曲的小钩，这种结构被称为翅钩列连锁。这些小钩的主要功能是钩住前翅后

缘的褶，使得前后翅能够在飞行时紧密地结合在一起。

③翅卷褶连锁：同翅目昆虫，如蝉，其前翅的后缘中部和后翅的前缘分别形成了特殊的结构，即向下卷的褶和向上卷的褶。这两个卷褶在飞行时相互挂连，形成了所谓的翅卷褶连锁机制。此机制确保前后翅在飞行中能够同步运动，从而维持飞行的协调性和稳定性。

④翅抱连锁：某些昆虫，如蝴蝶和枯叶蛾，其后翅的肩角部位特别膨大并突出，这种结构被称为翅抱连锁。在飞行过程中，这一突出的部分会伸展到前翅的后缘之下，使得前后翅能够紧密地贴合在一起。这样的结构布局确保了昆虫在飞行时前后翅的动作能够保持一致，从而提高飞行的稳定性和效率。

⑤翅轭连锁：在某些低等昆虫中，如石蛾和蝙蝠蛾，其前翅的后缘基部存在一种指状突起，这被称作翅轭。在飞行过程中，这个翅轭会伸出并嵌入后翅前缘的反面，从而将前后翅紧密地连接在一起。这种结构使得昆虫在空中飞行时能够保持翅膀的协调一致，提高飞行的稳定性和效率。

（四）昆虫的腹部

腹部构成了昆虫身体的第 3 个主要部分，紧接胸部之后，直至末端，其中着生有肛门和外生殖器等重要结构。这一部分承载着昆虫的主要内脏器官，包括消化道、生殖器、神经系统和呼吸系统等。腹部因此成为昆虫体内代谢活动和生殖功能的核心区域。

1. 腹部的基本构造

昆虫的腹部通常分为 9 ~ 11 个节，每个节由背板、腹板和侧膜构成。这些腹节通过节间膜相连，允许前后腹节之间进行套叠。这种结构的设计使得腹部不仅具有伸缩和弯曲的能力，还便于进行交配和产卵等生殖活动。

腹部的第 1 ~ 8 节侧膜上各有 1 对气门，这些气门是昆虫呼吸系统在体壁上的开口，为昆虫体内的气体交换提供了重要通道。通过这些气门，昆虫能有效地进行氧气的吸入和二氧化碳的排出，支持其生命活动。此外，昆虫的第 8 和第 9 腹节上生有雌性或雄性的外生殖器，这些生殖器在繁殖季节中发挥关键作用，确保昆虫能有效地繁衍后代。

2. 昆虫的外生殖器

雌虫的外生殖器被称为产卵器，雄虫的外生殖器被称为交尾器或交配器。

（1）雌虫外生殖器

雌虫的产卵器通常由3对产卵瓣构成，分别为位于腹部的1对腹产卵瓣、位于背部的1对背产卵瓣，以及位于二者之间的1对内产卵瓣。产卵器的形态、结构和功能因物种而异。例如，蝗虫的产卵器特点是背产卵瓣和腹产卵瓣发达，而内产卵瓣则退化。产卵瓣合拢时形成锥形，有助于钻土打洞。产卵过程中，蝗虫依靠这两对产卵瓣的开合动作，将腹部逐步插入土中。

同翅目昆虫，如叶蝉、飞虱和蝉的产卵器则不同。其腹产卵瓣和内产卵瓣相互连接，形成发达的产卵器，背产卵瓣特化为带有槽的宽大产卵鞘，产卵器位于其中。产卵时，腹产卵瓣和内产卵瓣从产卵鞘中伸出，通过产卵瓣的滑动，将卵逐步插入植物组织中。

蜜蜂的产卵器有独特的构造特点。其腹产卵瓣和内产卵瓣特化为螫针，并且基部与毒液腺相连，使得产卵器失去了原有的产卵功能，转而成为用于攻击和防御的器官。具有螫针的蜜蜂，其卵从螫针基部的产卵孔产出。

（2）雄虫外生殖器

雄虫的交尾器结构相当复杂，主要由阳具和抱握器组成。阳具包含阳茎及其辅助结构，而抱握器则是由腹部第9节的附肢演化而来，主要用于在交配过程中抱握雌体。不同种类昆虫的雄外生殖器在形态和构造上具有明显的种特异性，这种特异性确保了昆虫在自然界中不会发生种间杂交。因此，雄虫外生殖器的独特结构常被用作鉴定种或近似种的重要依据。

（五）昆虫的体壁

昆虫的体壁是其身体的最外层组织，质地相当坚硬，起到了类似于高等动物皮肤和骨骼的作用。它不仅保护昆虫的内部器官，还提供了结构支持和防御功能，确保昆虫在各种环境中能够生存和活动。

1. 体壁的构造和功能

昆虫的体壁结构复杂，主要由3层组成：从内向外分别是底膜、皮细胞层和表皮层。体壁的主要功能包括决定昆虫的体形、保护内脏和防止体内水

分过度蒸发，并为肌肉提供附着点。此外，体壁还能够特化形成昆虫体表上的各种结构，如刚毛、鳞片，以及毒腺等腺体。

2. 体壁与药剂防治的关系

杀虫剂是否能够穿透昆虫的体壁进入体内，取决于杀虫剂的理化性质及昆虫表皮的结构特性。昆虫的上表皮通常具有亲脂性，这能够阻止水溶性触杀农药的通过，同时允许脂溶性和油脂类药剂进入昆虫体内。然而，内表皮则是亲水层，阻止脂溶性药剂进一步进入体内。为了有效杀死害虫，农药必须具备较高的脂溶性和一定的水溶性，才能穿透昆虫的体壁并发挥其药效。

昆虫体壁上的微毛和鳞片等结构也能阻止药剂与体壁的直接接触。因此，即使使用相同的农药和浓度，喷洒在体壁光滑的昆虫上比在具有毛发的昆虫上效果更好。昆虫的种类也影响杀虫效果，通常体壁坚硬、蜡质发达的昆虫体壁较难穿透，因此杀虫效果较差。对同一种昆虫来说，低龄幼虫的体壁较薄，比高龄幼虫更容易受到药物影响，因此在害虫防治中，通常建议在 3 龄幼虫以前进行消灭。昆虫体壁的不同部位厚薄不一，体壁越薄的部位，药剂越容易进入体内。昆虫的节间膜、感化器、跗垫和气门等部位都是农药容易通过的地方。因此，了解昆虫体壁的结构和特性对于使用药剂防治害虫具有重要的指导意义。

二、昆虫的内部器官及功能

昆虫的内部器官与其他脊椎动物基本相似，主要分为消化系统、排泄系统、呼吸系统、循环系统、神经系统、分泌系统和生殖系统。然而，这些器官在昆虫体内的分布位置和具体功能有所不同。昆虫的内部结构经过独特的演化，适应了其特有的生存方式和生态环境，从而表现出与脊椎动物不同的器官组织和功能分工。

（一）昆虫的体腔与内部器官的分布位置

昆虫的体腔是由体壁围成的空腔，内部充满血液，因此也被称为血腔。昆虫的所有内脏器官都浸泡在这种血液中。整个体腔通常由 2 个隔膜分隔为 3 个小腔。背面的隔膜称为背隔膜，其上方的小腔叫背血窦，循环系统的背血管位于其中。腹面的隔膜称为腹隔膜，其下方的小腔称为腹血窦，腹神经索位于该区域。背隔膜与腹隔膜之间的较大空腔称为围脏窦，这里容纳了昆虫的大部分内脏器官，包括消化系统、呼吸系统和生殖系统等。

（二）昆虫内部器官与药剂防治的关系

昆虫的各个脏器官都与药剂防治存在一定关系，然而，消化系统、呼吸系统和神经系统与药剂防治的关系最为密切。

1. 消化系统

昆虫的消化系统主要由消化道和相关腺体组成。消化道的基本结构包括前肠、中肠和后肠。前肠的主要功能是储存食物并进行部分消化，中肠则是食物消化和吸收的重要场所，分泌消化液以帮助食物的进一步分解。后肠不仅负责排出食物残渣和代谢废物，还能够回收水分和无机盐。

与消化相关的腺体包括咽喉腺、上颚腺、下唇腺和唾腺等，这些腺体的分泌物也具有一定的消化功能。然而，食物的主要消化过程还是依赖中肠分泌的消化液，并且需要在一个稳定的酸碱度条件下进行。不同种类昆虫的消化液酸碱度各不相同。一般昆虫的消化液 pH 值为 6 ~ 8，蛾类和蝶类幼虫的消化液 pH 值为 8 ~ 10，鞘翅目昆虫的消化液 pH 值为 6 ~ 6.5，蝗虫的消化液 pH 值为 5.8 ~ 6.9，而蜜蜂的消化液 pH 值则为 5.6 ~ 6.3。

2. 呼吸系统

昆虫主要依靠气管系统进行呼吸，这个系统由气门和气管组成。气门是气管在体壁上的开口，通常具有开闭和过滤功能。气管分为主气管、支气管和微气管，飞行昆虫和水生昆虫通常还有膨大的气囊。昆虫的呼吸机制通过通风和扩散实现，通风在气管和气囊内进行，而扩散则在微气管内完成。

熏蒸剂和神经毒剂通过呼吸系统进入昆虫体内，破坏其正常的呼吸代谢率，导致代谢率的增高或降低，最终导致昆虫死亡。药剂进入昆虫体内首

先需要通过气门，气门的开闭与温度有一定关系。温度越高，气门开口越大，呼吸运动越强烈，吸入的毒剂越多，昆虫死亡的速度也越快。昆虫的气体交换强弱还与体内二氧化碳的积累有关，体内二氧化碳积累越多，呼吸作用越强。因此，在室内使用熏蒸剂时，适当增加二氧化碳浓度可以提高熏蒸效果。

此外，使用乳油剂、在田间喷洒废机油、肥皂水或面糊水等方法，可以机械性地堵塞昆虫的气门，导致昆虫因缺氧窒息而死亡，达到杀虫的效果。

3. 神经系统

昆虫的神经系统由中枢神经、交感神经和外周神经3部分组成。感觉器官和分泌腺体是体壁的衍生物。神经系统与感觉器官紧密相连，当感觉器官接收到内外各种刺激时，神经系统将产生的冲动传递给肌肉和腺体等反应器官，从而引起昆虫肌肉的收缩或腺体的分泌等活动。因此，昆虫的神经系统主要功能是与外界环境进行联系，调节机体的各种活动，维持生命的正常运行。

虽然杀虫剂种类繁多，但其作用机制通常相似，大多作用于昆虫的神经系统，不过不同类型的杀虫剂对神经系统的作用方式和作用部位各不相同。例如，除虫菊酯类药剂通过改变神经膜的通透性，破坏神经传导；烟碱类杀虫剂与化学传递物胆碱酯受体发生竞争性结合；有机磷和氨基甲酸酯类杀虫剂抑制乙酰胆碱酶的活性；阿维菌素则能阻断神经与肌肉的联系，破坏肌肉的收缩功能，从而导致昆虫中毒死亡。

不仅消化系统、呼吸系统和神经系统与药剂防治有密切关系，其他内脏器官与药剂防治也存在一定的关联。了解这些系统和器官的功能与结构，对于制定有效的害虫防治策略至关重要。

三、昆虫的生物学特性

昆虫生物学研究的是昆虫的个体发育史，这包括从昆虫的繁殖、胚胎发育直至成虫阶段的整个生命特性。

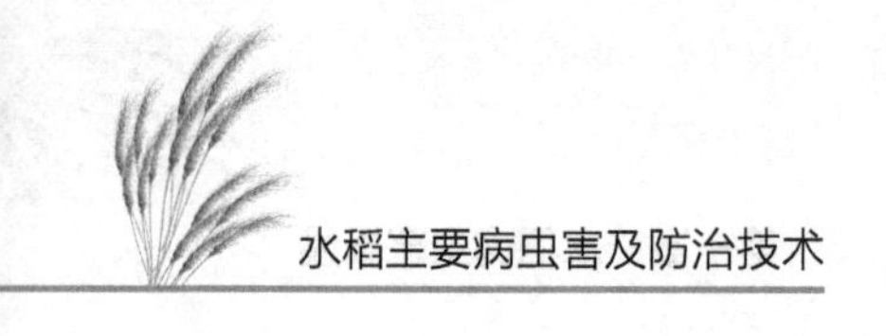

（一）昆虫的主要繁殖方式

昆虫的繁殖方式多种多样，包括两性繁殖、多胚繁殖、孤雌繁殖、胎生和幼体繁殖等。最常见的繁殖方式是两性繁殖和孤雌繁殖。

1. 两性繁殖

绝大多数昆虫通过两性繁殖来繁衍后代，即雌雄交尾后，精子与卵子结合形成受精卵，雌虫产下受精卵，受精卵最终发育为新个体。这种繁殖方式称为两性繁殖。蛾类和蝶类昆虫的繁殖方式就是两性繁殖。

2. 孤雌繁殖

孤雌繁殖是指雌虫不经过交尾即可单独繁殖后代，或者卵无须受精便能发育成新个体的繁殖方式。例如，蚜虫和蜜蜂等昆虫的繁殖方式就属于孤雌繁殖。

3. 多胚繁殖

多胚繁殖是一种在发育过程中，1 个卵可以分裂成 2 个或更多性别相同的胚胎的繁殖方式，每个胚胎会发育成 1 个新的个体。例如，茧蜂和跳小蜂等昆虫就采用这种繁殖方式。这种方式确保 1 个卵能够产生多个后代，从而提高繁殖效率和种群增长速度。

4. 胎生

胎生为母体产出的是幼体而非卵。例如，蝇类和蚜虫等昆虫就是采用这种方式进行繁殖的。

5. 幼体繁殖

有些昆虫在幼虫期就具备繁殖能力，这种现象被称为幼体繁殖。例如，摇蚊和瘿蚊等昆虫的繁殖就是采用这种繁殖方式。

（二）昆虫的发育和变态

1. 昆虫的发育及特点

昆虫的个体发育分为两个阶段：胚胎发育和胚后发育。胚胎发育指的是卵内的发育过程，而胚后发育则指的是昆虫从卵内孵出，到羽化并达到性成熟的整个发育过程。这包括幼虫（或若虫）、蛹和成虫等不同的发育阶段。

卵期是指从卵被母体产下到孵化出幼虫或若虫的时期，即幼虫破卵壳而

出的过程。昆虫的卵通常非常小，但其构造相当复杂，且形状因种类不同而有所差异。

2. 昆虫的变态

昆虫在一生中经历一系列形态上的显著变化，形成多个不同的发育阶段，这种现象被称为变态。昆虫的变态过程主要分为不完全变态和完全变态两大类。

（1）不完全变态

不完全变态昆虫的一生包括卵、若虫（或稚虫）和成虫 3 个阶段。从卵内孵化出来的幼体，如果是陆生，并且其形态和习性与成虫相似，则这类幼体被称为若虫，如蝗虫。若幼体是水生的，其形态特征和习性与成虫明显不同，则这类幼体被称为稚虫，如蜻蜓。若虫与稚虫在其各自的生态环境中发育，逐渐经历蜕皮和生长，最终蜕变成成熟的成虫，具备了繁殖能力。

（2）完全变态

完全变态昆虫的生命周期十分复杂，涵盖了从卵到成虫的 4 个主要阶段：卵、幼虫、蛹和成虫。在这一过程中，每个阶段都具有独特的形态特征和生存策略，确保昆虫能够适应各种环境条件并成功转变为成熟个体。

昆虫从卵孵化出来后，首先进入幼虫阶段。幼虫阶段是昆虫生长和发育最为迅速的时期，此时的幼虫与成虫在形态和习性上存在显著差异。因此，科学界通常将这种与成虫截然不同的幼体称为幼虫。根据幼虫的腿的数量和类型，可以将幼虫分为多足型、寡足型和无足型三大类：多足型幼虫腿多而短，通常在营养丰富的环境中快速移动寻食；寡足型幼虫腿较少，移动较慢，适应于较为稳定的生态环境；无足型幼虫则完全缺乏行走的腿，多在固定位置通过其他方式获取食物。随着成长，幼虫达到一定的成熟度后会停止进食，并开始寻找合适的地点进行下一阶段的准备。在这个过程中，一些幼虫还会吐丝制作茧，以保护自己免受外界环境的干扰。此时的幼虫开始缩短身体，进入所谓的预蛹阶段。预蛹阶段是幼虫转变为蛹的准备时期，体内发生大量的生理变化，为化蛹做好准备。

化蛹是昆虫生命周期中的一个关键过程，幼虫通过蜕皮变为蛹。蛹阶段昆虫外表看起来静止不动，但体内正进行着剧烈的生理和结构变化。蛹根据

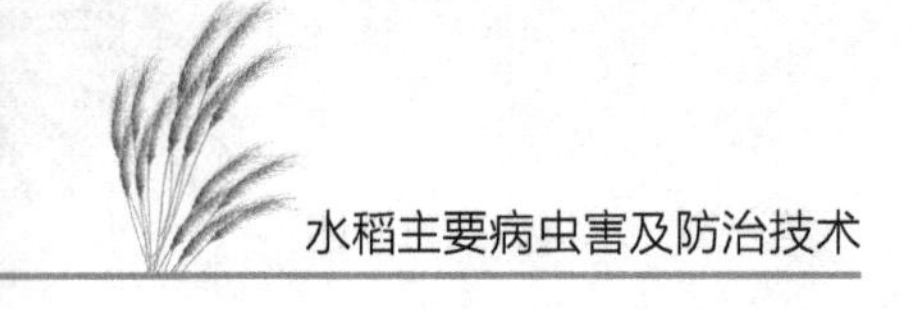

其保护外层的不同，可分为里被蛹、离蛹和围蛹 3 种类型。里被蛹通常被自身分泌的薄膜所覆盖，提供一定的保护；离蛹则不直接附着在任何物质上，有较大的空间进行形态变化；围蛹则是被如茧一样的结构所围绕，提供最强的物理保护。

从蛹变为成虫的过程，也就是羽化，是昆虫完成形态转换的最后阶段。在蛹期间，昆虫必须经历一系列复杂的生化过程，最终从蛹壳中蜕出，显露出成熟的成虫形态。成虫阶段昆虫具备繁殖能力，开始寻找配偶并进行产卵，从而继续繁衍后代，使生命循环得以持续。

（三）昆虫的世代和年生活史

1. 昆虫的世代

昆虫的个体发展历程从卵到成虫，最终性成熟并产生后代，构成了一个完整的世代，通常简称为一代。这一世代的周期在不同昆虫间有显著的差异：某些昆虫一年中仅完成一代的生命周期，而另一些则在同一年中能完成数代，还有的昆虫则需多年时间才能完成一个世代。

昆虫的世代通常是从卵开始计算，直到成虫阶段。然而，许多昆虫会以幼虫、蛹或成虫形态越冬，次年春季再次出现时，这些并不被计算为新的一代，而是被视作前一年的最后一个世代，这一特殊现象被称为越冬代。只有当新的卵出现时，才标志着新一代的开始。

在一年内发生多代的昆虫中，由于各代发生的时间不一致，常常会出现所谓的世代重叠现象，即前一代与后一代的同一虫态在同一时间内共存。此外，昆虫的生长速度不均一，导致局部世代的出现。例如，在三化螟的生命周期中，最后一代中的一部分进入滞育状态，而另一部分则转入下一个世代，形成所谓的局部世代。

无论是世代重叠还是局部世代的出现，这些现象都为昆虫的防治工作带来了额外的挑战。昆虫在不同阶段表现出的多样性和适应性，使制定有效的防治策略变得复杂。因此，了解并识别这些世代和生命周期的特点是实施有效管理措施的关键。

2. 昆虫的年生活史

昆虫的年生活史，也称为生活史，涵盖了其在1年中的整个生长发育过程，包括代数的变化、各虫态的出现时间、与寄主植物发育阶段的匹配及越冬情况等。这一生活史的综合了解对于害虫管理至关重要。

为有效掌握和应对害虫的影响，了解当地主要害虫的年生活史至关重要。这既包括害虫1年内的发生规律，也包括其为害程度的变化。通过详细分析这些信息，可以确定害虫生命周期中的薄弱环节，从而选择最佳的防治时机。

（四）昆虫的主要习性

昆虫的习性，涵盖了它们的各种活动行为，构成了昆虫生物学特性中的一个核心部分。

1. 食性

昆虫在漫长的演化历程中对食物形成了明显的选择性，这种选择性被称为食性。由于昆虫种类繁多，其食性表现出丰富的多样性。根据食物的不同属性，昆虫的食性可被划分为4大类。

（1）植食性

植食性昆虫，依赖活体植物及其产物为食，它们在昆虫界中占有重要的比例，占40% ~ 50%。这类昆虫在生态系统中扮演着关键角色，不仅影响植物群落的结构和功能，还对农业生产构成直接影响。根据这些昆虫对食物来源的偏好，可以将它们分为3个主要类别：单食性、寡食性和多食性，每种类型反映了昆虫对其生态环境的不同适应方式。

单食性昆虫的特点是专一性强，仅依赖1种植物或植物部分为生。这种高度的专一性使得这些昆虫能在特定的生态位中高效利用资源，同时使它们对环境变化极为敏感。例如，三化螟作为典型的单食性昆虫，它们只取食水稻，对水稻的依赖决定了它们的生存和繁衍。

寡食性昆虫则表现出更广的食物选择范围，它们通常取食同一科或几个近缘科的植物。这种适度的专一性使得寡食性昆虫能够在一定范围内适应多种植物资源。例如，菜青虫主要取食十字花科植物及其近缘的木科植物，这使得它们能够在多种农作物间转移，对不同作物造成损伤。

多食性昆虫在食性上表现出极高的多样性，能够消费多个科的多种植物。这种广泛的食物来源使多食性昆虫具有较强的生存能力和适应性，能在各种环境条件下找到适合的食物。玉米螟就是这类昆虫的代表，它们能够侵害包括 200 种植物在内的 40 个科，显示出极强的适应性和破坏力。

（2）肉食性

肉食性昆虫以其他小动物或昆虫为食，根据其捕食方式又可细分为捕食性和寄生性。捕食性昆虫，如瓢虫，以捕食蚜虫等小昆虫为生；寄生性昆虫则依赖宿主维生，如寄生蜂会寄生在其他害虫体内，利用宿主的资源完成自身的生命周期。

（3）杂食性

杂食性昆虫的食谱包含植物性和动物性食物，具有较广泛的食性。这类昆虫，如蜚蠊，能够适应多变的环境条件，通过消费多种类型的食物来保证生存和繁衍。

（4）腐食性

腐食性昆虫以腐烂的动植物体及其排泄物为食，这类昆虫在自然界中担任重要的“清洁工”角色，帮助分解和回收营养物质。蜣螂就是此类昆虫的一个例子，它们通过摄取腐败的有机物质来获取营养。

2. 趋性

趋性描述了昆虫对环境刺激的自然反应，这种行为模式在昆虫中极为常见，涵盖了趋近或远离刺激源的活动。这些反应可以是正趋性，即昆虫向刺激源移动，或负趋性，即远离刺激源。昆虫的趋性可以根据刺激物的不同特性被分为多种类型，如趋光性、趋化性、趋温性和趋湿性等。

趋光性是昆虫对光线的反应，其中，正趋光性指昆虫被光所吸引，向光源移动。这种行为在夜间活动的昆虫，如蛾类中尤为明显。相反，负趋光性的昆虫会避开光源，这通常是白天活动的昆虫的行为策略，帮助它们隐藏在较暗的环境中，躲避捕食者。

趋化性则涉及昆虫对特定化学物质的反应。昆虫利用这一能力来寻找食物源、配偶，以及适合产卵的地点，或者是避开潜在的威胁。例如，菜白蝶

对十字花科植物的芥子油成分有正趋化性反应，这使它们能够有效地找到合适的食物源。而某些昆虫则显示出对某些植物的负趋化性，如菜蛾会避开含有香豆素的木樨科植物，这通常是因为这些植物含有对它们具有毒性的化学物质。

趋温性和趋湿性也是昆虫行为的重要组成部分，昆虫通过这些趋性来寻找最适宜其生存的温度和湿度环境。趋温性使昆虫能够寻找到理想的温度区域以维持体温，而趋湿性则关系到昆虫寻找水分，这对于昆虫的生存和繁殖至关重要。

3. 群集性

群集性是描述昆虫行为中一种特定的社交形态，指同种昆虫大量个体高密度聚集在一起生活的现象。这种行为根据持续时间的不同，可以分为临时性群集和永久性群集两大类。

临时性群集指的是昆虫只在特定的发育阶段或某一时间段内群集生活，之后便会分散。这种群集通常发生在昆虫的某个特定的生命周期阶段，如幼虫期，或者在特定季节，如越冬期。例如，许多毒蛾和刺蛾的幼虫在低龄阶段会群集生活，这样可以增加它们对天敌的防御力，但在成长到高龄阶段后，它们通常会分散，以减少对食物资源的竞争。另一个例子是瓢虫，它们往往会群集在一起越冬，利用集休的温度维持生存，一旦春天来临，气温升高后，这些瓢虫便会分散到各处寻找食物和繁殖地点。

相对于临时性群集，永久性群集的昆虫在其整个生命周期中都会维持群居状态。这种群集行为在某些昆虫种群中非常明显，如东亚飞蝗。这些昆虫从幼虫到成虫阶段始终以群体形式生活，这不仅有助于它们迁移时防御天敌，还能帮助它们有效地寻找食物和繁殖地。群居生活方式使这些昆虫能够在较短的时间内迅速繁殖和扩散，有时甚至形成害虫暴发，对农业造成重大影响。

4. 假死性

假死性是一种常见于昆虫中的防御机制，当昆虫遭遇突然的接触或振动威胁时，它们会表现出一种特殊的行为——身体蜷缩并静止不动，或者从其停留的地方跌落下来，进入一种类似死亡的状态。这种行为被称为

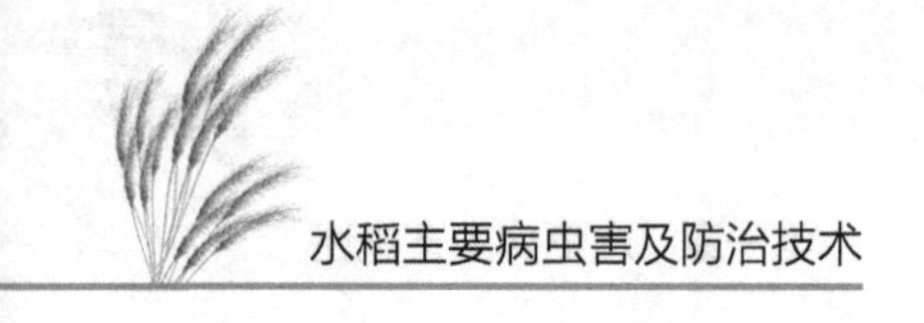

假死，目的是欺骗捕食者，让它们认为昆虫已经死亡，从而减少被捕食的风险。经过短暂的时间，这些昆虫会自然恢复正常活动，重新回到日常生活中。

例如，叶甲、象甲、金龟子和黏虫等昆虫都表现出显著的假死行为。这些昆虫在感受到外部刺激或威胁时，会迅速采取保护措施，通过假装死亡来避免被天敌注意。

5. 扩散

扩散是昆虫行为学中一个重要的概念，指昆虫个体在一定区域内的散布或集中活动，这种行为可以进一步细分为分散和蔓延两种类型。昆虫的扩散通常发生在其面临不利的环境条件或食物资源严重不足时，作为一种适应策略，昆虫通过扩散来寻找更有利的生存条件或新的食物来源，从而扩大其生活空间。例如，蚜虫，特别是有翅的个体，常在食物不足或环境压力增大时从一个田地扩散到邻近的田地。

6. 迁飞

迁飞是昆虫种群中观察到的一种显著行为，涉及成虫成群地从一个地区长距离转移到另一个地区。这种行为不仅是昆虫应对环境变化的一种生存策略，还是一种具有遗传特性的种群行为，表明其在进化过程中对特定生态压力的适应能力。例如，水稻褐飞虱和小麦黏虫就是典型的迁飞性昆虫。这些昆虫能够识别环境条件的变化，如食物短缺、气候变化或繁殖地不足，进而触发迁飞行为。

7. 滞育和休眠

滞育和休眠是昆虫在面临逆境时展现的两种抗逆行为，能够帮助昆虫在不利条件下保护自身，确保生存和繁衍的连续性。这两种行为虽然看似相似，但在昆虫响应环境变化的机制和生物学影响上有所不同。

滞育是昆虫对长期不良环境的一种遗传性适应。这种状态通常在恶劣环境到来之前就已经启动，使得昆虫能够在极端条件下暂停生长和发育。一旦昆虫进入滞育状态，即便是环境条件得到改善，它们也无法立即恢复正常的生长发展过程。这种机制使昆虫能够在不确定的环境中存活下来，等到更有利的环境条件出现时再恢复活动。

休眠则是昆虫对短期不良环境的一种直接响应。在这种状态下，昆虫会暂停其生命活动直到不利的环境条件结束。与滞育不同的是，休眠状态下的昆虫一旦遇到环境改善，可以迅速恢复生长和发育。休眠为昆虫提供了一种灵活应对季节性或短暂不良环境变化的策略。

了解这些昆虫的适应策略不仅对生物学研究具有重要意义，也对农业害虫管理和自然保护工作至关重要。通过对这些行为的研究，科学家可以更好地预测昆虫种群的变化趋势，制定出更有效的管理措施，以减少害虫对作物的影响，同时维护生态系统的健康和稳定。

8. 拟态和保护色

拟态和保护色是昆虫通过数百万年的进化过程发展出的两种生存策略，使它们能够更好地适应环境并躲避天敌。这两种策略虽然目的相同，即保护自身免受捕食者的攻击，但它们的实现方式和生物学基础各有不同。

拟态涉及昆虫模仿其他生物的外观或行为，以此误导捕食者。这种行为在昆虫界中表现得尤为多样和精妙。例如，枯叶蝶能够模仿枯落的树叶，不仅在颜色上，甚至在形状和静止时的姿态上都极为相似，使其在自然环境中几乎无法被发现。再如菜蛾，其在停息时可以形似鸟粪，这种外观上的伪装使其能有效地避免成为鸟类等天敌的目标。

保护色则是指昆虫体色与其生活环境中的颜色高度一致，从而使昆虫能够在视觉上与周围环境融为一体。这种颜色的适应性变化，如蚱蜢和螳螂，使得它们在春天展现出绿色，在秋天则转变为枯黄色，与季节性的环境变化保持一致。这不仅帮助它们隐藏自身，还增加了捕食机会。

四、常见水稻害虫的分类概览

昆虫分类学家通常将昆虫分为 2 个亚纲和 34 个目。在这里，将根据通用的分类系统，简要介绍几个与水稻害虫防治密切相关的目，并阐述这些目的主要识别特征。常见水稻害虫分类如图 1–3 所示。

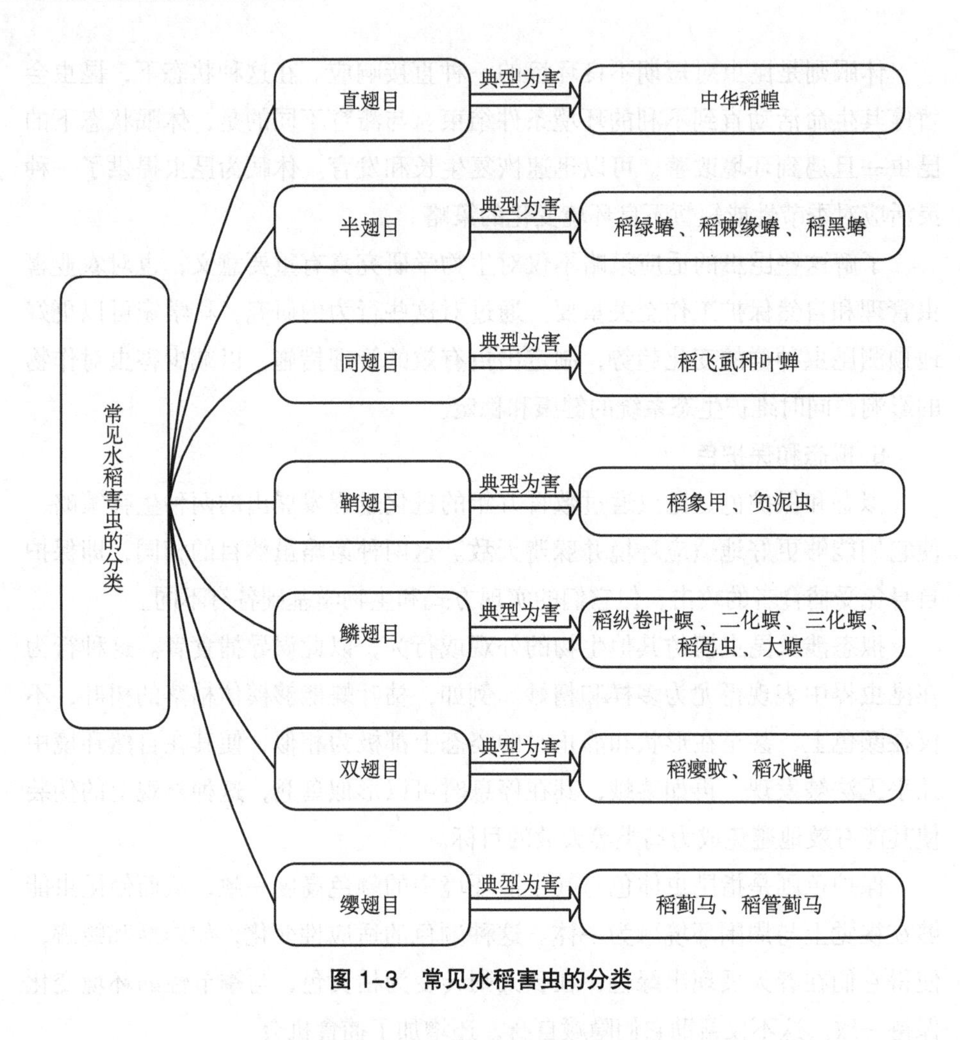

图 1–3　常见水稻害虫的分类

（一）直翅目

直翅目是昆虫中一个包括蝗虫、蟋蟀、蝼蛄和螽斯等多种常见种类的类群。这一目的昆虫具有一些明显的识别特征，这些特征有助于对其进行分类和研究。

这些昆虫的体形通常为中等至大型。它们具备咀嚼式口器，适合以植物为食的习性。触角大多呈丝状，但在少数种类中可能表现为剑状。直翅目昆虫的前胸部分大而明显，前翅狭长并起到覆盖的作用，后翅则呈膜质且臀区

较为发达。这些昆虫的后足通常非常发达，适合跳跃，而在某些种类，如蝼蛄中，前足则发展为适合开掘的形态。大多数直翅目昆虫，除蝼蛄外，均具备发达的产卵器和发音器，这些结构在其生活史中扮演着重要角色。

生物学特性方面，直翅目昆虫多表现为不完全变态，即其生命周期中不存在蛹阶段。这些昆虫多数栖息在地面上，而少数生活在土壤中。雌虫通常将卵产在土壤中，或者将卵产在植物组织内。除蝼蛄和蟋蟀通常夜间活动外，大部分直翅目昆虫在白天较为活跃。这些昆虫一般以植物为食，因此，它们中的很多种类被视为农业上的重要害虫。

在为害水稻的直翅目昆虫中，蝗科的成员尤为突出。例如，中华稻蝗等种类就对水稻造成了严重的损害。

（二）半翅目

半翅目昆虫，广泛被称为蝽或椿象，是一大类在农业和生态系统中极具影响力的昆虫。这些昆虫体形从小型到中型不等，通常呈现略扁的形状，具备一系列特有的生理特征，使它们在多样的环境中能有效地适应和生存。

在形态学上，半翅目昆虫的口器为刺吸式，其喙从头部前下方伸出，使它们能够从植物体内直接吸取养分。触角通常为丝状，分为 4 ~ 5 节，这在感知周围环境时起到关键作用。这些昆虫的眼睛结构可能包含两个单眼，或者在某些种类中眼睛可能完全缺失。显著的中胸小盾片为它们提供额外的身体保护。其前翅的基部半部为较硬的革质，而端部半部为较软的膜质，因此得名“半翅目”。前翅的革质部分进一步细分为革片和爪片，某些昆虫中革片还分为缘片和楔片；而膜质部分则称为膜片，其上的翅脉数量和排列方式是鉴定这些昆虫的重要特征之一。此外，许多种类的胸部腹面具有能够发出恶臭的臭腺，这种机制主要用于防御天敌。

在生物学特性方面，半翅目昆虫展示出不完全变态的生长周期，即其发育过程中不经历蛹阶段。它们的卵通常产在植物表面或内部组织，很多种类的卵具备保护性的卵盖。在若虫阶段，它们的臭腺一般开口于腹部的第 4 ~ 6 节，通常每节设有 1 对开口，这些臭腺在防御时能释放出臭气以驱赶侵扰者。

在饮食习性上，半翅目昆虫大多为植食性，它们利用刺吸式口器从农作物的幼枝、嫩叶和果实中吸取汁液。特别是对于水稻的害虫，如稻绿蝽、稻棘缘蝽和稻黑蝽等，它们吸取水稻植株的汁液，不仅会直接损害作物，还可能间接导致病原的传播，加剧作物的损失。此外，某些半翅目昆虫还涉及动植物病害的传播，如吸血蝽类，这些昆虫不仅为害植物，还可能吸食人类及家畜的血液，造成更广泛的健康问题。还有水生种类的半翅目昆虫，它们捕食蝌蚪、鱼卵及鱼苗。此外，部分种类是肉食性的，捕食其他昆虫或小型动物。

（三）同翅目

同翅目昆虫是一个包含蝉、蚜虫、叶蝉、飞虱等多种昆虫的类群。这些昆虫广泛分布，并在农业和生态系统中具有重要的影响。他们的生物学特性和形态特征使它们能够在多种环境中生存并繁殖，但同时也可能对作物造成严重的影响。

在识别特征方面，同翅目昆虫的口器为刺吸式，通常从头部腹面的后部伸出，喙通常分为 1 ~ 3 节，这使得它们能有效地从植物体中吸取养分。触角呈刚毛状或丝状，形态各异。他们的前翅质地均一，可能是膜质或革质，并且在休息时常呈屋脊状覆盖于背部。此外，多数种类拥有蜜管或蜡腺，这些结构不仅帮助昆虫在环境中生存，还能影响它们与植物的相互作用。在生命周期中，同翅目的若虫与成虫在外形上非常相似，而卵则呈长卵圆形或肾形等。

生物学特性上，同翅目昆虫展现出不完全变态的生长过程，即它们的发育中不包括蛹阶段。他们的繁殖方式多样，包括两性繁殖、孤雌繁殖、有性与无性交替繁殖，以及卵生或卵胎生等形式。多数种类为植食性，它们常生活在植物上，通过刺吸式口器吸取汁液，并分泌唾液破坏叶绿素。这种行为不仅削弱植物的健康，还常导致叶片褪色、出现斑点或条纹、畸形等症状。此外，一些如蚜虫和叶蝉等种类在吸取植物汁液的同时，还能传播植物病毒，进一步威胁了农业生产。

有些同翅目昆虫具备迁飞习性，能够迁移至新的地区，从而扩大其分布范围及为害区域。这一行为在某些情况下加剧了其对农作物的威胁，特别是对水稻的影响尤为严重。具体而言，稻飞虱和叶蝉等为害水稻的种类，通过刺吸水稻植株的汁液，不仅直接导致植株虚弱，还可能促进病害的传播。

（四）鞘翅目

鞘翅目昆虫，通常被称为甲虫或硬壳虫，代表了昆虫纲中最大的一目。这一目昆虫具有多样的物种，它们在自然界和人类生活中扮演着多种角色，包括害虫和益虫。

鞘翅目昆虫的成虫体形从小型到大型不等，具有坚硬的体壁。它们的口器是咀嚼式，适合切割和研磨食物。触角的形态多样，可以是丝状、鳃片状、棒状或锤状，这些特征有时用于识别不同的甲虫亚种。前胸部分发达，前翅发展成为硬质的鞘翅，用以保护膜状的后翅和腹部。这些昆虫的足结构通常适合于步行或奔走，而跗节的形状和节数是分类学中常用的区分特征。鞘翅目昆虫的腹部通常由 10 节构成，但由于某些腹板的愈合或消失，通常只能看到 5 ~ 8 节。在生长发育的早期阶段，幼虫呈寡足型，体形狭长且坚硬。卵通常呈圆球形或圆形，蛹则属于离蛹类型。

鞘翅目昆虫一般表现为完全变态，即从卵到成虫的过程中会经历幼虫和蛹两个阶段。大多数甲虫是陆生的，但也有少数水生种类。在饮食习性上，大部分甲虫为植食性，能够取食植物的不同部位，因此很多种类被视为农作物的害虫。然而，也存在一些种类是肉食性或腐食性的，如瓢虫，它们可以捕食蚜虫、粉虱、蚧或叶螨，被广泛应用于生物防治中。此外，粪蜣螂等甲虫可以用来清除牧场牲畜的粪便，近年来在农业实践中越来越受到重视。成虫大多具有趋光性和假死性，这些行为有助于它们在自然环境中的生存。需要注意的是，鞘翅目昆虫中也有一些种类专门为害水稻，如稻象甲和负泥虫等。

（五）鳞翅目

鳞翅目是一个广泛的昆虫类群，主要包括蛾和蝶等多种昆虫。这些昆虫的体形从小型到大型不等，身体覆盖着细密的鳞毛，这些鳞毛不仅赋予它们独特的外观，还是它们种类分类和鉴定的重要依据。

在识别特征上，鳞翅目昆虫的口器通常为虹吸式，其喙管在不使用时能够卷曲存放在头部下方。触角的形态多样，可以是丝状、棒状或羽毛状等，这些都为昆虫提供了复杂的感觉功能。它们的翅膜质，上面覆盖着构成各种斑纹的鳞毛，这些斑纹是鉴别不同种类鳞翅目昆虫的关键特征。腹部通常由

10 节组成，其中，末端的几节特化为生殖器，在昆虫的繁殖过程中起着核心作用。

鳞翅目昆虫的幼虫通常被称为毛毛虫，体形为圆柱形，头部明显，前面带有一个倒“Y”形的蜕裂线。在蜕皮过程中，幼虫首先沿此线裂开。这些幼虫具有咀嚼式口器，并配有吐丝器，如家蚕就是通过这种方式吐丝。幼虫通常有 5 对腹足，底面带有钩状的刺，这些刺的数量、长度和排列方式是分类和鉴定种类的主要依据。此外，幼虫体壁上的斑纹、线条和毛序也是识别不同种类的重要特征。

生物学特性方面，鳞翅目昆虫表现为完全变态，即从卵到成虫的发展过程中包括幼虫和蛹两个阶段。成虫一般不直接为害植物，主要取食花蜜，对植物授粉有积极作用。与此相对，绝大多数幼虫是植食性，它们的为害方式多种多样，有的直接取食植物的叶、花、果实等；有的则蛀入叶、花、果实及树干内部；还有一些幼虫成为仓库内贮藏产品的害虫。卵通常产在幼虫取食的植物上，老熟幼虫多在植物上、土中等地方化蛹。

在农业中，鳞翅目昆虫的一些种类会对水稻造成严重影响，主要害虫包括稻纵卷叶螟、二化螟、三化螟、稻苞虫和大螟等。

（六）双翅目

双翅目昆虫，包括蚊、蝇和虻等，是一大类广泛分布的昆虫，它们在自然界和人类生活中都扮演着重要的角色。这些昆虫的体形从小型到中型不等，具有一系列独特的形态和生物学特征。

在识别特征方面，双翅目昆虫的成虫通常具有刺吸式或舐吸式口器，适应它们的饮食习性。触角形状多变，常见的有丝状或具芒状等类型。这些昆虫特别之处在于它们只具有 1 对发达的膜质前翅，而后翅则特化为平衡棒，这在飞行时主要起到平衡身体的作用，而不参与飞行。在蝇类昆虫的身体上，除了许多细毛之外，还有不少较粗大的刚毛，这些毛的排列位置及数量常用于蝇类分科和定种。卵通常为长卵圆形，而幼虫呈无足型，蛹则为围蛹。

生物学特性上，双翅目昆虫展现完全变态，即从卵到成虫的发展过程中会经历幼虫和蛹两个阶段。这些昆虫偏好潮湿的环境，其中一些种类的幼虫

为水生。在饮食习性上，有些幼虫为植食性，可潜叶、蛀茎、蛀根，为害果实及种子，这些行为使它们成为农业上的主要害虫。此外，一些成虫和幼虫为腐食性，如丽蝇、麻蝇等；还有些成虫会吸食人类和家畜的血液，如蚊、蝇、虻等，不仅造成直接的不适，还可能传播多种疾病。同时，有些成虫具有捕食性或寄生性，如食虫虻捕食小虫，寄生蝇将卵产在寄主体表、体内或寄主生活场所，而食蚜幼虫专食蚜虫，这些昆虫都是害虫的天敌。而为害水稻的主要有稻瘿蚊、稻水蝇等。

（七）缨翅目

缨翅目昆虫，广泛称为蓟马，是一类在农业领域中具有重要意义的小型害虫。这些昆虫具有一些显著的识别特征，使得它们在多种作物上都能被轻易辨认，并因其为害性而成为研究的焦点。

蓟马的成虫体形微小，常见的体色包括黑色、黄色和褐色。它们的口器是典型的锉吸式，适合于穿透植物组织以吸取养分。触角呈丝状并略带念珠状，通常分为 6 ~ 9 节，这一结构有助于它们在环境中的导航。蓟马的翅膀狭长，翅边缘装饰有长而整齐的缘毛，翅膀上最多只有两条纵脉，这使得它们在空中的移动更为高效。此外，这些昆虫的足部末端具备泡状的中垫，而其爪部相对退化，以适应在植物表面的活动。

在生物学特性方面，蓟马表现为不完全变态，即其发展过程中不存在蛹阶段。它们 1 年可以繁衍 1 ~ 10 代，这种高繁殖率使得蓟马在适宜条件下能迅速增加族群数量。大多数蓟马为植食性，常吸食花朵上的汁液，但也有少数种类表现出肉食性，捕食其他小型昆虫。由于这些昆虫对农作物的广泛为害，它们在农业上被视为主要害虫，影响烟草、小麦、水稻和马铃薯等多种作物的健康生长。对水稻产生重要影响的是蓟马中的稻蓟马和稻管蓟马。

第三节　水稻病虫害田间调查技术

为了制定有效的病虫害防治方案，进行详尽的田间调查和数据统计是至关重要的。这一过程涉及对病虫害的种类、发生和发展的规律及为害程度等基本情况的深入了解。通过这些调查，可以收集到关键的资料和数据，为决策提供坚实的基础。进行田间调查时，必须设定明确的目标和目的。这包括充分了解受调查地区的农业背景和环境条件，确保采样方法的科学性，以及对所得样本和数据进行精确的记录。每一步都不容忽视，因为这些细节直接关系到调查结果的准确性和实用性。调查所得的数据需要经过科学的整理和准确的统计分析，这是得出正确结论的基础。

一、水稻病虫害田间调查类型与内容

（一）调查类型

在农业生产中，病虫害的田间调查是一个关键活动，主要分为两种类型：普查和专题调查。这两种调查方法各有其独特的重点和目的，都是为了确保病虫害管理的效果和效率。

普查的主要目的是全面了解一个地区或特定作物上病虫害的整体发生状况。这包括识别病虫害种类、记录它们的发生时间、评估为害程度及当前的防治措施的实施情况。通过这种广泛的调查，可以获得关于病虫害的基本信息，从而指导农业生产中的防治策略，减少工作中的盲目性，提高防控措施的针对性和有效性。与普查相比，专题调查则更加集中和具体。它是一种有针对性的调查，专注于特定的病虫害问题。通过专题调查，研究人员可以深入分析病虫害的特定问题，如其生态习性、传播路径或对环境因素的反应等。此类调查往往伴随着试验研究，通过实地测试和数据收集，验证和补充现有知识，以增进对病虫害发生规律的理解。

（二）调查内容

1. 发生和为害情况调查

在进行病虫害普查的基础上，对那些常见或周期性暴发的病虫害进行专题调查是非常关键的。这种深入的调查不仅涉及病虫害的始发、盛发及衰退期，还包括其数量的增减趋势。这样的详细调查可以帮助深入理解病虫害的周期性特征和影响因素，从而为制定有效的防控策略提供科学依据。

对于特定的病虫害，调查的内容应该更为全面和细致。除了记录病虫害的发生时间和数量、评估其为害程度，还需要详尽地研究这些病虫的生活习性、发生特点。这包括它们的侵染周期、1 年中可以发生的代数，以及它们的寄主范围。了解这些细节不仅有助于认识病虫害的传播和发展机制，还可以揭示其生态适应性和环境依赖性。

2. 病虫、天敌发生规律的调查

专题调查旨在深入了解特定病虫或天敌的寄主范围、发生世代、主要习性及其在不同农业生态条件下的数量变化情况。这些信息对于制定有效的防治措施和保护利用天敌策略具有重要意义。

详细调查病虫及其天敌在不同条件下的生活周期和行为习性，有助于更好地预测潜在的暴发和活动趋势。掌握主要寄主作物的信息，可以采取早期监测和预防措施，而了解发生世代的信息有助于确定最有效的干预时机，确保防治措施的时效性和有效性。

3. 越冬情况调查

专题调查涉及病虫的越冬场所、越冬基数、越冬虫态及病原越冬方式。这些信息对于制订防治计划和进行预测预报至关重要。通过了解病虫在冬季的栖息地和数量基数，可以评估其在来年可能造成的危害程度。研究越冬虫态和病原的越冬方式，能够识别出防治的关键时机和方法，为农业生产提供科学依据和技术支持，从而提高防治效果，确保作物健康生长。

4. 防治效果调查

防治效果调查是一项关键性工作，旨在评估病虫害防治措施的实际效果。

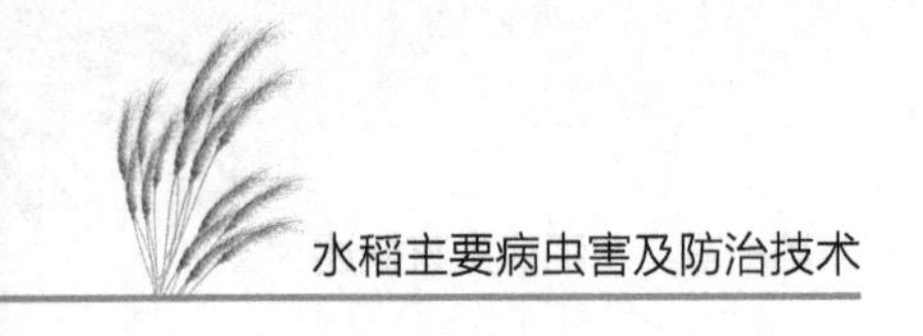

这项调查包括几个方面：防治前与防治后病虫害发生程度的对比、防治区与未防治区的发生程度对比，以及不同防治措施、时间和次数的发生程度对比等。通过这些详细的对比调查，可以准确评估各种防治策略的有效性，为选择最有效的防治措施提供科学依据。

二、植物病虫害田间调查方法

依据病虫害的发生规律和田间分布特性，需选择具有代表性的各类田块，采用科学的取样方法，确定样点的形状和数量。通过这种方式，取样结果能够真实反映田间病虫害的实际情况，从而为制定有效的防治措施提供可靠依据。

（一）病虫害的田间分布型

病虫害在田间的分布可以分为 3 种类型：随机分布型、核心分布型和嵌纹分布型。随机分布型指病虫害在田间没有明显的规律，呈现出无序的分布状态。核心分布型则表现为病虫害集中在某些特定区域或中心点，逐渐向外扩散，这种类型常见于具有局部暴发特点的病虫害。嵌纹分布型则是病虫害呈现出斑驳状的分布模式，类似于镶嵌的图案，往往与环境因素、作物品种或农田管理措施相关联。

（二）调查取样方法

田间调查取样必须具备充分的代表性，以尽可能反映整体情况并最大限度地缩小误差。常用的方法包括五点式取样法、对角线式取样法（单对角线、双对角线）、棋盘式取样法、平行线式取样法（抽行式）和“Z”字形取样法。不同的取样方法适用于不同类型的病虫害分布。

对于随机分布型病虫害，五点式、棋盘式和对角线式取样法较为适用。这些方法能够在不规则分布的情况下，尽可能准确地反映出病虫害的总体分布状况。核心分布型病虫害则适用平行线式和棋盘式取样法，这些方法能够有效捕捉集中分布的病虫害区域。而对于嵌纹分布型病虫害，“Z”字形取样法则能更好地反映出其斑驳分布的特点。

取样单位应根据具体情况而定。长度单位（通常用米）适用于调查生长密集的条播作物上的病虫害。面积单位（通常用平方米）适用于调查地下害虫和密植作物上的病虫害。以植株和部分器官为单位的方法常用于调查全株或茎、叶、果等部位的病虫害。网捕单位则以一定口径的捕虫网扫捕次数为单位，主要用于调查体形小且活动性强的害虫。还有利用灯光或糖醋盘、草把等诱集蛾类的取样方法。取样数量应根据病虫害的分布均匀程度、密度及人力和时间等因素确定。在面积较小、作物生长整齐、病虫害分布均匀且密度大的情况下，取样点可以适当减少；反之则应增加。在人力和时间充裕的情况下，取样点可以适当增多。检查害虫发育进度时，通常要求活虫数为20 ~ 50头，以确保数据的准确性和可靠性。

（三）病虫害调查的记载方法

记载是田间调查中的一项关键工作。所有调查内容都必须详细记录，因为这些记录是了解情况、分析问题和总结经验的重要依据。记录要求准确、简明，并且要有统一的标准。

田间调查的记载内容应根据具体的调查目的和对象来确定，通常采用表格的形式进行记录。对于较深入的专题调查，记载内容需要更加详尽。常见的调查记录表格形式如表 1–1 和表 1–2 所示，这些表格帮助系统地整理和分析调查数据。通过分析调查结果，可以确定需要进行防治的田块和最佳时间，这一过程被称为“两查两定”。这种方法不仅有助于有效控制病虫害，还能提高农业生产的效率和准确性。

表 1–1　地下害虫调查记录表

年　月　日

地点	土壤植被概况	样坑号	样坑深度	害虫名称	虫期	害虫数量	备注

调查者：

表 1–2　枝干病害调查记录表

年　月　日

病害名称	品种	总株数	病株数	发病率 /%	严重度分级					感病指数	备注
					0	1	2	3	4		

调查地点：　　　　调查者：

例如，稻瘟病叶瘟的调查通常包括病斑类型的检查和防治田块的确定，以及发病程度的评估和施药时间的确定。为了系统地记录这些信息，常用的调查记载表格如表 1–3 所示，显示了相关的数据和分析结果。这种详细的记录方法有助于准确判断病害的发展阶段和制定相应的防治措施。

表 1–3　稻瘟病叶瘟发生情况调查记载表

调查日期	稻田类型	品种	生育数	调查总叶数	发病叶数	发病级数					病叶率 /%	病情指数	有无急性型病斑	备注
						0	1	2	3	4				

三、调查资料的计算和整理

调查记载的数据和资料需要经过整理、简化、计算、比较和分析，以便找出其中的规律。只有通过这种系统的处理方法，才能准确地说明问题，并为进一步的研究和决策提供依据。

（一）调查资料的计算

1. 被害率

被害率用来反映病虫害在作物中的普遍程度。通过计算被害率，可以了

解病虫害的扩散范围和影响范围，从而为制定相应的防治措施提供依据，其计算方式如下：

$$被害率=\frac{有虫（发病）单位数}{调查单位数}\times 100\%。\qquad（1-1）$$

2. 虫口密度

虫口密度表示在一个特定单位面积内的昆虫数量，通常换算为每亩虫数，其计算方式如下：

$$虫口密度=\frac{调查总虫数}{调查总单位数}\times 每亩单位数。\qquad（1-2）$$

虫口密度也可用百株虫数表示：

$$百株虫数=\frac{调查总虫数}{调查总株数}\times 100。\qquad（1-3）$$

3. 病情指数

在植株局部受到损害时，各受害部位的损害程度会有所不同。可以根据损害的严重程度进行分级，然后计算病情指数。

$$病情指数=\frac{\Sigma（各级病情数\times 各级样本数）}{最高病情级数\times 调查总样本数}\times 100。\qquad（1-4）$$

（二）调查资料的整理

调查取得的大量资料需要经过筛选和综合分析，以便更好地指导实践。为了使这些调查材料在后期整理和分析时更为方便，调查工作必须严格按照计划进行。调查记录应尽量做到精确和清晰，对于特殊情况要特别标注。所有调查记录的资料都应妥善保存，注意积累并建立病虫档案。

建立病虫档案可以帮助总结病虫害的发生规律，从而为防治工作提供重要的参考。这些档案不仅记录了病虫害的基本信息，还包括了各种防治措施的效果评估。通过系统地整理和分析这些数据，可以更有效地预测病虫害的发生趋势，制定出科学合理的防治策略，提高防治效果。

第二章　水稻病虫害综合防治技术

第一节　综合防治的含义及特点

水稻病虫害防治的基本原理依托于综合防治的核心思想，目标是实现病虫害的可持续控制。在实际操作中，这一原理强调防治策略的多样化和综合性，包括农业防治、物理机械防治、生物防治及化学防治等多种方法。每种防治方法都具有独到的优势及其特定的局限性，而且依赖单一防治策略，往往难以全面应对病虫害的挑战，有时还可能引发不利于生态系统的副作用。

农业防治主要通过选择抗病虫品种和调整农作物种植模式来预防病虫害，优点在于环保性和成本效益，但这种方法的防治效果受自然条件和病虫发展的影响较大。物理机械防治通过设置物理屏障和使用机械设备进行干预，能直接减少病虫害的入侵，然而在大规模应用时操作复杂且成本高昂。生物防治依赖自然敌害或病原微生物来控制病虫害，符合生态平衡的原则，但其控制效果可能因气候变化和生态环境的不稳定而受到限制。化学防治虽能迅速有效地控制病虫害，但过度依赖可能导致病虫抗药性增强，且对环境造成污染。由于上述各方法均存在局限性，综合防治策略应运而生。这一策略主张在防治实践中合理整合各种方法，以预防为主，通过各种措施的有机结合，形成一个协调一致的防治体系。这种综合应用不仅可以提升防治效果，减少病虫害防治对药剂的依赖，而且有助于降低对生态环境的负面影响。

综合防控的实施侧重于通过协调各类防治措施的有机应用，确保这些措施能够相互支持，最终将病虫害的危害控制在经济损失的可接受范围之内。这不仅能实现经济效益的最大化，还能最小化农业生态系统内外的负面影响。

因此，病虫害的综合防控本质上是一个解决生态问题的过程，其核心特征包括治理环境的复杂性、防治目的的针对性及防治手段的条件限制。

一、治理环境的复杂性

环境管理的复杂性源自生态系统的多样性和相互依赖性。动植物、农作物的耕作及周边环境共同构成了一个错综复杂的生态体系。在这一体系中，每一个组成部分都扮演着重要的角色，任何一个部分的变化都可能对整个系统的稳定造成直接或间接的影响。这种影响在生态系统的关键因素上尤为明显，一个小小的变动有时足以触发连锁反应，从而对整个系统产生影响深远的效应。例如，特定的农作物耕作方式可能会改变土壤的结构和养分循环，这不仅影响作物本身的生长，还可能影响土壤中的微生物群落和周边的野生植被。这种变化可以进一步影响到生态系统中的昆虫种群，包括害虫和益虫。因此，当病虫害的发生和发展受到耕作方式等因素的影响时，会显示出生态系统中各组成部分相互作用的复杂性。

理解这种复杂性对于实施有效的环境管理策略至关重要。它要求管理者不仅要考虑单一因素，还需要从整体生态系统的角度出发，综合考虑所有相关因素的相互作用。这样，才能制定出能够有效应对环境变化并促进生态平衡的管理策略，从而有效控制病虫害的发展，保护和促进生物多样性。

二、防治目的的针对性

防治目的的针对性是综合防治策略的核心，其主要目标是控制害虫的种群数量，确保害虫的密度维持在不会造成经济损失的水平。这种策略并不追求彻底消灭害虫，而是通过科学管理达到一个平衡点，使害虫的存在不会对农业生产造成重大影响。

在实施综合防治时，避免采取不必要的防治措施是一个重要的原则。这不仅能减少对环境的干扰，还能保护生态系统，如保护天敌种群。天敌，如某些昆虫、鸟类和其他捕食者，自然存在于农业生态系统中，它们通过捕食害虫帮助控制害虫的数量。因此，通过有计划地保留一部分害虫，可以为这些天敌提供食物来源，保持其种群的健康和生存，从而在长远中更有效地通过生物方式抑制害虫的暴发。此外，这种方法还避免了对害虫造成过度压力，从而减少害虫可能产生抗药性的机会，这是化学防治中常见的问题。维持害虫在较低但可控的水平，可以持续利用它们自身的生态角色，同时使农业系统更加健康和可持续。

综合防治的实施要求精确理解害虫与其天敌之间的关系及害虫对作物的实际威胁，并以科学的方式有计划地执行防治活动。这种方法不仅提升了防治工作的效率和经济性，还增强了农业生态系统的整体健康和稳定性。

三、防治手段的条件限制

防治手段的条件限制是实现有效病虫害管理的关键因素。各种防治方法，包括化学防治、利用天敌、选择抗虫品种、实施农业技术措施及昆虫绝育等，都各有其独特的特点和局限。明确这一点至关重要，因为没有任何单一的方法能解决所有问题。因此，通过多种手段的综合应用，并使这些手段之间形成有机联系和互相协调，是提高防治效果的有效途径。

要达到这一目标，必须全面考虑每种防治方法可能带来的生态副作用，并努力将这些副作用降至最低。这不仅涉及对作物和人畜的直接影响，还包括对生态系统中害虫及其天敌、益虫及其他生物的影响。此外，环境保护也是一个重要的考虑因素，特别是在采用化学防治手段时。

综合防治的配套技术应根据当地的生态特点和综合防治的原则进行设计。具体措施包括：一是保护和利用有益生物，通过农事活动为害虫天敌提供栖息地，同时注意合理用药以减少对害虫天敌的伤害，发挥其在自然控害中的作用。二是构建以农业防治为主的防预系统，采用高产耕种和轮作制度，种植抗性强的优良品种，并进行合理的品种布局；同时，培育无病虫的种苗，实施针对性的种子消毒和土壤处理。三是科学使用农药，注重防治策略而非单纯的药物使用量，调整过严的防治指标，合理安排农药类型和使用时机，优先选择对天敌影响小的选择性农药，倡导有效的低剂量应用，减少用药面积和次数。

通过这些综合的技术和策略，可以在尽量减少化学农药使用次数的同时，最大限度地利用自然天敌的作用。这样不仅可以将病虫害损失降至经济允许的最低水平，还可以在保持生态平衡的同时，维持病虫害发生量在低水平。

第二节　农业防治

农业防治的核心是选用抗性品种进行培育。通过结合多样的耕作技术和方法，不断优化农作物的生长环境，有助于抑制病虫害的发生。这样的措施旨在创造一个对农作物生长发展有利的生态环境，从而有效促进农作物的增产、增收，并提升产品质量。这种方法不仅增强了作物自身的抵抗力，还减少了对化学防治剂的依赖，进一步推动了农业生产的可持续发展。

一、选育抗性品种

增强作物的病虫害抵抗力是提高农业生产效率和作物产量的关键措施。为此，选育并推广具备天然抗性的品种显得尤为重要。在挑选这些抗性品种的过程中，必须详细分析和考虑每个农作物种植区域内病虫害的具体发生情况及特点。这一步骤确保所选品种能够有效应对当地的主要病虫害威胁，如稻瘟病和稻飞虱等。

对农作物来说，抗性品种的选择不仅是基于其产量的高低，更关键的是其对病虫害的抵抗能力。例如，在稻瘟病高发的地区，选择对稻瘟病具有高度抵抗性的水稻品种可以显著减少农药使用量，从而降低生产成本并减轻对环境的影响。同样，针对稻飞虱问题，选择能够抵御这种害虫的品种将直接影响到作物的生长状况和最终的收成。

二、实行轮作倒茬

实行轮作倒茬是一种古老且有效的农业技术，它通过交替种植不同类型的作物，可以显著改善土壤的理化特性和生态条件。这种方法不仅提高了土

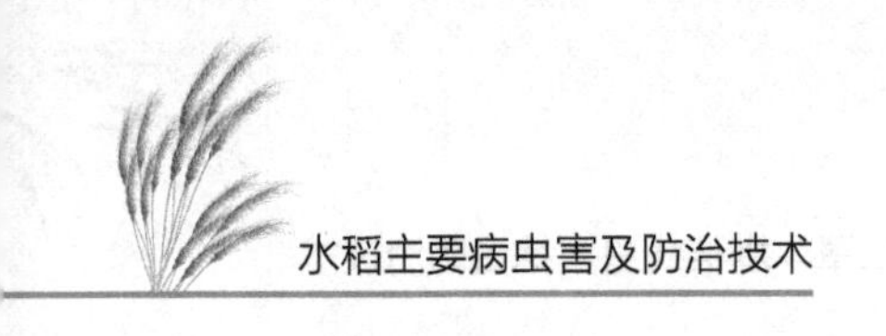

壤的营养循环效率，还能有效预防连作障碍所导致的病虫害。

以水稻种植为例，水稻在连续种植的环境下，容易积累特定的土传病原和害虫，如稻瘟病和稻飞虱等。这些病虫害不仅会降低水稻的产量和质量，还可能导致严重的经济损失。为了解决这一问题，农民可以在水稻收割后种植其他作物，如大豆或玉米。这些作物可以帮助打破害虫的生命周期，因为它们不会受到同种病虫害的影响。

此外，轮作还能改善土壤结构、增加土壤中的有机质含量。例如，种植豆科作物，如大豆可以通过其根瘤中的固氮菌增加土壤中的氮含量，从而为下一季的水稻种植提供更丰富的营养。这不仅有助于水稻的生长，还可以减少化肥的使用，进一步保护环境。

三、进行深耕晒垡

深耕晒垡作为一种有效的农业防治技术，对于控制病虫害具有显著效果。这一技术涉及深层翻转土壤，使得藏在土壤中较深层的病原和害虫被带到地表。随后，利用强烈的日照或冬季的寒冷天气，这些病原和害虫因环境条件的极端变化而被灭活。这一过程不仅直接减少了土壤中的病原和害虫数量，还间接地减少了它们对后续作物生长的威胁。

此外，田间管理措施，如清理稻桩和杂草也是减少病原和越冬虫源的重要方法。稻桩和杂草往往是病虫害的滋生地，它们为病虫提供了栖息和繁殖的条件。清除这些残留物，可以有效打断害虫的生命周期，进一步降低农田中的病虫害风险。进行深耕晒垡和清理田间残余物的做法，不仅有助于当前作物的健康生长，也为未来的作物生长创造了一个更健康的土壤环境。

结合自然天敌和生物多样性的调控也是控制病虫害的有效方式。例如，不仅可以在田间种植茭白、大豆和绿肥等植物，吸引和集聚相关的害虫天敌，还可以通过在田埂旁种植香根草，同时吸引害虫和为其天敌创造有利的生态环境。此外，加强田间的栽培管理和水肥管理，合理施肥和科学灌溉可以确保作物健康成长，进一步减少病虫害的发生。

第三节　物理机械防治

物理机械防治是一种采用物理手段来控制病虫害的方法，它主要利用物理性因素或害虫的自然行为特性，如趋化性和趋光性，来减少病虫害对农作物的影响。这种方法不仅有助于增产和增收，还因其减少了化学农药的使用而被广泛推崇，对培育无公害的农作物尤其重要。

一、捕杀法

捕杀法是一种在水稻病虫害管理中采用的物理机械防治手段，通过人工或各种器械直接捕捉或消灭害虫。该方法特别适用于那些具有特定行为特征，如假死性、群集性的害虫，因为这些特征使害虫更易于被识别和捕捉。

在实施捕杀法时，常见的做法包括使用手工直接捕捉或利用简易的机械设备，如粘虫板、捕虫网等。这些方法不依赖化学物质，从而避免了化学防治可能引起的环境污染和害虫抗药性问题。例如，水稻田中的蝗虫，它们群集性强，活动时容易被发现，因此可以通过手工或使用简单的捕虫工具进行有效捕捉。此外，捕杀法的有效性在很大程度上依赖对害虫行为的精确观察和对捕捉时机的恰当把握。在实施过程中，需要定期监测害虫的活动模式和密度，以便于采取及时的捕杀措施。同时，这种方法通常与其他非化学防治方法，如生物防治和农业防治措施相结合，形成一个综合防治策略，以增强防治效果。捕杀法在一定条件下可以显著减少害虫种群数量，在害虫发生初期或害虫数量较少时更为有效。然而，这种方法的局限性在于，当害虫数量庞大或分布广泛时，单独依靠捕杀法可能无法完全控制害虫的暴发，因此通常需要与其他防治手段相配合。

二、阻隔法

阻隔法，也称为障碍物法，是一种基于害虫活动习性来预防其侵害的物理控制策略。此方法涉及人为设置各种障碍，从而切断病虫害的侵害途径，有效控制病虫害的发生。该策略的应用涵盖多种具体措施。例如，涂毒环或胶环、干基部绑扎塑料薄膜环，以及在温室及各类塑料拱棚内使用纱网覆盖。此外，地表的早春覆膜或盖草也属于常见的阻隔法应用。例如，在水稻苗期，使用浮游盖的物理防治方法已被广泛采用。在水面上覆盖1层特制的盖子，不仅可以有效阻止稻飞虱等害虫接触稻苗，还能产生一定的温室效应，促进稻苗早期生长。这种盖子通常由轻质材料制成，能够漂浮在水面上，同时具备足够的透光性，不妨碍光合作用的进行。

阻隔法的有效性依赖对害虫行为模式的深入了解及阻隔措施的正确设计与实施。通过物理方式隔离害虫，此法避免了化学防治可能引起的环境污染和害虫抗药性问题。然而，阻隔法的设计和实施需要精确考虑地理、气候及作物生长周期等因素，以确保防治措施的适宜性和有效性。

三、诱杀法

诱杀法是一种利用害虫的趋性来控制其数量的物理机械防治策略，通过人为设置器械或饵物吸引害虫，进而实施捕捉或直接杀死。这种方法在水稻病虫害管理中尤为重要，因为它能够有效地减少化学农药的使用，从而减少对环境的负面影响。诱杀法的主要类型包括灯光诱杀、食物诱杀、色板诱杀和潜所诱杀，各具特色且适用于不同的病虫害控制场景。

在水稻田的物理机械防治中，灯光诱杀是一种常见而有效的方法。许多水稻害虫，如稻飞虱和稻螟，表现出显著的趋光性。可以利用这一特性，在田间安装光诱器。这些设备在夜间发出特定波长的光线，能有效吸引害虫。吸引到害虫后，可以通过物理方式将其捕获或杀死，从而有效控制害虫的数量并减轻其对作物的损害。此外，诱杀法还包括使用风力设备，这种设备能够利用风力将害虫吹离作物或直接吹入捕虫装置中。这一策略特别适用于那些在较大风力作用下难以保持稳定飞行的小型害虫。通过这种物理方式，可以进一步减少对化学杀虫剂的依赖，提高病虫害管理的生态友好性。

诱杀法的应用不仅限于单一的技术或设备，而是可以根据实际需求和害

虫的具体行为特征进行合理组合和优化。例如，光诱与食物诱杀可以联合使用，吸引害虫至一个特定区域，然后通过物理或化学手段进行集中控制。这种综合应用可以显著提高诱杀效率，同时减少对周边生态环境的潜在影响。

四、汰选法

汰选法是一种利用种子在形状、大小和比重上的差异来分离健康种子与被害种子的方法。该技术通过筛选出受病害或虫害影响的种子，确保播种材料的健康状态，从而提高作物的生长潜力和最终产量。

在实施汰选法时，可以采用多种手段进行操作，包括手工选择、机械筛选和水选等。手工选择是最基本的方式，通过直接观察和手动剔除表面有明显病害或虫害痕迹的种子。这种方法简单但劳动强度大，适用于小规模种植。

机械筛选是利用种子不同的物理特性，如大小和形状，通过风车或筛子的作用进行有效分离。风车利用风力将轻的受损种子吹走，而重的健康种子则被保留。筛子根据种子的大小来进行分类，较小或不规则的受损种子通过筛孔排出，而健康的种子则被收集。

水选是基于种子的比重差异进行分离。在这种方法中，种子被置于水中，健康种子由于比重较大通常会沉到容器底部，而受损或受病虫侵害的种子因比重较轻而漂浮在水面，便于去除。

五、高温处理法

高温处理法，也称为热处理法，是通过提升温度来灭活病原或害虫的一种农业防治技术。该方法主要分为干热处理和湿热处理两种形式，各有其应用特点和效果。干热处理通常涉及使用热空气，而湿热处理则是使用温水或蒸汽。

在种子处理中，热处理法包括多种技术，如日光晒种、温水浸种和冷浸日晒等。日光晒种利用自然阳光直接晒干种子，以减少种子表面的病原和害虫。温水浸种则涉及将种子浸入温度受控制的水中，通过一定时间的温水浸泡来消除种子内外的病菌或害虫。冷浸日晒是一个结合了冷水浸泡与后续日晒的

方法，通过这种温差处理来增强种子对病害的抵抗力。

对于种苗，热处理法同样是一个有效的病虫害管理方法。利用热风处理，温度一般控制在 35 ~ 40 ℃，处理周期可为 1 ~ 4 周不等。此外，还可以采用 40 ~ 50 ℃的温水处理，浸泡时间从 10 分钟到 3 小时不等。在进行种苗的热处理时，关键在于精确控制处理温度和时间，通常对种苗的休眠器官进行处理相对安全，以避免对种苗的生长潜能造成损害。土壤热处理是一种更为广泛的防治方法，常通过使用高温蒸汽（90 ~ 100 ℃）进行，处理时间约为 30 分钟。在许多发达国家，蒸汽热处理已成为常规的土壤消毒方法。此外，太阳能热处理土壤也显示出良好的效果，特别是在高温季节。具体操作为在 7—8 月将土壤摊平并整形成南北向的垄，然后浇水并覆盖适宜厚度（约 25 毫米）的料薄膜。在确保有 10 ~ 15 天的晴朗天气期间，覆盖的耕层温度可以达到 60 ~ 70 ℃，基本足以杀死土壤中的大部分病原。在温室大棚中，类似的热处理方法也可以应用。夏季花木移出温室后，关闭所有门窗，并在土壤表面覆盖薄膜，这样的密封环境能有效地提升内部温度，从而彻底消灭温室中的病虫害。

六、微波、高频、辐射处理

（一）微波、高频处理

微波和高频都属于电磁波的范畴，其中，微波的频率高于高频，因此微波波段也被称为超高频。在农业科技领域，利用微波处理植物果实和种子进行杀虫和灭菌是一项较为先进的技术。这种技术的核心作用原理在于，微波能够迅速提升被处理物体内外的温度，一旦温度达到足以致死害虫和病原的水平，即可有效实现杀虫和灭菌的目的。

微波处理技术的优点包括其加热速度快，能够在短时间内显著升温，从而提高杀虫和灭菌的效率。此外，这种技术的另一显著优势是其安全性和无化学残留的特性，这使得处理过的果实和种子更安全，满足现代消费者对健康和环保的需求。操作简便和处理成本低也是微波处理技术的重要优点之一，使其在植物检疫中尤其适用于旅行检查和邮件检查工作。在实施微波处理时，

关键在于精确控制微波的输出功率和处理时间，以确保害虫和病原能被有效杀死，同时避免对植物果实或种子本身造成损伤。正确的参数设置可以最大化处理效果，同时保证果实和种子的质量和安全。

（二）辐射处理

辐射处理杀虫是一种利用放射性同位素释放的射线来控制害虫的先进技术。特别是钴－60（Co–60）同位素释放的伽马射线（γ 射线）已被证实具有高效的杀虫能力。这种技术不仅能够直接杀死害虫，还可以通过辐射处理引发害虫的雄性不育。实施时，通常将经辐射处理而不育的雄虫释放到自然环境中，这些不育雄虫与有生殖能力的雌虫交配后，由于无法产生后代，从而逐步减少害虫种群的数量。

此技术的应用不仅限于伽马射线，其他形式的辐射，如红外线、紫外线、X 射线及激光技术也被广泛用于害虫的控制和管理中。这些技术可以用于害虫的辐射诱杀，同时在害虫的预测、预报及检疫检验领域发挥了重要作用。例如，紫外线因其特定波长能够吸引某些害虫，故常用于害虫的诱集和诱杀。激光技术则因其精准的能量聚焦特性，在定点消除小范围害虫上显示出独特的优势。现代生物物理学的快速发展，对害虫行为和生理反应的深入理解日益增强，为害虫管理技术的提升和创新提供了科学依据和技术支持。这些辐射技术不仅提高了害虫控制的效率和精确度，而且因其非化学性质，较传统化学方法更为环保，有助于减少化学残留对环境的负面影响。

第四节　生物防治

生物防治技术，指通过运用生物及其代谢产物来控制病虫害的一种策略。该方法的核心在于利用自然生态系统内的生物相互作用，通过特定生物（如其他昆虫、微生物等）对害虫进行控制和抑制。这种技术的主要优势在于其环境友好性，对人类和动植物安全，而且相比化学方法，害虫对其产生抗性的可能性极低。此外，生物防治的有效性不仅体现在短期内的害虫控制上，

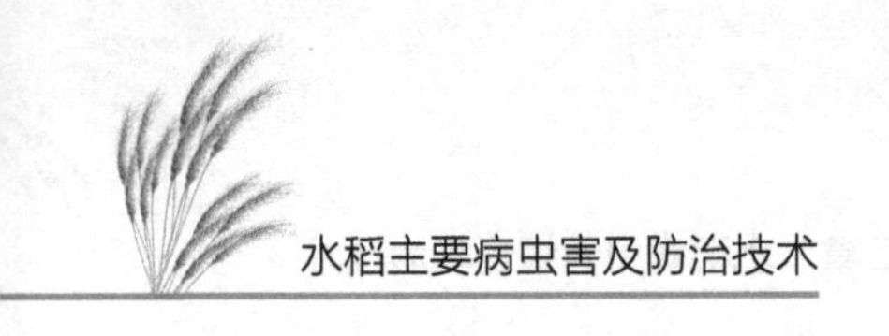

更体现于其对生态系统的长期平衡和害虫管理方面的积极作用。这种方法的来源广泛，涵盖了各种天敌资源，如捕食性昆虫、寄生性昆虫及具有抗病性的微生物。例如，采用捕食性昆虫或寄生性昆虫对农业害虫进行控制，或通过施用拮抗性微生物来抑制植物病原。

然而，生物防治也存在一些局限性。其作用速度可能不及化学防治快速，而且经济成本相对较高。技术实施的成功高度依赖对生物特性的深入了解及准确的应用时机。因此，精确的技术要求和高昂的成本使得生物防治需要更多的科学研究和技术支持才能实现其潜在的效益。由于这些限制，单独依靠生物防治可能难以完全控制病虫害。因此，为了提高生物防治的效果，常常需要将其与其他病虫害管理策略相结合,形成一种综合病虫害管理(IPM)策略。通过这种综合方法，可以在不同层面上控制病虫害，同时减少对环境的影响，并提高农业生产的可持续性。

在具体实施上，生物防治的策略多样，包括以虫治虫、以菌治虫、以鸟治虫及以菌治病等。这些方法各有其独特的机制和适用情况。例如，使用天敌昆虫控制害虫或利用有益微生物抑制植物病害。这些策略的选用和实施需根据具体的农业生态环境和害虫种类灵活调整。

一、天敌昆虫的利用

天敌昆虫根据其生活习性的差异，主要分为两类：捕食性和寄生性。

（一）捕食性天敌昆虫

捕食性天敌昆虫，指那些主要以其他昆虫或小动物为食的昆虫。这类昆虫的饮食习惯和口器构造对其捕食行为具有决定性影响。具体来说，部分捕食性昆虫具备咀嚼式口器，能直接啃食或撕咬猎物的部分或全部体积。而另一些则具备刺吸式口器，专门用于穿刺害虫体壁，吸取其体液，从而致使害虫死亡。

在农业害虫管理中，常见的捕食性天敌昆虫包括蜻蜓、螳螂、瓢虫、草蛉、猎蝽和食蚜蝇等。这些昆虫在控制害虫方面发挥着显著的作用，往往因它们对特定猎物的高度适应性和捕食能力而被视为生物防治的重要工具。例如，

瓢虫在其生命周期中可以消耗大量的蚜虫，而螳螂则因其能够捕食多种害虫而被广泛应用。这些捕食性昆虫通常体形较被捕食者更大，且随着其生长发育，对猎物的需求量也越来越大。这种体形和能量需求上的优势使它们能够在生态系统中扮演“自然控制者”的角色。通过消减害虫的数量，这些天敌昆虫不仅可以帮助维持农作物的健康，还能减少对化学农药的依赖，从而支持农业生态系统的可持续性。

（二）寄生性天敌昆虫

寄生性天敌昆虫是指那些在其生命周期中的某个阶段或整个生命期内，依赖寄生在其他昆虫体内或体表，并以其体液及组织为食的昆虫。这种生活方式不仅能维持寄生性天敌昆虫的生存，而且最终会导致宿主昆虫的死亡。这类昆虫通常体形较小，但其数量往往超过宿主，有的甚至能在 1 个单一宿主上繁殖出多个后代。

寄生性天敌昆虫在生物防治领域具有重要的应用价值，它们通过自然的方式控制害虫的数量，从而减少对化学农药的依赖。这种天敌昆虫群体，包括姬蜂、小茧蜂、蚜茧蜂、肿腿蜂、黑卵蜂、小蜂类及寄生蝇类等多个类群。这些寄生性天敌昆虫通过其独特的生物学特性和生态位，对农业害虫实施有效控制。寄生性天敌昆虫的作用机制主要体现在其复杂的寄生过程中。它们寻找适合的宿主，通过精确的寄生行为将卵产在宿主体内或体表。随后，这些卵孵化成幼虫，开始消耗宿主的体液和组织，最终导致宿主死亡。这一过程限制了害虫种群的增长，从而增强了作物的生长环境。此外，寄生性天敌昆虫的选择和应用需要精确的生物学和生态学知识，包括对宿主行为的深入理解及对寄生性昆虫生活习性的详细研究。科学家和农业技术人员需要通过实验和田间调查，评估不同寄生性昆虫对特定害虫的控制效果，以及它们在特定环境中的适应性。因此，寄生性天敌昆虫在维持生态平衡和推动可持续农业发展中扮演着关键角色。

（三）天敌昆虫应用的策略与技术

在自然界中，天敌昆虫的种类繁多且数量庞大，它们在野外对害虫种群密度的调控起着至关重要的作用。有效地保护及利用这些天敌昆虫，可以极大地提高农业害虫的生物防治效率。通过人工繁殖的方式，可以培养大量的天敌昆虫，并在害虫发生初期将其释放到田间，这种方法已被证实能够显著提升防治效果。目前，已有多种天敌昆虫通过人工繁殖方法成功应用于害虫控制，如赤眼蜂、异色瓢虫、黑缘红瓢虫、草蛉和平腹小蜂等。这些天敌昆虫能够在不同的生态环境中发挥作用，有效抑制害虫的活动和繁殖。

天敌引进则涉及将天敌昆虫从一个国家或地区移入另一个国家或地区。这一策略常用于引入外来的天敌昆虫以控制本地的害虫，如从国外引进的松毛虫赤眼蜂、丽蚜小蜂、微小花蝽、食蚜瘿蚊等。这些天敌昆虫已被商业化生产，便于大规模购买和应用。

在天敌的具体应用中，如赤眼蜂，已被广泛用于防治稻纵卷叶螟、二化螟和稻飞虱等农业害虫。通过在工厂化环境中饲养这些益虫，然后将其释放到田间，可以显著降低害虫的数量，提高作物产量和质量。此外，如中华草蛉、七星瓢虫、智利小植绥螨和斯氏线虫等也被纳入了生物防治的范畴，为害虫管理提供了多样化的选择。

二、病原微生物的利用

（一）病原微生物在害虫控制中的应用

利用病原微生物控制害虫是一种环保且高效的生物防治策略。这种方法不仅对人类、家畜、作物及水生动物安全，还具有不残留毒性、不污染环境的优点。微生物农药制剂使用简便，并且可以与化学农药混合使用，从而在提高防治效率的同时，减少对环境的负面影响。

病原微生物的种类包括真菌、细菌、病毒、原生动物、线虫等，这些病原微生物通过感染害虫，导致害虫生病甚至死亡。在实际应用中，真菌、细菌和病毒是最常见的3种类型，它们通过特定的感染机制对害虫种群进行有效控制。

真菌型病原微生物通常通过其孢子附着在害虫表面，侵入害虫体内生长繁殖，最终导致害虫体内组织被破坏而死亡。细菌型病原微生物则通过分泌毒素或直接侵入害虫的血液系统，破坏其生理机能。而病毒型病原微生物则

侵入害虫细胞内，利用害虫细胞的机能进行复制，使害虫机能迅速衰弱并最终死亡。

这些病原微生物的选择和使用，需要基于对害虫种类及其生物学特性的深入了解。例如，不同的害虫可能对不同的病原微生物有不同的敏感性。因此，在应用这些生物防治策略之前，进行详细的田间试验和实验室研究是必不可少的，以确保防治措施的针对性和有效性。

（二）利用微生物实现生物除草

利用真菌来防治杂草，代表了以菌治草方法中极具发展潜力的一种策略。在众多案例中，利用鲁保一号菌防治菟丝子的实践是我国早期杂草生物防治的一个典型且显著的例子。这种真菌具有针对性强、效果显著的特点，能够专门针对特定的杂草进行控制，而对作物和环境的影响较小。

真菌作为生物防治杂草的工具，通过其自身的生物学特性对特定杂草种群施加影响。鲁保一号菌等真菌的作用机制包括侵染杂草，影响其生长发育，直至杂草死亡。这种防治方式不仅减少了对化学除草剂的依赖，还有助于环境保护和生态平衡的维护。此外，真菌防治杂草的策略在实际应用中表现出的可持续性和生态友好性，使其成为未来除草技术的重要发展方向。

（三）利用微生物控制病害

利用微生物进行植物病害防治展示了多种生物控制方法的有效性。其中，微生物的抗生作用特别显著，一些真菌、细菌和放线菌在其生命活动过程中能分泌抗生素，可有效杀死或抑制病原。这些抗生素能够针对多种植物病原发挥作用，帮助控制病害。交互保护作用也是一种重要的生物防治手段。通过这种方法，植物先被病毒的无毒系或低毒系感染，这种初期感染能增强植物对更强毒系的抗性。在实际应用中，如植物病毒病的管理，通过接种弱毒系病毒，可以有效地抑制强毒系病毒的侵染，从而提高植物的整体健康水平。

在控制植物病原真菌方面，利用有益真菌，如哈茨木霉（trichoderma harzianum）同样有效。这些有益真菌通过分泌抗菌物质或直接与病原真菌竞争资源，抑制其生长发育，如在对抗白绢病等病害中的应用。重寄生作用通过允许益生微生物直接寄生在病原上，利用病原的营养或分泌特定的化合物

来抑制病原的发展。这种直接作用方式能够有效地阻断病原的感染链，减少病害的发生。此外，竞争作用也发挥了重要的作用，其中，许多益生菌通过与病原在养分和生存空间上的竞争，优先占据生态位，自然地限制病原的生长和扩散。这种方法在根际微生物群落中特别常见，可以有效地保护植物根系不受病原侵害。

三、利用昆虫激素防治害虫

（一）外激素的应用

诱杀法依赖性诱剂吸引雄蛾，然后通过黏胶或毒液等方式将其捕杀。这种方法的核心在于利用雄蛾对雌蛾信息素的敏感反应，通过设置陷阱在特定区域集中捕捉，从而有效降低害虫的种群密度。

迷向法则采用在野外喷洒适量性诱剂的策略，性诱剂在空气中弥漫，创建一种信息素的“噪音”环境。这种环境下，雄蛾难以准确地定位到雌蛾的位置，从而干扰了害虫的正常交配行为。通过这种干预，可以有效地降低害虫的繁殖率，进而控制害虫的总体数量。

绝育法则是一种更为主动的生物控制手段。该方法将性诱剂与绝育剂相结合，首先利用性诱剂吸引雄蛾，使其在接触到绝育剂后仍能返回原地。这些经过处理的雄蛾与雌蛾交配，会产生无法孵化的卵，从而实现对害虫后代数量的控制。这种方法不仅能够减少当前的害虫数量，还能长远地防止害虫种群的恢复。

（二）内激素的应用

通过人为干预昆虫的内激素水平，可以有效地干扰害虫的正常生理功能。这种干预策略涉及改变昆虫体内激素的浓度，从而导致其发育过程中出现异常，如畸形发育。在某些情况下，这种激素平衡的扰动甚至可致使害虫死亡。此方法利用了对昆虫内分泌系统的精确调控，通过化学或生物手段实施，成为一种潜在的害虫管理工具。

四、其他天敌的利用

保护和利用自然捕食者，如食虫鸟类、蜘蛛和捕食性螨，是一种有效的害虫防治方法。通过招引和人工驯化这些捕食者，可以增强其在特定生态系统中的存在，从而控制害虫的数量。此策略涉及维护和增强这些自然捕食者的生态位，以及为它们提供适宜的栖息环境和食物来源，以确保它们在农田中的积极作用。这种方法不仅减少了对化学农药的依赖，还有助于维持生态平衡，促进对生物多样性的保护。

第五节　化学防治

化学防治是通过使用化学农药来控制农作物有害生物的一种方法。这种方法具有高效、快速、操作简便、适用范围广和经济效益显著的优点，因此，成了农作物有害生物综合治理中的一个重要组成部分。然而，如果农药的使用不够科学和合理，化学防治就可能会带来一系列问题，包括人畜中毒、农药残留、抗药性增强及环境污染等，甚至可能导致生态平衡的失控。为了使化学防治的效益最大化，并尽量减少其负面影响，必须严格遵守“高效、安全、经济、简便”的原则。这需要深入了解水稻有害生物的发生特点和为害规律，精选那些广谱性强、效果好、毒性低、残留少、持效期长的农药品种。此外，开发先进的施药器械和探索科学合理的农药使用新技术也是提高防治效率的关键。通过这些措施，可以有效地控制水稻有害生物，同时将化学防治的潜在风险降至最低。下面是关于水稻化学防治的几项新技术。

一、药剂防治技术

（一）按水稻生育期用药

1. 种子播种前

在种子播种前进行消毒处理是防治病害及害虫的关键步骤。可以使用 25

克/升咯菌腈悬浮种衣剂，按4～5毫升/千克的剂量给种子进行包衣。此外，也可以使用40%三氯异氰尿酸可湿性粉剂，按500倍的稀释比进行浸种消毒。特别是在南方水稻黑条矮缩病频发的地区，浸种过程中还需要每千克种子额外添加30%噻虫嗪种子处理悬浮剂4毫升，或者使用其他有效防治稻飞虱的药剂。这些措施不仅有助于防治种传病害，如白背飞虱和稻蓟马，也能有效预防南方水稻黑条矮缩病的发生，从而保障水稻的健康成长和产量。

2. 移栽或抛栽前两天

在移栽或抛栽水稻前两天，建议每亩地进行1次喷施处理，使用25%噻虫嗪水分散粒剂4克或20%吡虫啉可湿性粉剂20克，并将其稀释在30～40千克水中。特别是在南方水稻黑条矮缩病高发的地区，建议在秧苗生长到2～3叶期时，再增加1次喷施，以加强防治措施。这种处理方式旨在有效防治秧田中的稻蓟马和白背飞虱，同时预防南方水稻黑条矮缩病的发生。通过这些及时和适量的植保措施，可以显著降低病虫害对水稻生长的不利影响，保护作物健康，从而提高产量和质量。这些措施为水稻的健康成长提供了重要的保障，有助于农户获得更好的经济效益。

3. 移栽或抛栽后5～7天

在水稻移栽或抛栽后的5～7天内，建议进行1次防除杂草的喷施操作。具体方法是使用25克/升五氟磺草胺可分散油悬浮剂，按60～80毫升的量兑水45～60千克进行喷施。或者，可以选择在追肥时加入30%苄·丁可湿性粉剂，用量约为60～80克，均匀撒施在田间，以此来防除杂草。这些措施有助于及时清除田间的杂草，避免其与水稻争夺土壤中的养分和水分，从而促进水稻的健康生长和产量提高。杂草管理是水稻种植过程中重要的一环，有效的杂草控制不仅可以保持田间清洁，还有助于减少病虫害的风险。

4. 中、晚稻分蘖末期

在中、晚稻的分蘖末期，为了防治纹枯病、稻瘟病及各类害虫，如稻飞虱、二化螟、大螟、稻纵卷叶螟等，建议进行1次喷施处理。可以选择300克/升苯甲·丙环唑乳油15毫升，或者是325克/升苯甲·嘧菌酯悬浮剂30毫升配合19%氯虫·三氟苯悬浮剂或23%溴酰·三氟苯悬浮剂15～20毫升，这些药剂需兑水45千克进行使用。对于稻瘟病易发区，还需要增加特定的药剂以

增强防治效果。可以添加20%三环唑可湿性粉剂75～100克、40%稻瘟灵乳油70～100毫升或75%肟菌·戊唑醇水分散粒剂15～20克等。这些专用药剂能够针对性地防治稻瘟病，减少病害对作物的损害。

5. 早、中、晚稻的两个关键期

对于早、中、晚稻，有两个关键的施药时机：破口前3～7天和始穗期。在这两个阶段，建议各进行1次喷施处理，以预防和控制主要的病虫害。适用的药剂包括300克/升苯甲·丙环唑乳油20毫升或325克/升苯甲·嘧菌酯悬浮剂40毫升，配合40%氯虫·噻虫嗪水分散粒剂10～12克或34%乙多·甲氧肼悬浮剂20～30毫升，这些药剂需稀释在45～60千克水中进行喷施。

在虫口密度较大的情况下，还需要添加适量的对口杀虫剂以加强效果。例如，对于防治稻飞虱，可以加入50%吡蚜酮水分散粒剂12～20克或10%三氟苯嘧啶悬浮剂10～16毫升。特别是在稻瘟病频发区，还应额外加入20%三环唑可湿性粉剂100～125克、40%稻瘟灵乳油100～150毫升或75%肟菌·戊唑醇水分散粒剂15～20克等专用药剂，以针对性地防治稻瘟病。这些综合防治措施可以有效地控制纹枯病、稻曲病、稻瘟病、二化螟或大螟、稻纵卷叶螟及稻飞虱等多种病虫害。

6. 其他生长阶段

在水稻的其他生长阶段，是否需要增施1～2次对应的常规农药主要依据田间病虫的实际发生情况。这一策略确保了防治措施的灵活性和适时性，以应对可能出现的病虫害风险。对于大田生育期的病虫防治，不同类型的水稻有不同的施药次数要求。具体来说，早稻的防治通常需要进行2～3次喷施，中稻则需要较频繁的防治，为4～5次喷施，而晚稻的施药次数为3～4次。这种分别制定的施药频率反映了各生长期病虫发生的潜在差异和防治需求。通过精确调整施药次数，不仅可以有效控制病虫害，还能优化农药的使用效率，避免过量施药造成的环境负担。

（二）针对性防治施药方案

1. 针对二化螟、三化螟和大螟的施药

对于二化螟、三化螟和大螟的防治，施药的最佳时期是从卵孵化盛期到低龄幼虫高发期。在这一阶段，选择合适的药剂对于有效控制害虫至关重要。药剂的选择和每次每亩用量如下所示：5% 丁虫腈乳油 30 ~ 50 毫升、5% 阿维菌素乳油 80 ~ 100 毫升、18% 杀虫双水剂 250 ~ 300 毫升、19% 氯虫・三氟苯悬浮剂 10 毫升、23% 溴酰・三氟苯悬浮剂 15 ~ 20 毫升、20% 呋虫胺可溶粒剂 40 ~ 50 克、25% 乙基多杀菌素水分散粒剂 12 克、34% 乙多・甲氧肼悬浮剂 20 ~ 30 毫升、40% 氯虫・噻虫嗪水分散粒剂 10 ~ 12 克或 50% 杀虫单可溶粉剂 90 ~ 108 克。在使用时，这些药剂需稀释在 45 ~ 60 千克的水中进行均匀喷雾，以确保药液覆盖到田间的每一个角落，达到最佳的防治效果。这种方法可以有效抑制害虫的活动，保护农作物的健康生长。

2. 针对稻纵卷叶螟的施药

在对付稻纵卷叶螟的施药工作中，适宜的施药时期定在卵孵化盛期至低龄幼虫高峰期。为了有效控制这种害虫，可以选择以下几种药剂及相应的用量：1% 甲氨基阿维菌素苯甲酸盐（简称甲维盐）乳油 50 ~ 70 毫升、5% 阿维菌素乳油 80 ~ 100 毫升、18% 杀虫双水剂 225 ~ 250 毫升、22% 氰氟虫腙悬浮剂 30 ~ 50 毫升、34% 乙多・甲氧肼悬浮剂 20 ~ 30 毫升、40% 氯虫・噻虫嗪水分散粒剂 10 ~ 12 克、40% 丙溴磷乳油 90 ~ 100 毫升、48% 毒死蜱乳油 80 ~ 100 毫升或 80% 杀虫单可溶粉剂 40 ~ 60 克。这些药剂需要稀释在 30 ~ 45 千克的水中，进行均匀喷雾，以确保药物能有效覆盖整个稻田，从而抑制害虫的活动来保护作物。

3. 针对稻飞虱的施药

在防治稻飞虱（包括褐飞虱、白背飞虱和灰飞虱）时，应根据虫情确定施药的恰当时期和防治指标。一般来说，若在苗期百丛虫量达到 300 ~ 500 头或短翅型成虫数量为 3 ~ 5 头，以及在穗期百丛虫量达到 800 ~ 1000 头或短翅型成虫数量超过 10 头时，相关的田块应被确定为防治对象。对于稻飞虱的防治，可以选择以下药剂及相应的用量进行处理：10% 三氟苯嘧啶悬浮剂 10 ~ 16 毫升、10% 烯啶虫胺水剂 30 ~ 40 毫升、20% 呋虫胺可溶粒剂 30 ~ 40 克、50% 吡蚜酮水分散粒剂 12 ~ 20 克或 80% 烯啶・吡蚜酮水分散粒剂 5 ~ 10 克。这些药剂需要在 45 ~ 60 千克水中进行稀释，以确保能均匀喷雾整个田块。采取这些措施可以有效控制稻飞虱的发生和扩散，保护水稻免受其危害。

4. 针对稻水象甲的施药

对于稻水象甲的防治，施药的恰当时期通常是在早稻秧田揭膜后，当越冬代成虫开始陆续迁入秧田时。在成虫迁入高峰期，应集中进行药物处理以有效控制虫害。防治策略为“狠治越冬代成虫，普治第一代幼虫，兼治第一代成虫”，目的是降低虫口基数并减轻其对作物的损害。为此，可选用多种药剂进行处理，具体药剂及用量包括：10% 醚菌酯悬浮剂 80 ~ 100 毫升、200 克 / 升氯虫苯甲酰胺悬浮剂 6.67 ~ 13.3 毫升、40% 三唑磷乳油 60 ~ 80 毫升、40% 哒螨灵悬浮剂 25 ~ 30 毫升或 40% 氯虫 · 噻虫嗪水分散粒剂 6 ~ 8 克。这些药剂应兑水 50 ~ 60 千克进行喷雾，以确保充分覆盖秧田并达到预期的防治效果。

5. 针对水稻纹枯病的施药

对于水稻纹枯病的防治，施药时机应选在封行后到孕穗期间，即纹枯病流行前及流行期间。在此期间，通常需要进行 1 ~ 2 次喷药。对于病情严重的田块，如果在齐穗后病情仍有继续发展的趋势，可以考虑再补施 1 次药剂。防治纹枯病的标准是：在分蘖末期，如果丛发病率达到 5%、从拔节到孕穗期丛发病率达到 10% ~ 15% 或从孕穗期到乳熟期丛发病率达到 15% ~ 20%，则需要进行防治。为了有效控制纹枯病，可以选择以下药剂及推荐用量：12.5% 烯唑醇可湿性粉剂 40 ~ 50 克、20% 井冈霉素可溶粉剂 50 ~ 63 克、250 克 / 升嘧菌酯悬浮剂 60 ~ 70 毫升、300 克 / 升苯甲 · 丙环唑乳油 15 ~ 20 毫升、70% 氟环唑水分散粒剂 8 ~ 12 克或 75% 肟菌 · 戊唑醇水分散粒剂 10 ~ 15 克。这些药剂应稀释在 40 ~ 50 千克水中进行均匀喷雾，以确保药物能够有效覆盖整个田块，从而抑制病害的发展和传播。

6. 针对稻瘟病的施药

稻瘟病的药物施用时机应在以下情况：当分蘖期每亩发现 5 个以上发病中心或叶片发病率超过 2% 时，需立即进行药物处理。此外，如果病区内种植了易感品种，并在抽穗期遭遇连续阴雨，那么在破口期和齐穗期各需喷洒 1 次药剂。推荐的药剂包括：20% 三环唑可湿性粉剂 75 ~ 100 克、250 克 / 升嘧菌酯悬浮剂 60 ~ 70 毫升、40% 稻瘟灵乳油 70 ~ 150 毫升、30% 敌瘟灵乳油 111 ~ 133 毫升、70% 氟环唑水分散粒剂 8 ~ 12 克或 75% 肟菌 · 戊唑醇

水分散粒剂 15 ~ 20 克。这些药剂需用 45 ~ 60 千克水稀释后均匀喷雾。这样的处理旨在控制病害的扩散，确保稻苗的健康生长。

二、药剂防治技术的关键点

（一）掌握适宜施药时机进行用药

多年的田间试验研究和验证表明，对主要病虫害进行药剂防治，关键的施药时期包括分蘖末期、破口前 3 ~ 7 天和始穗期。这 3 个时期，每个时期施用 1 次适当的农药，能有效预防多种主要病虫害的大规模暴发。根据田间病虫害的实际发生情况，可适时调整施药次数。在大田生育期防治主要病虫害时，推荐使用具有广谱性、高效能、持久效果、低毒性和低残留性的新型农药品种，并辅以常规农药品种。采用新型农药品种通常只需施药 2 ~ 4 次，而如果选择常规农药品种，则需要施药 5 ~ 6 次。这种防治策略旨在综合利用不同特性的药剂，以实现对病虫害的有效控制。

（二）选用新型农药并辅以常规农药

在防治水稻主要病虫害的过程中，选用高效的新型农药品种并辅以常规农药品种，不仅可以提升药效，还能有效降低成本。多年的田间药效试验已经筛选并验证了一系列新型农药品种，它们在防治多种病虫害方面表现出色，并且部分品种还具有促进水稻生长和提高产量的附加效果。

特别值得提及的新型农药品种包括 300 克 / 升的苯甲 · 丙环唑乳油，这种药剂不仅能有效防治纹枯病、稻曲病和稻粒黑粉病等多种真菌性病害，还可以促进水稻的生长发育，提高稻谷产量。23% 溴酰 · 三氟苯悬浮剂和 40% 氯虫·噻虫嗪水分散粒剂则主要用于防治稻飞虱、螟虫、稻纵卷叶螟等害虫。此外，10% 三氟苯嘧啶悬浮剂专门用于防治稻飞虱，而 30% 噻虫嗪种子处理悬浮剂则针对稻蓟马。250 克 / 升的嘧菌酯悬浮剂和 430 克 / 升的戊唑醇悬浮剂也被广泛应用于防治稻瘟病、稻曲病和纹枯病等。

对于常规农药品种，如阿维菌素、Bt（苏云金芽孢杆菌）制剂、丙溴磷和甲维盐等，它们主要用于防治螟虫和稻纵卷叶螟。其他农药品种，如吡蚜酮、

吡虫啉和噻嗪酮等，则用于防治稻飞虱和稻蓟马。此外，井冈霉素和烯唑醇等药剂专门用于防治纹枯病。通过结合使用这些新型和常规农药品种，可以更全面地应对各类病虫害，从而保证水稻的健康生长和高产。

（三）根据具体情况搭配施药

在田间遇到多种病虫同时发生的情况时，建议采用 2 ~ 3 种新型农药与 1 种常规农药进行混合喷施。若田间仅发现 1 种病虫问题，那么只需采用 1 种特定的新型农药或 1 种适用的常规农药进行单独施用。在施药过程中，应确保田间有适当的浅水层，这有助于药剂的均匀分布和作用效果的提升。施药后，为了确保药效，建议在田间保持水分 5 ~ 7 天。这样的管理措施有助于有效控制病虫害，保护水稻的健康生长。

三、选择施药设备及其应用方法

选择效率高且雾化性能优良的施药器具及采用科学合理的施药方法，能显著降低农药的流失和浪费，提高农药的有效利用率，从而节约用药成本。在现代农业生产中，一些经过推广应用的施药设备包括山东卫士牌（WS-16 型）、新加坡利农（AgrolexR Jacto Heavy-Duty HD400 型）、德国索罗（Solo 425 型）背负式手动喷雾器、浙江台州福老大牌（20L 型）背负式电动喷雾器及北京东方红（18 型）背负式机动喷雾机等。

针对不同类型的农药，选择合适的喷头至关重要。例如，使用除草剂和植物生长调节剂时，应选择扇形雾喷头，而在使用杀虫剂和杀菌剂时则更适合使用圆锥雾喷头。此外，施药方式的选择也应根据病虫害的具体位置来调整。例如，防治植株上部病虫害时应采用侧向沉积喷雾法，而在防治下部病虫害时则应采用侧向斜切穿透喷雾法，这有助于药剂更有效地覆盖植株并达到预期的防治效果。为了有效避免和延缓农药抗性的产生，还应注意交替使用不同种类的农药。通过综合应用这些策略，可以确保农药施用的科学性和经济效益，进而促进农作物健康成长。

第三章　水稻主要病害及防治技术

第一节　水稻真菌性病害

一、稻瘟病

稻瘟病又称稻热病、火烧瘟、叩头瘟，是水稻的主要病害之一，其影响遍及全球的稻作地区。在我国，无论是南方还是北方的稻作区域，都存在着不同程度的病害发生，且水稻在任何生长阶段都有可能被感染。病害的严重程度因年份和地理位置的不同而有所差异。特别是在抽穗期，如果遇到持续的低温或连续的阴雨天气，则稻瘟病的发生通常会比较严重。在我国的北方稻作区域，穗颈瘟的影响尤为突出，造成的损失也最为严重。

（一）危害症状

稻瘟病的症状根据发病时间和影响的部位有所区别，包括苗瘟、叶瘟、节瘟、穗颈瘟和谷粒瘟等类型。苗瘟通常发生在幼苗期，表现为秧苗变黄并枯死，底部出现黑褐色，湿润环境下病处会生长灰色霉菌。近年来，随着薄膜育秧技术的广泛应用，苗瘟的情况有所恶化。到了本田期，叶片上的发病被称为叶瘟，叶片上病斑的形状、大小和颜色会因气候和品种抗病性不同而有所差异，主要分为慢性型、白点型和褐点型。其中，典型的慢性型病斑呈梭形，表现为中心灰白，边缘褐色，外围常有淡黄色晕圈，湿润环境下病斑背面会长出灰色霉菌，并产生孢子。节瘟导致稻节变为黑褐色且凹陷，容易折断，造成白穗现象。穗颈瘟和枝梗瘟在穗颈部和枝梗处形成褐色病斑。早期严重发病会导致白穗，而晚期发病则使秕粒增多。穗颈瘟已成为南北方稻

田的主要病害之一。在北方，穗颈瘟和节瘟多发生在8月下旬至9月上旬，阴雨和降温天气会加剧其危害。

（二）病原与感染特点

稻瘟病由一种名为梨孢菌的真菌引起，这种真菌属于半知菌类。其特征包括产生洋梨形状的分生孢子，这些孢子通常从多根孢子梗上长出，主要通过气孔伸出，每个孢子梗上可生长5 ~ 6个分生孢子。这些分生孢子在25 ~ 28 ℃的最适温度和96%以上的相对湿度条件下，若存在水滴，则可良好萌发。此病菌能够在低温和干热环境下显示出较强的抵抗力。

稻瘟病菌主要通过分生孢子和菌丝体在稻草（包括节和穗颈）和种子中过冬。研究发现，马唐瘟菌能够感染水稻，引起稻瘟病，而铺地黍的叶瘟菌也能够侵害水稻的某些品种。在干燥环境下，分生孢子可存活半年至一年，而病组织中的菌丝体能存活1年以上。然而，在潮湿环境中，这些病菌在2 ~ 3个月内便会死亡，因此带有病菌的种子和稻草成为稻瘟病每年初次侵染的来源。稻草中过冬的菌丝在条件适合时会逐步产生分生孢子，这些孢子随后通过气流传播到稻田中。一旦水稻叶片受到初次侵染，在适宜的环境下，病斑处会产生大量分生孢子，并通过气流进行再侵染，强风更有助于扩大其传播范围。

分生孢子能够在接近饱和的湿度下侵入寄主细胞，在24 ℃的温度条件下，侵入过程仅需6小时。潜育期受温度影响显著，在17 ~ 18 ℃时为7 ~ 9天，在24 ~ 25 ℃时缩短为5 ~ 6天，而在26 ~ 28 ℃时更进一步缩短至4 ~ 5天。叶片上的病斑在3 ~ 8天内进入分生孢子形成的高峰期。实验室研究表明，1个病斑能够产生2000 ~ 6000个分生孢子。因此，在适宜的条件下，分生孢子的快速形成和积累能引发大规模再侵染，从而导致稻瘟病的广泛流行。

（三）防治策略

稻瘟病的防治策略应基于种植高产且抗病的水稻品种，这是基础措施。同时，减少病原的来源是预防的前提，可有效控制病害的初发和传播。此外，强化科学栽培技术是防治工作的关键点，通过优化种植管理来增强作物自身

的抵抗力并使其健康生长。在此基础上，药剂防治作为辅助手段，可用于病害防治，控制病情发展态势。

1. 农业防治

在农业防治中，采取以下措施可有效管理病害并提升作物的健康水平与产量。

（1）种植抗病品种

选择适应当地环境的抗病品种至关重要。例如，杂交稻的冈优 22、汕优 22 和香优 3 号，以及常规稻，如吉粳 60、京引 127、湘早 143、藤系 137、空育 131 和龙粳 8 号等品种均适宜推广使用。为了保持抗病力，推荐以下种植策略。

①持续种植同一抗病品种 2 ~ 3 年后应进行品种轮换，以防单一抗病基因长期在同一地区使用而降低其效果。

②在同一生态区或田块中，交替种植具有不同抗病基因的几个品种，以增强作物的整体抵抗力。

③优先选择携带多个不同抗病基因或多个微效抗病基因的品种，这样的多元化种植可以有效提升作物对病害的抵抗能力。

（2）减少菌源

为有效减少病原来源，应采取以下措施以控制病害的传播和暴发：首要任务是及时处理病态稻草。将受病害影响的稻草与健康谷物分开堆放，确保室外堆放的病态稻草在春播前得到妥善处理，避免使用这些稻草来催芽或作为秧苗的支撑材料。如果选择将病态稻草还田，就必须确保其被深翻入水和泥土中以促进其分解。此外，对携带病原的种子进行消毒也极为关键。可以选择使用 50% 福美双可湿性粉剂，按每 100 千克种子配 250 克有效成分进行拌种处理；或者采用 20% 多 · 福悬浮种衣剂，按 1 ∶ 50 至 1 ∶ 40 的药种比进行种子包衣。

（3）加强肥水管理

加强肥水管理对于改善水稻的生长环境和增强其抗病性至关重要。合理的施肥策略应避免单一或过量使用氮肥，并注重氮、磷、钾的均衡配合。同时，有机肥与化肥的结合使用，以及含硅酸的肥料，如草木灰、矿渣、窑灰钾肥

的适当应用，都是促进水稻健康成长的重要措施。在肥料的应用上，重视基肥的充分施用和及时的追肥，并根据植株的生长情况、田间条件和气候变化灵活调整施肥策略。此外，硅肥和镁肥的混合使用有助于提高植株对硅酸的吸收，从而增强其结构强度和抵抗力。水肥管理需要紧密配合，特别是在保水返青之后和分蘖期，应保持适度的浅水灌溉，以促进有效分蘖。适时的田间晒干可以控制无效分蘖，而在生长的中后期，通过交替的干湿条件，可以促进根系发展和营养吸收，进一步提高水稻的整体健康和抗病能力。

2. 化学防治

在水稻的化学防治中，适时施药是关键。这需要根据感病品种和其易感的生育阶段，结合田间病情及天气变化来制订施药计划，确保首次施药不晚于病害可能加重的时刻。具体来说，对苗瘟的防治应在秧苗 3 ~ 4 叶期或移栽前 5 天进行，而叶瘟的防治则在稻株上部 3 片叶片的病叶率达到约 3% 时立即进行。穗颈瘟的防治策略是在破口至始穗期施第一次药，依据天气情况在齐穗期施第 2 次药。常用的药剂包括 75% 三环唑水分散粒剂、40% 稻瘟灵乳油、25% 稻瘟酰胺悬浮剂、25% 咪鲜胺水乳剂、2% 春雷霉素水剂、9% 吡唑醚菌酯微囊悬浮剂、40% 嘧菌酯可湿性粉剂、40% 丙环唑水乳剂、500 克 / 升甲基硫菌灵悬浮剂、1000 亿活芽孢 / 克的枯草芽孢杆菌可湿性粉剂和 5% 多抗霉素水剂等。

二、水稻纹枯病

水稻纹枯病广泛发生于亚洲、美洲和非洲种植水稻的国家。在中国的各个稻区也普遍存在，近年来，随着杂交稻的推广、矮秆品种的种植、种植密度的增加及施肥水平的提高，纹枯病的危害呈现上升趋势。特别是在高产种植区，其危害尤为显著，如 1982 年水稻纹枯病导致的减产量就超过了 5000 万千克。此病害还逐渐影响到大豆、玉米、小麦、高粱、甘蔗、花生等作物，因此引起了广泛关注。

（一）危害症状

纹枯病在水稻生长周期中的任何时期都可能出现，通常在分蘖旺盛期到

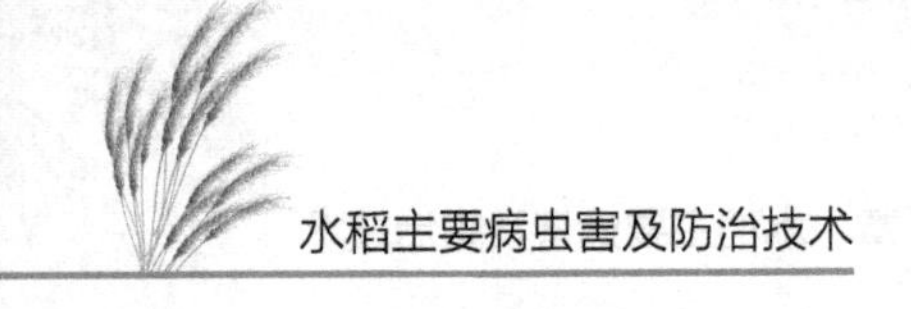

抽穗期最为频繁，尤其是抽穗期前后的发病最为严重，主要损害叶鞘和叶片，而在严重的情况下，也可能影响穗部甚至渗透至茎秆内部。这种病害对水稻产量的负面影响主要通过增加空壳率和降低千粒重来体现。

病害的初期标志是叶鞘上近水面处出现暗绿色、边缘不规则的水渍状小斑点，这些小斑点会逐渐扩大形成圆形，病斑的边缘呈褐色或深褐色，中央部分变为草黄色至灰白色，湿润环境下则变为灰绿色至墨绿色，相互扩展形成云纹状的大型病斑。在叶片上，病斑的形态和颜色与叶鞘处的病斑基本一致。潮湿的天气条件下，病部会出现白色的丝状菌丝体，这些菌丝体在组织表面蔓延，并在植株之间相互缠绕，形成白色而疏松的绒球状菌丝团。随后，这些菌丝团会变成黑褐色的菌核，这些扁球状的菌核直径为 1.5 ~ 3.5 毫米，成熟后容易从病组织上脱落，落入土中或漂浮在水面上。湿润的环境下，病斑表面还可能覆盖 1 层白色粉状物，这是由担子和担孢子形成的。当田间的发病情况严重时，植株的茎秆容易折断，或者导致叶片干枯，植株提前死亡。

（二）病原与感染特点

纹枯病的病原属于丝核菌门，学名为立枯丝核菌，这是其无性阶段，而有性阶段则被归类于担子菌门的亡革菌属下的瓜亡革菌。菌丝在年轻时是无色的，成熟后转变为淡褐色，且在分枝处呈现缩紧现象。菌核是表生的，其内外颜色一致，外层由 10 ~ 15 层死亡的细胞腔构成，而内层则是由活细胞组成。有时病组织上可见到的灰白色粉末实际上是由担子和担孢子组成的子实层。担孢子呈卵圆形或椭圆形，底部稍尖，是单胞且无色的，大小在 6 ~ 12 微米 ×7 微米。

纹枯病菌的越冬和传播依赖菌核，这些菌核在自然条件下具有浮沉的特性，其中，浮核占多数。这种病菌具有很强的生存力，研究发现，越冬在稻田或旱地表层土壤中的菌核萌发率超过 96%，致病率超过 88%。即便是在室内水层下保存 32 个月的菌核，其萌发率也能达到 50%，而在室内干燥条件下保存 11 年的菌核，萌发率仍有 27.5%。菌核萌发不需要休眠期或后熟期，当年形成的新菌核在适宜条件下即可萌发致病。在 27 ~ 30 ℃和 95% 以上

的相对湿度条件下，菌核可以在 2 天内萌发产生菌丝。最适宜的侵染温度为 28 ~ 32 ℃，且相对湿度需在 96% 以上，如果相对湿度低于 85%，则侵染会受到抑制。纹枯病菌对 pH 值的适应范围为 5.4 ~ 6.7，其致病力分为强、中、弱 3 个等级，在鉴定和利用抗病品种时需注意 pH 值。

该病菌的寄主范围广泛，属于典型的多主寄生型病菌，自然感染的寄主包括 15 科近 50 种植物，主要寄主包括水稻、玉米、大麦、小麦、高粱、粟、花生、甘薯、黄麻、甘蔗、紫云英、芋、菱角等，而在杂草中常见于稗草、莎草、马唐草等。

纹枯病菌主要通过在土壤中的菌核越冬，也可以通过菌丝和菌核在病稻草和其他寄主或杂草残体上越冬。落入田中的大量菌核成为次年或下季的主要初侵染源。田间的菌核数量极多，生命力极强，主要集中在土表层 6 ~ 13 厘米的范围内。春季浇水耕耙后，越冬的菌核会漂浮到水面，随水流动，并附着在稻苗的叶鞘基部，在适宜的温度和高湿条件下，无论是浮于水面还是沉于水底的菌核都能萌发出菌丝。菌丝会在叶鞘上延伸，通过叶鞘缝隙或直接穿透表皮侵入植株内部。根据温度和湿度条件，初次感染的时间大约在北方水稻分蘖中期或稍后。

病菌在稻株内扩散，大约 5 天后侵入部位出现病斑，病斑处能长出气生菌丝，这些菌丝具有强致病力，能向邻近的稻株扩散并进行再侵染。病部形成的菌核脱落后可通过水流传播，条件适宜时，这些菌核能立即萌发并再次侵染。分蘖期发病时，菌丝能逐步侵染周围的分蘖茎，增加发病茎数。到了孕穗期，病苗会从下位向上位的叶鞘、叶片扩散，病发叶鞘数量急剧增加，加剧了病害的危害程度。目前，病菌担孢子在病害传播中的重要性还未完全明确，田间的病害传播主要依赖灌溉水。

（三）防治策略

在防治水稻纹枯病方面，应实施一系列综合措施。首要步骤是清除菌源，此举为基础。此外，还需要加强栽培管理，选择具有较强抗性的水稻品种，并且在关键时期适时施用药剂。这些策略共同形成了一个全面的防控体系，有效降低了病害发生的风险，确保水稻的健康生长。

1. 农业防治

（1）清除菌源

田地翻耕、灌水和耙田后，大量菌核会浮在水面上，通常混入田中的“浪渣”里，并随风被吹到田角或田边。为了有效控制病害，建议在插秧前使用细纱网或布网等工具从“浪渣”中打捞出这些菌核，并将其带出田外进行焚烧或深埋处理。彻底清除菌核对于达到较好的防病效果至关重要。此外，为了进一步清除菌源，应避免将病态稻草或未完全腐熟的稻草还田，并清除田边的杂草。这些措施可以显著减少田间的病原数量，减轻作物早期的病害压力。

（2）加强肥水管理

加强肥水管理是提升水稻健康生长能力及控制纹枯病的重要手段。通过科学的施肥和水分管理，可以有效促进稻株的健康发展并降低病害的影响。合理的排灌措施，特别是根据水稻的不同生育阶段做出调整，可以利用水分来控制病害，实施“前浅、中晒、后湿润”的用水策略。这包括避免长时间的深灌和过度的晒田。在分蘖末期至拔节前适时进行晒田，并在后期采用干湿交替的排灌方式，这有助于降低株间湿度并促使稻株健壮生长。此外，氮、磷、钾的均衡施用非常关键，需要将农家肥与化肥、长效肥与速效肥结合使用，避免偏施氮肥，特别是在中后期避免大量使用氮肥。合理的施肥策略应确保稻株从生育初期到后期均衡发展，避免前期叶片过多、中期徒长和后期贪青，以确保收割时稻株青秆黄熟，达到理想的成熟状态。

（3）种植抗病品种

虽然目前还没有发现完全免疫或高度抗病的水稻品种，但不同品种之间在抗病性上存在差异，可供灵活选择。在病害特别严重的地区，推荐种植那些抗性较强的水稻品种。一些表现出较好抗病性的品种包括冬秋布、羽禾、咸运、华南 15、特青、Tetep、IR64、Guyanal、Ta-poo-cho-z、IET4699 和 Java 14 等。选择这些品种可以在一定程度上减轻病害的影响，有助于保持稻田的健康状态和提高产量。

2. 化学防治

为有效控制水稻病害的发展，根据病情及时采取药剂防治措施至关重要。通常在水稻分蘖末期，当丛发病率达到 5%，或者在拔节至孕穗期丛发病率达

到 10% ~ 15% 时，需立即进行药剂处理。在分蘖末期施药能够有效抑制气生菌丝的生长，从而控制病害的水平扩散。而在孕穗期到抽穗期施药则有助于抑制菌核的形成和病害的垂直扩展，确保稻株顶部功能叶得到保护。

一般建议在病害初期进行药剂喷施，通常需要喷施 2 ~ 3 次，每次间隔 7 ~ 10天。为此，常用的药剂包括5%井冈霉素水剂、240克/升噻呋酰胺悬浮剂、30% 苯醚·丙环唑悬浮剂、5% 己唑醇悬浮剂、1% 申嗪霉素悬浮剂、25% 嘧菌酯悬浮剂、240 克 / 升氟环唑悬浮剂、70% 甲基硫菌灵可湿性粉剂、50% 多菌灵可湿性粉剂及 1000 亿芽孢 / 克枯草芽孢杆菌等。

三、稻曲病

稻曲病，也称为丰收果、青粉病或谷花病，属于水稻穗期的一种关键性病害。近年来，该病害的发生情况呈现出加剧的趋势，已成为水稻生长后期的一项主要病害。病穗的发生率通常在 1% ~ 5%，但在严重情况下可能超过 50%。稻曲病的发生不但会增加秋谷率、青米粒比例和碎米率，还会减少结实率和千粒重，进而降低水稻的总产量。此外，病原会附着在稻米上，造成谷物污染，并含有对人体有害的毒素，从而严重损害稻米的品质。

（一）危害症状

病原主要在水稻的抽穗和扬花期间进入植株，而在灌浆阶段之后病征开始显现，主要影响穗部的谷粒。最初的病征是颖壳缝隙中露出的淡黄绿色块状物，这些块状物随后逐步增大，最终覆盖整个颖壳，形成的菌球体积是正常谷粒的 3 ~ 4 倍。菌球最开始被 1 层灰色薄膜所包裹，表面光滑，随着时间推移颜色会变为黄绿色或墨绿色，并最终开裂，释放出墨绿色或深墨色的粉末，即为病原的厚壁孢子。

（二）病原与感染特点

病原隶属于担子菌亚门下的类绿核菌群，其孢子座被称为稻曲，是由紧密交织的菌丝组成的白色肉质块，位于孢子座的中心。孢子座的外围根据成熟程度不同分为 3 个层次：最内层呈淡黄色，菌丝以放射状排列；中间层为橙黄色；最外层为墨绿色，成熟最早，其菌丝的形态较不明显。厚垣孢子生长于孢子座内的放射状菌丝上，形状为球形或椭圆形，呈墨绿色，表面带有细小突起。这些厚垣孢子萌生出短菌丝，菌丝上生长着椭圆形的分生孢子。孢子座的黄色部分通常会形成黑色的菌核，这些成熟的菌核会从病粒上脱落到地面。次年夏秋季节，菌核可长出1个或多个橙黄色的子座，其子囊壳呈瓶状，环绕子座顶部生长，内含8个丝状子囊束孢子。病菌通过落入土壤的菌核和附在种子表面的厚垣孢子越冬。次年7—8月，菌核发育并产生子囊孢子，成为初次侵染的主要来源。近期研究显示，厚垣孢子在温室干燥条件下的存活期仅为1～3个月，因此其成为初侵染来源的可能性较小。孢子通过气流传播，在水稻开花期侵染花器及幼颖。

稻曲病的发生与气候条件、施肥水平及品种的抗性差异密切相关。病菌在24～32℃生长良好，26～28℃为最适温度。高湿度条件有利于病害的发生，特别是在抽穗和扬花期间遇到连续阴雨天气时病害发生更为严重。氮肥过多或过晚施用同样有利于病害的发展。栽培晚熟品种或过迟插秧也会增加患病的风险。不同品种间的抗病反应存在显著差异，如辽宁的辽粳10号与山东的花育15的病株率分别为0.5%和23%；广东的汕优63表现出抗病性、广二104高度抗病，而桂朝、红旗则易受病害影响；湖南的威优35呈现抗病性；云南的云粳135、云粳136较为易感。晚抽穗的品种往往病情较重。

（三）防治策略

针对稻曲病实施的综合控制措施，主要通过选择抗病品种、强化栽培管理，并辅助以药剂防治来进行。

1. 农业防治

（1）选用抗病品种

选择抗病品种是农业生产中重要的病害防控策略。在当前的生产实践中，有一些表现出良好抗性的水稻品种，包括双糯4号、协优46、Ⅱ优527、D优527、中香优8号、I汕优36、嘉湖5号、皖稻69和两优932等。为提高作物的病害抵抗力和保持土壤健康，还需定期进行品种更新和轮换种植。这

样做可以避免因长期单一种植某一品种而可能引发的抗性问题，从而维持作物生产的可持续性和高效性。

（2）种子处理

种子处理是提升种植效果的关键步骤。建议使用多菌灵、咪鲜胺或1%的石灰水进行种子浸泡。处理后的种子无须进行水洗，可以直接进行播种。这样的处理不仅简化了种植前的准备工作，还有助于保护幼苗，提高抗病能力，确保种植效率和作物健康。

（3）加强栽培管理

可以使用无病害的种子、建立无病留种田，确保播种前及时清除田间的病残体。对于发病的田块，收割后应进行深翻以减少病害的再发生。在施肥方面，应合理使用氮肥、磷肥、钾肥，避免单一过量施用氮肥。此外，合理调整种植密度，确保移栽时机适宜，并采取勤灌和浅灌的灌溉策略，可以有效促进作物的健康成长。

2. 化学防治

在水稻的化学防治中，推荐在破口抽穗前5 ~ 7天及齐穗期各施药一次。有效的药剂包括430克 / 升的戊唑醇悬浮剂、40%嘧菌酯可湿性粉剂、40%己唑醇悬浮剂、13%井冈霉素水剂、30%氟环唑悬浮剂、25%咪鲜胺水乳剂、240克 / 升噻呋酰胺悬浮剂、10亿芽孢 / 克的枯草芽孢杆菌可湿性粉剂及15%络氨铜水剂等。施药时需特别注意稻穗的安全性，特别是在穗期使用药剂。过量使用三唑类杀菌剂可能导致水稻不抽穗的药害现象，而铜制剂则可能引起叶斑等药害。合理控制药剂用量和频率是确保防治效果的同时减少潜在负面影响的关键。

四、水稻胡麻斑病

水稻胡麻斑病为水稻常见的一种疾病，主要在缺乏养分和水分导致水稻生长状况不佳的情况下加剧。该病害侵袭叶片时会导致叶片枯死，而对穗部的影响则会减轻千粒重并增加空壳粒的数量，进而对产量及稻米品质造成不利影响。

（一）危害症状

水稻胡麻斑病能够在秧苗期直至收获期的任何时段出现，影响稻株的地上部分，其中，以叶片受害最为常见。病害通常表现为椭圆形的病斑，大小类似于胡麻粒，颜色为暗褐色。有时，病斑会扩散形成条状连片。当病斑数量众多时，秧苗可能会枯死。在成熟的稻株中，叶片一开始会出现褐色的小点，随后扩大成为椭圆形的斑点，大小与芝麻粒相当，病斑的中心部位从褐色变为灰白色，边缘保持褐色，周围环绕着不同深浅的黄色晕圈，严重时会形成不规则的大斑点。叶鞘受病害影响时，病斑最初呈椭圆形、暗褐色，边缘为淡褐色且呈水渍状，后期会变成中心为灰褐色的不规则大斑。穗颈和枝梗一旦发病，受影响部分呈现暗褐色，导致穗部枯死。谷粒受病害影响时，早期的受害谷粒会呈灰黑色扩散至整个粒子，导致谷粒品质下降，产生病斑、变色米、空秕粒或萎缩成畸形，这些都会对稻谷的产量和品质造成较大影响。在病害后期，受害的病斑较小，边缘不明显。

（二）病原与感染特点

病原通过分生孢子或菌丝体的方式，附着在稻种或稻草上过冬，成为次年春季的初次侵染源。播种后，稻谷上的病菌可以直接对幼苗造成伤害。在稻草上过冬的分生孢子或由过冬菌丝形成的分生孢子均能随风传播，导致秧田和本田受到侵染。当年生成的分生孢子在病组织上能够引发再次侵染，持续增加病害的范围。这种病害的发生与土壤类型、肥水管理及品种的抗病性紧密相关。在酸性土壤、沙质土壤、土壤肥力差和缺乏磷钾的条件下容易发病，长时间积水或根部受损也会促发病害。高温高湿、光照不足及存在雾露的环境下，病害发生更为严重。在黄河流域的稻区，尤其是在抽穗前后，水稻更易受到病害侵袭。

（三）防治策略

胡麻斑病的防治策略应主要依赖农业措施，并通过加强深耕和肥水管理来提升防病能力，最好再辅以药剂进行防治，这 3 种方法共同构成一套综合防治措施。

1. 农业防治

（1）深耕促进根系发育

深耕作业能显著促进水稻根系的发育，从而增强稻株的吸水和吸肥能力，提升其抗病性。在施肥过程中，应注意氮肥、磷肥、钾肥的均衡使用，并科学施用微量元素肥料，以满足作物的营养需求。同时，还应根据水稻不同生育期的需求，进行科学的水管理，推荐采用浅水勤灌的方式，以防止作物因缺水受旱影响生长，同时避免长期深灌导致的土壤通气不良问题。

（2）减少病原

为有效减少病原，应及时处理受病害影响的稻草和种子。避免使用带病的稻草来催芽，如果选择将病态稻草用于堆肥，必须确保其充分腐熟后再进行施用。

2. 化学防治

水稻在抽穗期至乳熟期应进行药剂施用，这一时期常用的药剂包括 70% 丙森锌可湿性粉剂和 250 克 / 升丙环唑乳油等。

五、水稻菌核病

中国水稻区域存在 7 种水稻菌核病，包括小球菌核病、小黑菌核病、褐色菌核病、球状菌核病、灰色菌核病、黑粒菌核病和赤色菌核病。这些病害在国内的中部、南部及西南地区的水稻种植区普遍流行，并常见多种菌核病同时发生，其中，以小球菌核病和小黑菌核病的发生率最高。小黑菌核病在四川、浙江、江苏、云南、江西、湖南等多个省份造成了损害；而小球菌核病则在黄河以南的所有稻区被发现，尤其是中部、南部和云南地区，甚至北京也有报道。当病害严重时，会导致稻株提前枯死，倒伏在地，从而降低稻米的品质和产量。

（一）危害症状

水稻菌核病能够在整个生长周期内出现，尤其是在孕穗期和抽穗期较为频繁，而从乳熟期至黄熟期的病害影响尤为显著。以小球菌核病的特征性症状为例进行说明：此病害主要发生在水稻的叶鞘及茎秆的下部区域。最初，在水面附近的叶鞘处会出现黑色的漆状小病斑，随后发展成为与水稻叶脉平行的黑色细线状条纹，病害进一步侵入叶鞘内部和茎部，使外部的病斑变为较大的黑色斑块。这些病斑表面常常覆盖有1层灰色的霜状物质，这是病原产生的小孢子。病斑表面也经常形成菌丝块。当病害严重时，茎秆会变黑并腐朽，导致植株易于倒伏。茎秆上的病斑通常发生在距离水面约10厘米的基部，开始变黑继而变软腐，容易导致茎秆断裂。一旦稻株受害，其上部会出现黄枯现象，影响谷粒的饱满度。查看叶鞘和茎秆腐朽部位的内部，可以发现无数个比油菜籽还小的圆形黑色菌核。

（二）病原与感染特点

水稻小球菌核病和小黑菌核病的病原属于长蠕孢属，而褐色菌核病、球状菌核病、灰色菌核病的病原则属于小核菌属，赤色菌核病的病原则被归类在丝核菌属。小球菌核病的理想生长温度为28 ~ 30 ℃，最适 pH 值为4 ~ 6。其菌核形状接近球形，具有光滑且有光泽的黑色表面。分生孢子呈新月形、暗褐色。

病原通过在稻草、稻桩上或分散在土壤中的菌核过冬。研究显示，菌核在干燥环境中能存活190天，在水下能存活320天，而在35 ℃的高温环境下能存活4个月。收割后，大量菌核留在田间，次年春季耕作和灌溉时，菌核浮到水面，随后附着在水稻的茎和叶鞘上，在适宜的环境条件下萌发菌丝，对接近水面的茎部和叶鞘表面或伤口进行首次侵染，主要损害生长不良的植株。长江流域的水稻通常在7、8月开始出现病征，9月底到10月病害最为严重。病菌在叶鞘上形成菌丝块，并与周围健康的植株接触，导致感染。病斑和水面上的菌核会产生分生孢子，通过水流、气流或稻飞虱进行传播，导致病害的蔓延。较远距离的传播主要通过土壤和病残体的移动进行。小球菌核病和小黑菌核病的发生和发展与灌溉、降雨、施肥、水稻品种及菌源密切相关，尤其是灌溉、降雨和施肥与病害发生的关系最为紧密。在水稻生长的前中期进行深灌、后期过早断水，特别是对晚稻过早断水，会导致土壤干燥，在土壤过度干燥的稻田，或是长期深灌及排水不良的稻田中，病害发生较为严重。在施用过多或过迟的氮肥，缺乏磷肥、钾肥的情况下，病害发生频繁。水稻

品种间的抗病能力存在显著差异，在同一品种中，一般在抽穗后抗病力较弱，尤其是灌浆期后更为明显。病菌在 25 ~ 30 ℃的温度环境内生长最佳，湿润的气候条件有利于病害的发展。当稻田中的稻飞虱或叶蝉危害严重时，病害的发生也通常更为严重。

（三）防治策略

水稻菌核病的防治应采取种植抗病品种，减少菌源，加强水肥管理并辅以药剂防治的综合防治措施。

1. 农业防治

（1）种植抗病品种

在水稻种植过程中，选择适合当地环境的抗病品种是非常重要的。不同地区的气候和土壤条件对水稻品种的适应性有显著影响，因此，因地制宜地选用合适的抗病品种至关重要。一些值得推荐的抗病水稻品种包括早广 2 号、汕优 4 号、IR24、粳稻 184、闽晚 6 号、倒科春、冀粳 14 号、丹红、桂朝 2 号、广二 104、双菲、珍汕 97、珍龙 13、红梅早、农虎 6 号、农红 73 和生陆矮 8 号，以及粳稻秀水系统、糯稻祥湖系统、早稻加籼系统等。选择这些品种可以帮助农民有效地防控病害，提高产量和质量，同时降低因病害导致的经济损失。

（2）减少菌源

为有效减少菌源，应采取几种关键措施。病态的稻草应通过高温处理再利用，确保在收割时彻底割除与泥土接触部分，避免病菌残留。此外，在适宜条件下，实施水旱轮作是一种有效的农业策略，有助于打断病害的生命周期。同时，在插秧前应通过打捞方法清除水面上的菌核，从而降低田间的病菌数量。在这些措施的共同作用下，将会有效减少病害的发生和传播。

（3）加强水肥管理

加强水肥管理是提高水稻产量的关键措施。在灌溉方面，应实行浅水勤灌，并在适当时机晒田，以确保土壤适度干湿交替，促进根系发展。在生长后期，适当灌注跑马水，避免水分供应过早中断，这有助于植株稳定成熟。在施肥策略上，推荐多施用有机肥料，并加大磷肥、钾肥的投入，尤其是钾肥，以

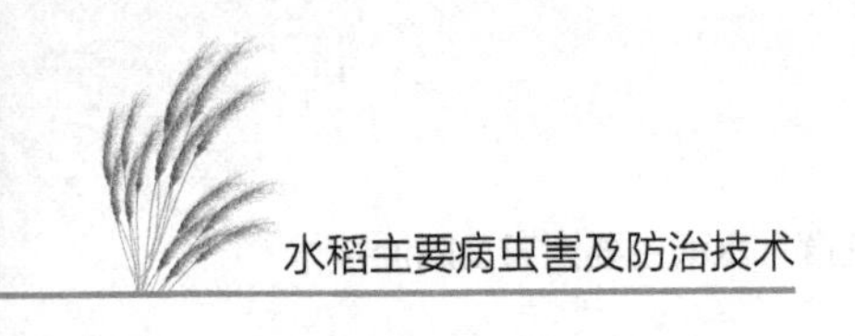

增强作物的抗病能力和适应能力。同时，应避免偏施氮肥，以防止作物徒长和其他生长问题。

2. 化学防治

在水稻的拔节期和孕穗期，施用药剂进行病害防治是必要的。为了达到最佳防治效果，建议在孕穗初期进行第 1 次喷药，随后在拔节期和孕穗期各进行 1 次喷药。可选择的防治药剂包括 40% 克瘟散、40% 富士一号乳油稀释至 1000 倍、5% 井冈霉素水剂稀释至 1000 倍、70% 甲基硫菌灵（甲基托布津）可湿性粉剂稀释至 1000 倍、50% 多菌灵可湿性粉剂稀释至 800 倍、50% 速克灵（腐霉剂）可湿性粉剂稀释至 1500 倍、50% 乙烯菌核利（农利灵）可湿性粉剂稀释至 1000 ～ 1500 倍或 40% 菌核净可湿性粉剂稀释至 1000 倍。在喷药时，应特别注意将药液喷洒在叶鞘的下部，以有效减少病害的发生。喷药应每隔 5 ～ 7 天进行 1 次，总共进行 2 ～ 3 次。此外，还需要加强对叶蝉、飞虱、螟虫等害虫的防治，减少害虫对水稻植株造成的伤害，这也有助于控制病害的发展。

六、水稻粒黑粉病

水稻粒黑粉病，也被称作黑穗病、稻墨黑穗病或乌米谷，属于一种由真菌引起的病害。这种病害主要出现在中国长江流域及其以南的地区。自 20 世纪 70 年代中期杂交稻开始广泛种植以来，这一病害的发生有所增加，尤其是在杂交稻的制种田中，受害情况更为严重。在普通年份，受病害影响的稻谷比例为 5% ～ 20%，而在疾病流行的年份，这一比例可能会升至 40% ～ 60%，严重损害了种子的产量和品质。

（一）危害症状

水稻在遭受侵害后，受影响的穗部可能只有几粒病谷，也可能多达几十粒。这些病变的米粒可能完全或部分遭到破坏，转化为青黑色的粉末状物质，这实际上是病原的冬季形态：冬孢子。病状可分为 3 类：第一种情况，谷粒外观颜色不变，但在外颖的背线附近的护颖处会裂开，露出赤红色或白色的舌状物（指病谷的胚胎和胚乳部分），这些部分常会黏附有散落的黑色粉末；

第二种情况，谷粒外观颜色不变，在内外颖之间会裂开，露出圆锥形的黑色角状物，这些角状物在破裂后会散发出黑色粉末，并黏附在颖口处；第三种情况，谷粒会变成暗绿色，内外颖之间不会裂开，籽粒发育不充分，呈现与青稻谷相似的外观，有的变为焦黄色，触感松软，将这些病谷用水浸泡后，谷粒会变黑。

（二）病原与感染特点

病害的病原属于真菌界担子菌门下的腥黑粉菌属。病原中的厚垣孢子在不同时间段达到成熟状态。这些厚垣孢子呈近球形，颜色为深棕色，表面有齿状的突起。

病原依靠土壤及种子内外的厚垣孢子过冬。这些孢子具有很长的寿命，在贮存条件下的种子能够存活 3 年。它们对高温具有较强的抵抗力，即使在 55 ℃的热水中浸泡 10 分钟后仍能保持活性。过冬后的厚垣孢子在次年的适宜温度（20 ℃以上）条件下萌发，并产生担孢子，这些担孢子通过空气传播，侵入处于开花和灌浆阶段的水稻穗、花部或幼颖，并在谷粒内部繁殖，最终在谷粒中形成新的厚垣孢子，导致谷粒转变为黑粉状。水稻从抽穗到乳熟期，尤其在扬花阶段，遭遇连续降雨天气时更易发病。在杂交稻制种田内，稻粒黑粉病的发生程度与不育系（母本）的抗病性有较大的相关件，而与父本的关系不太明显。不育系的开花期颖壳张开角度较大，开放时间较长，柱头较大，外露率较高，因此更易受病。气候条件是影响病害发生的关键因素，温暖且阴湿的环境有利于病害的发生。病菌孢子的萌发和侵染的最适宜条件为连续的阴雨天气，且温度维持在 25 ～ 30 ℃。位于山垄的田地因为日照少、露水持续时间长，所以病害发生较为严重。此外，过量或过晚施用氮肥、田间阴影较多、湿度较高、茎部和嫩叶较为柔软的条件，也有利于病菌的侵染。

（三）防治策略

水稻粒黑粉病的防治应综合采用减少菌源、强化栽培管理，并辅以药剂防治的方法，形成全面的防控策略。

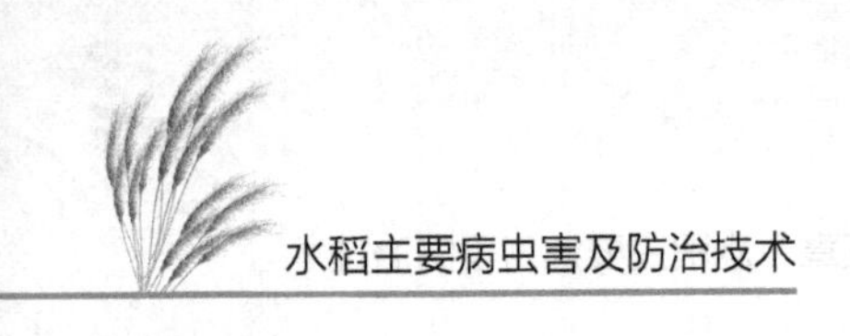

1. 农业防治

（1）减少菌源

为减少水稻病害菌源，需要实施一系列措施。首先，通过严格的检疫制度阻止带病稻种传入无病地区，是控制病害传播的基础。其次，制种田应实行轮作，以减少土壤中菌量的积累。推荐从无病田留种以保证种子的健康，若需从病田留种，则必须对种子进行严格处理。这包括使用 10% 盐水进行种子选择，以淘汰带病的种子，随后使用 50% 多菌灵可湿性粉剂或 1% 石灰水进行种子浸种。最后，粪肥应充分腐熟后才能使用，以防未腐熟的有机物质引起新的病害问题。

（2）加强栽培管理

收获后进行深耕作业，可以有效地将病菌深埋土中，减少其在表层的生存机会。在施肥方面，应合理调配氮肥、磷肥、钾肥的使用，避免偏施或延迟施用氮肥，以促进作物均衡生长。同时，适时进行晒田操作，从而增强土壤的通气性和控制病害，后期则应实行干湿交替管理，以优化作物的生长环境。此外，对于杂交稻的制种田，适当提前亲本的播种期，可以避免花期与低温阴雨天气相遇，从而减少因天气不利带来的影响。

2. 化学防治

建议在水稻破口期和盛花期各进行 1 次药物喷施，以有效控制和预防病害的发展。在这些关键时期，一些常用的药剂包括 50% 多菌灵可湿性粉剂、70% 甲基硫菌灵可湿性粉剂和 17.5% 烯唑 · 多菌灵可湿性粉剂。这些药剂的应用有助于减少病害对作物的影响，保护水稻在关键生长阶段的健康。通过定期喷施这些有效的药剂，可以显著提高作物的抗病能力，确保水稻的生长和产量。

七、水稻恶苗病

水稻恶苗病，也被称作徒长病或白秆病，是一种在全球所有水稻种植区普遍存在的病害，尤其在东南亚国家较为常见且危害严重。在菲律宾和圭亚那，这种病害被称作“男稻”。在中国，这种病害被称为徒长病，俗名“公稻子”，

在广东、广西、湖南、江西、云南、辽宁、陕西和黑龙江等省份较为普遍且病害较为严重。水稻从秧苗期到抽穗期都可能遭受水稻恶苗病的侵袭，主要表现为秧苗和成熟植株的徒长，受病的秧苗经常枯萎死亡。即便有少数秧苗能够抽穗并结实，但其穗小、粒少且谷粒不饱满，对产量的影响极为显著。田间的病株比例在 0 ~ 3%，但在一些重病田中，病株比例可超过 40%，导致产量减少 10% ~ 40%，在某些年份，水稻恶苗病甚至可能成为水稻生产的重大威胁。

（一）危害症状

水稻恶苗病能够在水稻的苗期至穗期发生，专门侵害水稻。受病害影响的稻谷往往无法发芽，即使发芽也会夭折。病害较轻时，从受影响的种子中生长出的幼苗会比健康苗高且更加纤细，整个植株呈淡黄绿色，叶片较窄且较长，叶片的展开度较广，根毛较少。

在本田期间，移株后半月到 1 个月会出现病株，其症状与苗期相仿，植株分蘖减少或不分蘖，节间长度显著增加，节部从叶鞘中伸出，地表的茎节处会生长大量倒生根。剥开叶鞘时，可以看到茎上的暗褐色条纹。对病茎进行剖开检查，内部可见白色的丝状菌丝。茎节会逐渐发生腐烂，叶片枯萎，在即将死亡植株的叶鞘和茎秆上可发现淡红色和白色的粉末状物质（即病菌的分生孢子）。晚期会产生蓝黑色的小点状结构（子囊壳），这一现象在南方的一些稻区中可以见到。受害的稻谷粒会变成褐色。

（二）病原与感染特点

该病害由一种真菌引起，其生殖周期包括有性阶段的子囊菌和无性阶段的镰刀菌。无性繁殖阶段产生的分生孢子分为大型和小型两种。该病原的菌丝生长最适温度为 25 ~ 30 ℃，而侵害寄主的理想温度为 35 ℃。在 31 ℃时会诱使植株徒长，表现最为明显。在 25 ℃和水滴存在的条件下，分生孢子能在 5 ~ 6 小时内萌发。在新陈代谢过程中，该病菌会产生赤霉素和镰刀菌酸等物质，其中，赤霉素会导致水稻徒长并抑制叶绿素的生成。这种病害的初次感染源主要是带有病菌的种子，其次是被病菌污染的稻草。病菌可以通过分生孢子附着在种子表面，或者以菌丝体形态隐藏在种子内部过冬。种子在浸种过程中，分生孢子可能会污染种子并传播病害。稻草中的菌丝体和分生

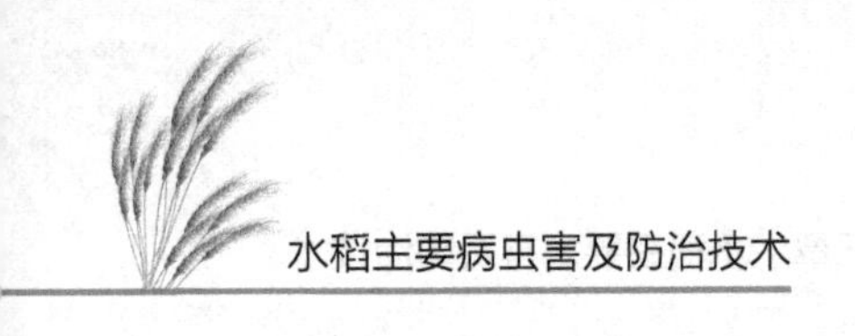

孢子在干燥条件下能存活 2 ~ 3 年，而在潮湿的土壤中存活期较短。播种带菌种子或使用带菌稻草覆盖以促进种子发芽时，病菌通过萌发的稻种芽鞘侵入，导致幼苗发病。病苗上产生的分生孢子能传播至健康植株，通过基部的伤口引起再次侵染。在病害后期，本田的水稻恶苗病使下部叶鞘和茎部产生分生孢子。分生孢子通过风和雨进行传播，当水稻开花时，分生孢子传播至花器进行再次侵染，通过内外颖壳部位侵入颖片组织和胚乳，导致种子携带病菌。水稻在抽穗开始的前 3 个星期内最易感染。

（三）防治策略

水稻恶苗病的初侵染源主要是带病种子，因此，防治策略应主要包括选用无病种子和进行播前种子处理。

1. 农业防治

（1）选留无病种子

为防控病害，应采取严格的种子选择措施，确保不从病害发生的田块或其附近留种。建议建立专用的无病留种田，并在其中栽培抗病品种，同时避免使用易感病害的品种。一旦在留种田或附近的普通生产田中发现病菌或病株，应立即拔除，防止病害的传播和蔓延。此外，为确保种子的纯净与安全，留种田的收割、脱粒和储存应该分开进行，采取单独作业的方式，从而最大限度地减少病害的风险。

（2）种子处理

在种子处理过程中，建议使用多种有效的化学剂来进行浸种或种子包衣，以提高种子的抗病性并保护幼苗健康成长。浸种可选择的药剂包括 25% 氰烯菌酯悬浮剂、25% 咪鲜胺乳油、6% 戊唑醇微乳剂或 15% 噁霉灵可湿性粉剂。此外，种子包衣可使用 0.5% 咪鲜胺悬浮种衣剂、70% 噁霉灵种子处理干粉剂、0.25% 戊唑醇悬浮种衣剂或 25 克 / 升咯菌腈悬浮种衣剂。这些处理方法能够有效地防止病原侵染种子，为种子提供一个健康的起始环境，从而提高作物的生长质量和产量。

（3）栽培管理

在播种前进行催芽的过程中，应确保催芽时间不过长，避免在下种时由

于种子已发芽而易受伤害。此外，播种应尽量采取稀播的方式，以培育更加壮健的秧苗。在拔秧和移栽时，应注意尽量减少对根系的伤害，并避免在中午高温期间进行插秧作业，以保护秧苗的活力。在农业实践中，还提倡“五不插”的原则，包括：不插隔夜秧，以避免因秧苗长时间暴露而减弱生长势；不插老龄秧，因为老龄秧苗适应力和生长潜力较差；不插深泥秧，以防秧苗在过深的泥土中生长不良；不插烈日下的秧，避免高温对秧苗的负面影响；不插经过冷水浸泡的秧，因为低温水可能抑制秧苗的生长。遵循这些原则有助于保证秧苗的健康成长，从而提高整体的种植效果和作物产量。

（4）消灭菌源

为有效控制病害的传播，应及时拔除病苗和病株，并妥善处理病态的稻草。处理方法包括将病稻草集中烧毁或用于沤制肥料，确保不将病稻草露置堆放，以避免病菌散播。此外，应避免使用病态稻草及其编织物来覆盖秧苗或堵塞水口等。这些做法有助于减小将病态稻草返回田间的概率。通过这些措施，可以显著降低病菌在田间的传播和积累。

2. 化学防治

在水稻恶苗病的化学防治中，有几种常用的药剂效果显著，包括25%咪鲜胺乳油、16%福·甲·咪鲜胺种子处理悬浮剂、30%苯甲·咪鲜胺悬浮种衣剂、3%咪·霜·噁霉灵悬浮种衣剂、0.25%戊唑醇悬浮种衣剂及35克/升咯菌·精甲霜悬浮种衣剂等。这些药剂用于处理种子或作为种衣剂使用，能有效预防和控制水稻恶苗病的发生。

八、水稻叶鞘腐败病

水稻叶鞘腐败病，通称鞘腐病，属于水稻重要病害之一。该病害于1922年在中国台湾首次被记录。随后，日本，南亚及东南亚的稻米生产国也报告了此病的发生。在中国，主要在长江流域及其南部地区较为常见，特别是中稻和晚稻的后期受害更为严重。杂交稻及其制种田中的发生率也相当高。水稻叶鞘腐败病主要发生在孕穗期的剑叶叶鞘上，通常导致空壳率上升、千粒重减轻和米质恶化，严重损害水稻的产量和品质。在病害流行的年份，产量

可减少 10% ~ 20%，在严重的情况下甚至超过 50%，还有些田块可能完全绝收。

（一）危害症状

在水稻的孕穗期，剑叶叶鞘上会出现病斑，最初呈暗褐色，逐渐扩散形成较大的云纹状病斑。这些病斑的边缘为深褐色，而中心颜色较浅。在病害加剧的情况下，病斑可能会遍及整个叶鞘，导致幼穗全部或部分发生腐烂，进而引发半抽穗或不抽穗的现象。即便有些植株能够正常抽穗，其剑叶叶鞘也会变成紫褐色，外观上呈现出“紫秆”的特征。在湿度较高的环境下，病穗的颖壳和叶鞘内壁上会生长出白色的霉菌，这是由病原的菌丝形成的。

（二）病原与感染特点

病害的病原属于真菌界的半知菌类，归类于顶柱霉属。这些病原在残留的稻草和稻桩中过冬，并于次年侵入水稻植株。病原的理想生长温度大约为 30 ℃。不同的水稻品种，对病害的敏感性存在显著差异，尤其在水稻生长的后期，当植株生长势较弱时，病害的发生尤为严重。通常，那些施用氮肥较多、容易倒伏的品种较易发病；在孕穗期受到螟虫侵害的水稻植株，同样更容易受到此病害的影响。

（三）防治策略

水稻叶鞘腐败病的防治策略应侧重于预防，主要通过选用抗病品种结合有效的农业栽培管理措施来实施。此外，药剂防治作为辅助手段，也应纳入综合防控措施中。

1. 农业防治

（1）选用抗性品种

在选择水稻品种时，应特别考虑抗病性，因为不同品种之间的发病率存在显著差异。根据各地的具体条件，应选用适应当地环境、具有高产和抗病性的品种。推荐选栽早熟、穗颈长、抗倒伏和耐病的品种，同时逐步淘汰那些易感病的品种。对于早稻，可以选择浙辐 862、原丰早、二九丰、四梅四号、沪南早等抗病品种；而晚稻则可以考虑加湖 5 号、农试 4 号等品种。

（2）清理病原

为有效管理水稻病害，需要清除田间的病株残体。对于上年度发病的地块，应及时处理病稻草；在病害严重的稻田中，也需要及时清除稻草残体及田间的稻茬。如果稻株残体被用来制作堆肥，则必须确保其充分腐熟后再施用到田地中。此外，还应铲除田边和水沟边的杂草。这些措施有助于减少病害源，防止病害的传播和复发。

（3）加强田间管理

为增强水稻植株的抗病力，需加强田间管理并采取健身栽培措施。实施科学的测土配方施肥策略，均衡施用氮肥、磷肥、钾肥，避免氮肥的偏施或过量施用，确保分期施肥以防止作物后期脱肥和早衰现象。对于砂性土壤，适当增加钾肥的使用量，有助于促进水稻健壮生长并增强其抗倒伏能力。在杂交稻制种田中，应及时对母本喷施赤霉素，以防止颈穗现象，促进其正常抽穗。对于易倒伏的品种，应及时进行排水和晒田操作，以降低田间湿度。对于易积水的田地，需要开设深沟以排除多余水分，而一般田块则应实行浅水勤灌并适时进行晒田，确保植株健康生长，避免后期“贪青”现象。

（4）治虫防病

田间管理应考虑当地的气象条件和虫情预测，根据这些信息及苗情进行及时的喷药防治。特别是当田间出现飞虱和螟虫等害虫时，必须迅速采取防治措施。这是因为害虫的活动可能会在植株上造成伤口，进而诱发病害。

2. 化学防治

在防治水稻病害的过程中，种子消毒是一个重要的步骤，旨在减少病原的源头。推荐使用 25% 咪鲜胺乳油进行种子浸种，这有助于提前防控植株病害。水稻从破口期到齐穗期是施药的关键时期，因此应特别注意在这一时段使用适当的药剂。常用的药剂包括 25% 咪鲜胺乳油、25% 丙环唑乳油和 300 克 / 升苯甲 · 丙环唑乳油等。

九、水稻霜霉病

水稻霜霉病，也被称作黄化萎缩病，广泛发生于东北及南方的稻米种植区。

（一）危害症状

水稻在秧苗期遭受病害影响时，叶片颜色变浅，当逆光观察叶片时，可以看到淡绿色的斑纹。受病害影响的植株略显矮小，病叶变厚且展开角度增大。在转移到大田后，受病植株的矮化现象更为明显，病株的高度仅为健康植株的一半左右。病株的叶色较浅，尤其是心叶的病害更为严重，表现为黄绿色或黄白色，开始时出现黄白色的圆形或不规则形状的条纹或条斑，随后下部叶片逐渐枯萎死亡。当一株植株发病后，其分蘖产生的稻株也会全部表现出症状，生长受阻，颜色变浅。受害的叶鞘略微膨胀，表面出现不规则的波纹、皱折或弯曲。在严重受害的情况下，病株会在早期阶段死亡。

（二）病原与感染特点

病害的病原是属于真菌界中的指疫霉属霜霉病菌。当叶片上的病菌密集时，会形成白色粉末状物，由病菌的孢子囊构成，能够产生能游动的孢子，这些孢子接触到植物的幼芽时能够侵入植物体内。病菌的卵孢子能在土壤中存活达 5 年，卵孢子的萌发也会形成孢子囊。霜霉病菌主要通过卵孢子在寄主的病残体或土壤中过冬，次年通过萌发侵入幼苗。在温度和湿度条件适宜时，特别是在大雨或洪水之后，会产生游动孢子进行侵染，尤其容易在芽鞘期刚开始发芽时侵入。病菌通过水流传播和扩散。病菌侵入植物体后，形成的所有分蘖通常都会发病，从侵染到发病大约需要 14 天时间。病菌的最适生长温度为 20 ℃。除了水稻，霜霉病菌还能侵害大麦、小麦、玉米、黑麦等作物及禾本科的杂草。淹水是引发这一病害的一个重要因素，此病多在大雨造成水淹之后发生，低洼潮湿的田地较易发病。水稻的秧田期和淹水后的本田期发病较为常见，水温低于 10 ℃时不会发病。如果病区中禾本科杂草较多，发病率就会较高。由于病菌不适应高温环境，因此春季随着温度升高病害会逐渐停止发生，但到了秋季温度降低到一定程度时，病害又会开始出现，而夏季的高温则会抑制病害的发生。

（三）防治策略

1. 农业防治

（1）水旱轮作

实行水旱轮作对于优化土壤健康和控制病害非常有效。在此策略中，建议增加有机肥的使用量，同时减少化肥的使用，确保施肥的平衡性，特别是避免氮肥的偏施。此外，对于曾出现病害的田块，避免进行水稻连作是推荐的做法，以减少病害的复发。

（2）修缮排水系统

选择地势较高的田块作为秧田，并致力于改善稻田的排灌系统，包括建设良好的排水沟，是管理水稻田的有效措施。在水稻的生长期间，应避免对秧田及本田进行深灌或使田块淹水，因为这可能导致病害通过水传播。

（3）选留无病种子

在管理过程中，应及时拔除任何发病的植株，将其集中处理，可选择堆肥化或烧毁，以控制病害的蔓延。这些措施有助于维持田间健康，防止病害影响作物的生长和产量。

2. 化学防治

在化学防治方面，使用 0.1% 硫酸铜溶液对稻种进行浸种 6 ~ 8 小时是一个有效的方法，这可以在稻种发芽期保护其不受病菌侵入。对于常年容易发生病害的区域和经常遭受大水淹没的秧田，推荐使用几种化学药剂进行防治。这些药剂包括 25% 甲霜灵可湿性粉剂、66.5% 霜霉威盐酸盐水剂及 80% 烯酰吗啉水分散粒剂。

第二节　水稻病毒性病害

一、南方水稻黑条矮缩病

南方水稻黑条矮缩病的显著特点包括疾病的强烈暴发性、迅速的扩散能力及广泛的影响范围，其传播主要依靠白背飞虱，这是一种新型的病毒性水稻病害，会对作物造成极大损害。在病害的早期阶段，往往难以被察觉。但当病害症状变得显著时，通常意味着已经造成了严重的危害。水稻一旦感染，其根系功能将受损，叶枕间距减小，在茎秆上会形成蜡质物，植株表现为瘦弱或矮缩，结实率低，谷粒不充实，最终可能导致产量下降 20% ~ 50%。

（一）危害症状

该疾病的典型症状包括分蘖数量增加、叶片变短变宽并显得僵硬，整个植株身材变矮，叶色转为深绿。在叶背的叶脉和茎秆上会出现乳白色或蜡白色的条纹，这些条纹随后会变成褐色的短条形瘤状隆起。植株高位的分蘖和茎节部位可能会出现倒生的须根，且植株不易抽穗或仅形成小穗，导致结实质量下降。剑叶或上部叶片可能会出现凹凸不平的皱折，某些稻株的高度大约只有健康植株的 2/3，呈现半充实的穗状。在不同的生长阶段，感染后的症状会有所差异。例如，在苗期感染时，心叶的生长会显著放缓，叶片会变得短而宽、僵硬且颜色深绿，叶脉上会出现不规则的蜡白色瘤状突起，后期这些突起会变成黑褐色，根系发育不良，植株矮小，并且不会抽穗，常常会提前死亡。在分蘖期感染时，最新生长的分蘖首先显示症状，主茎和早期分蘖可能仍能长出短小的病穗，但这些病穗通常隐藏在叶鞘内。在拔节期感染，剑叶会变得短而宽，穗颈缩短，且结实率降低。

（二）病原与感染特点

南方水稻黑条矮缩病毒，隶属于呼肠孤病毒科的斐济病毒属。在自然环境中，白背飞虱作为该病毒的主要传播媒介。在实验环境下，灰飞虱的传播效率极低，而褐飞虱和叶蝉则无法传播该病毒。此外，南方水稻黑条矮缩病毒并不通过种子传播。一旦白背飞虱携带了该病毒，它将终身带毒，其幼虫的传毒能力超过成虫。在白背飞虱体内，病毒不能通过卵传播，因此白背飞虱后代只能通过取食病植株获得病毒。白背飞虱幼虫的获毒饲育时间为 5 ~ 10 分钟，而从取食到表现出传毒能力的循环周期为 3 ~ 5 天。

（三）防治策略

1. 农业防治

南方水稻黑条矮缩病的农业防治策略包括多个方面：首先，选择抗病品种种植是基础。其次，应加强水稻的磷肥、钾肥使用，并适当施用锌肥，同时注意氮肥的使用量必须适度。过量的氮肥会使水稻颜色过绿，这可能吸引稻飞虱，从而增加水稻感染黑条矮缩病的风险。此外，推广使用防虫网覆盖育秧区可以有效阻止虫害。还需要及时拔除田间的病株，防止病害扩散。最后，及时清除田边的杂草，以减少害虫和病菌的潜在栖息地。

2. 生物防治

灰飞虱的天敌众多，包括寄生蜂、黑肩绿盲蝽和瓢虫等。此外，蜘蛛、线虫和菌类也会对灰飞虱的数量产生显著的抑制效果。通过有效保护和利用这些天敌，可以有效预防灰飞虱的发生及其带来的损害。这种生物防治策略，不仅能够减少灰飞虱的数量，还能为生态系统的平衡提供支持。

3. 化学防治

（1）药液浸种或拌种

使用 10% 吡虫啉可湿性粉剂 300 ~ 500 倍液进行浸种处理，时间为 12 小时，或者在稻种催芽露白后，采用 10% 吡虫啉可湿性粉剂 15 ~ 20 克 / 千克的比例进行拌种，种子需等到药液完全吸收后再进行播种。这样的处理可以有效减轻稻飞虱在秧田前期对稻苗的传毒影响，从而保护其健康成长。

（2）药剂防治

该病害主要通过稻飞虱的传播造成。为降低病害的流行风险，必须适时使用速效杀虫剂进行喷施，以减少虫口数量。防治工作重点应放在两个关键时期。一是在秧田期，从秧苗稻叶开始展开至拔秧前 3 天，应酌情喷施杀虫剂，俗称“送嫁药”；二是在本田期，即水稻移栽后 15 ~ 20 天，推荐使用以下药剂：每亩使用 25% 吡蚜酮可湿性粉剂 16 ~ 24 克、10% 吡虫啉可湿性粉剂 40 ~ 60 克、25% 噻嗪酮可湿性粉剂 50 克。这些药剂应与 40 ~ 50 千克水兑匀后均匀喷雾。

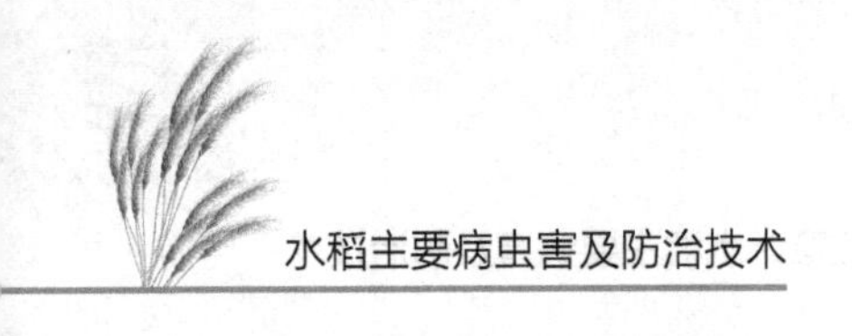

二、水稻矮缩病

水稻矮缩病，也被称为普通矮缩病或青矮病，最早在1883年于日本被识别，并且目前在日本、朝鲜及中国都有广泛的分布。关于这种病害在中国的文献记录可以追溯到20世纪30年代，那时它被称作鸟巢病。自从20世纪60年代开始大规模种植矮秆品种之后，这种病害在长江以南的大多数省份、自治区和直辖市中日益严重，尤其是在双季稻区的晚稻季节。特别是在1969—1973年，江苏和浙江地区曾遭受严重的疫情，而近些年疫情有所减轻。云南因地理条件复杂，病害的发生在不同地区及年份会有波动，且有些地区持续不断地受到影响。湖南、江西、福建等地至今仍广泛存在此病害。自2007年以来，广东粤北地区也出现了此类病害的报告。

（一）危害症状

该病害的典型表现为植株矮小且僵硬，呈现出浓绿色。新长出的叶片沿着叶脉会出现连续的褪绿白色小点，这些小点沿叶脉排列，形成了虚线状的斑纹。在水稻的幼苗阶段遭受感染时，分蘖数量减少，移栽后植株会枯死。然而，大部分受感染的植株在分蘖数量上会有所增加，形成簇状。在分蘖前期受到感染的植株无法进行抽穗和结实，而在后期受到感染的植株虽能抽穗，但结实情况不佳。

（二）病原与感染特点

该疾病的病原是水稻普通矮缩病毒，病毒粒子形状为球形正二十面体，其直径大约为70纳米（长轴大约75纳米，短轴大约66纳米）。病毒粒子的表面共由180个结构单元组成，含有双链RNA，其含量大约占11%。通过微量注射法进行测试，发现在病叶压榨液中，病毒的稀释极限为1×10^{-4} ~ 1×10^{-3}；在携带病毒的虫卵中，病毒的稀释极限为1×10^{5} ~ 1×10^{6}。该病毒的失活温度为45 ℃，持续10分钟，能在0 ~ 4 ℃下保持侵染性达48小时，至72小时时失去侵染性；将病叶或携带病毒的虫子在–35 ~ –30 ℃下冷冻存储1年，病毒仍能保持其侵染性。

（三）防治策略

该病的防治关键是在黑尾叶蝉迁飞高峰期及水稻主要感病期进行治虫和采取防病措施。同时，强化农业防治措施也是必要的。通过这种综合管理策略，可以有效地控制病害，达到良好的防治效果。

1. 农业防治

（1）选用抗、耐病品种

选择抗病或耐病的水稻品种是有效的防病策略。虽然目前尚无高度抗病品种，但不同品种间的抗病性存在显著差异。因此，建议各地根据当地的具体条件，选择相对更抗病的品种进行种植。

（2）调整种植结构

调整种植结构是防控病害的一个有效方法。避免连片种植生育期相近或相同的品种，并且不进行“插花田”的种植。这样可以有效减少传病介体在田间的往返迁移，从而减少病害的传播机会。

（3）加强管理

强化水稻秧田的管理，重点在于及时清除田间杂草，这也是控制病害的关键措施。建议尽可能避免在重病田附近种植，并实行集中育苗管理。这样的做法能够有效减少病害的感染机会，提高秧苗的健康程度，从而为水稻的良好生长创造更加有利的条件。

2. 化学防治

在水稻的化学防治中，关键时期包括第二代和第三代成虫的迁飞期。在这一阶段，应特别注意要保护连作晚稻秧田，同时在收割早稻时同步进行治虫操作，并对本田田边进行封锁处理。此外，早插本田在插秧后也应进行喷药防治。对于越冬代成虫的迁飞盛期，重点应放在早稻秧田和早插本田内的传毒介体防治。在第一代若虫孵化盛期，也需要关注迟插的早、中稻秧田内传毒介体的防治。水稻治虫药剂的选择和应用与控制黑尾叶蝉的药剂用法用量一致。

三、水稻条纹叶枯病

水稻条纹叶枯病最早于1897年在日本被发现，到1980年，此病已在日本全境广泛传播。此外，该病在中国、日本、朝鲜、韩国及苏联的东部地区也有广泛分布。在韩国，此病在20世纪60年代中期曾暴发流行，并在2000年前后在该国的中部和南部地区再次暴发。在中国，自1963年江苏南部首次发现此病之后，它已在全国范围内的多个稻作区域广泛传播。到20世纪90年代，江苏、安徽、上海、山东、云南和辽宁等地频繁出现此病害。

（一）危害症状

水稻从苗期到孕穗期的任何阶段都有可能感染病害，尤其是苗期到分蘖期的阶段最为易感。在早期阶段，受感染的植株会在心叶（苗期）或下一片叶子的基部（分蘖期）出现与叶脉平行的不规则的褪绿斑块或黄白色条纹。不同的水稻品种对病害的反应各不相同，糯米、粳稻和高秆籼稻的心叶可能会变为黄白色，变软、卷曲下垂，形成枯心苗。而矮秆稻品种则不会形成枯心苗，而是出现黄绿相间的条纹，分蘖数量减少，受感染的植株可能会提前枯死。心叶一旦死亡，被感染的品种就会形成所谓的枯心苗。若在苗期感染，往往会导致稻苗全部枯死。如果在分蘖期发生感染，则植株的分蘖数量会减少，病害首先会在心叶的下一片叶子的基部出现褪绿的黄斑，随后这些斑点会扩展，形成不规则的黄白色条纹，而老叶通常不会表现出症状。重度感染的植株大多会死亡，产生的穗子畸形或不结实。

（二）病原与感染特点

水稻条纹叶枯病由水稻条纹叶枯病毒引起，这是一种单链RNA病毒，属于纤细病毒属的一个典型种类。病毒粒子呈丝状，其大小为400纳米长和8纳米宽，这些粒子散布在水稻的细胞质、液泡和细胞核内，形态多样（如颗粒状、沙状或其他不定型的集块），称为内含体，看起来像许多丝状体纠结在一起。病叶的汁液稀释终点在1×10^{-4} ~ 1×10^{-3}，其钝化温度为55 ℃持续3分钟，在−20 ℃以下的环境中体外保毒期（病态的稻谷）可达8个月。病毒主要通过灰飞虱传播，白脊飞虱、白带飞虱、背条飞虱也能进行传播。在灰飞虱中，能够传播病毒的个体所占的比例在14% ~ 54%。介体昆虫吸取病态水稻后获得病毒，病毒进入虫体后需7 ~ 10天的循环期才能传播病毒，而病毒感染水稻后需要10 ~ 15天的潜伏期。介体昆虫在获毒后的1 ~ 2周

内传毒能力最强，最短的传毒时间为 3 分钟。相较于幼年若虫，老熟若虫和刚羽化的成虫有更强的传毒能力，雌虫比雄虫传毒能力更强。卵传毒率在 42% ~ 100%，卵传毒主要来自雌虫，恰好在产卵前获毒的子代若虫在经过循环期后，可在孵化当天开始传毒，直至其生命周期结束。灰飞虱具有较强的耐低温能力，冬季的低温对其越冬的若虫影响不大，在辽宁的盘锦地区也能安全越冬，不会出现大量死亡。除水稻外，病毒的自然宿主还包括小麦、玉米、谷子、狗尾草、看麦娘、马唐、画眉草等植物。

（三）防治策略

水稻条纹叶枯病的防治策略聚焦于“治虫防病”。实施此策略时，需要采取多方位的综合防治措施，包括切断病毒传播源、治理秧田以保护成熟大田，以及在生长的早期阶段进行积极治理，从而在后期阶段提供更好的保护。

1. 农业防治

（1）调整耕作制度和种植布局

为了有效控制灰飞虱的传病活动，需要调整稻田的耕作制度和作物布局。成片种植的策略有助于阻止灰飞虱在不同季节，不同熟期的早、晚季作物之间的迁移和传播病害。在灰飞虱重发地区，应考虑压缩早播早栽的面积，并推迟水稻的播栽期，以使水稻在秧苗期能够尽量避开灰飞虱第一代的迁人高峰期。此外，早稻和单季稻的苗床应设置在远离麦田的地方，而双季晚稻的苗床则应避开病情较重的稻田区域。通过这些措施，可以有效减少灰飞虱的传播，保护水稻免受病害侵袭。

（2）种植抗、耐病品种

推广种植具有较好抗性的水稻品种是控制病害的有效策略。根据不同地区的具体条件，可以选择适宜的抗、耐病品种，以提高作物的抵抗力和生产效率。一些推荐的品种包括郑稻 19、新稻 25、南粳 46、南粳 9108、大粮 207、津粳 253、津稻 263、中国 91、徐稻 2 号、宿辐 2 号和盐粳 20 等。这些品种已被证明具有较好的抗病性，能够有效减少病害的发生和扩散。

（3）调整播种日期

调整播种和移栽时间，以避开灰飞虱的迁飞期是减少该害虫影响的重要策略。在收割麦子和早稻时，应采取措施使作业方向远离秧田和大田稻苗，从而降低灰飞虱迁飞到这些区域的可能性。此外，加强田间管理并促进分蘖是必要的。在冬季前后，应彻底清除田间地头和渠沟边的禾本科杂草，这可以有效减少灰飞虱的发生量和其带毒率。秋季水稻收获后，进行翻耕和灭茬操作，以压低灰飞虱的越冬基数，减少作为传毒媒介的初期灰飞虱数量。

2. 物理防治

推广使用防虫网和无纺布覆盖育秧技术，结合在秧田或大田周围设置诱虫板等物理防治措施，是防止灰飞虱迁入和传播病毒的有效策略。这些理化诱控方法可以显著降低灰飞虱对水稻的损害。防虫网和无纺布不仅能物理隔离灰飞虱，减少其与作物的直接接触，还能改善作物生长环境，增强植株本身的抵抗力。此外，通过设置诱虫板等装置，可以吸引并捕捉周围的飞虱，进一步减少其数量，有效控制病虫害的扩散。这些措施结合使用，能够为水稻提供全面的保护。

3. 生物防治

生物防治是有效控制灰飞虱的策略之一，涉及利用多种寄生性和捕食性天敌。这些天敌包括寄生蜂、黑肩绿盲蝽和瓢虫，以及蜘蛛、线虫和菌类，它们在抑制灰飞虱的发生中起到了重要作用。通过保护和合理利用这些天敌，可以显著降低灰飞虱的数量，减少其对作物的损害。有效的生物防治不仅能增强生态系统的健康，还能减少对化学防治方法的依赖，有助于实现可持续的农业发展。

4. 化学防治

科学用药是预防和控制水稻条纹叶枯病的关键措施，特别是在灰飞虱的防治中。实施这一策略需要遵循“治麦田保秧田、治秧田保大田、治大田前期保大田后期”的防治步骤，确保对灰飞虱的全程控制。这种方法涉及在灰飞虱活动的不同阶段采取针对性的措施，从而最大限度地减少其对水稻生长的影响。

在选择农药时，应采用速效药剂与长效药剂的结合策略，以提升防治效果。例如，在秧田成虫防治中，可以组合使用具有快速作用的药剂，如异丙威、敌敌畏，以及具有持久效果的药剂，如吡虫啉、噻嗪酮。这种策略不仅

提高了防治效果，还有助于管理灰飞虱的活动。为防止灰飞虱产生抗药性，还应注意药剂的交替使用。此外，开展药剂拌种也是一个有效的防治措施，如使用 48% 毒死蜱长效缓释剂或 20% 毒·辛乳油，按种子量的 0.1% 进行拌种，可达到 50% 以上的防效。在秧田和大田的防治中，每亩推荐使用药剂包括：10% 吡虫啉可湿性粉剂 20 ~ 30 克、25% 噻嗪酮可湿性粉剂 20 ~ 30 克、50% 吡蚜酮可湿性粉剂 15 ~ 20 克、5% 烯啶虫胺可溶性粉剂 15 ~ 20 克、25% 噻虫嗪水分散剂 2 ~ 5 克、20% 异丙威乳油 150 ~ 200 毫升、80% 敌敌畏乳油 200 ~ 250 毫升等。在田间初次发现病株时，应在施药时每亩添加抗病毒药剂，如 50% 氯溴异氰尿酸可溶性粉剂 27 ~ 35 克、2% 宁南霉素水剂 4 ~ 6 克、20% 吗啉胍·乙铜可湿性粉剂 24 ~ 30 克、0.5% 菇类蛋白多糖水剂 0.5 ~ 0.6 克等。

第三节 水稻细菌性病害

一、水稻细菌性条斑病

水稻细菌性条斑病，也被称为细条病，属于水稻生产中一种关键的细菌性病害，并且是中国对水稻进行检疫时的重点对象。这种病害最早在 1918 年于菲律宾被发现，并且现在东南亚各国及非洲中部均有报告此病的发生。在中国，该病于 1953 年在珠江三角洲地区首次被发现，并且在华南地区的稻作区频繁发生。最近几年，长江流域的杂交晚稻也出现了大规模的疫情，使得该病成为华南及中南稻作区主要的细菌性病害之一。该病的危害已经超越了水稻白叶枯病，导致的产量损失为 5% ~ 25%，严重情况下可达 30% ~ 50%。

（一）危害症状

水稻细菌性条斑病主要攻击水稻的叶片，且在秧苗期便可观察到条斑型的特征症状。病斑最初表现为深绿色的水渍般半透明小点，随后这些斑点扩散形成黄褐色的细长线状或短虚线状条斑，这些条斑的宽度约为 1 毫米，长度可达 1 厘米。病斑的表面常会分泌出蜜黄色的露珠状菌脓，干燥后转变为黄色的树胶状小粒，这些小粒形成的虚线不容易脱落。当病害加剧时，这些条斑会融合成不规则的黄褐色至枯白色的大斑块，外观上与水稻白叶枯病相似，但在光线下可看到许多透明的细条。

（二）病原与感染特点

水稻细菌性条斑病的病原是稻黄单胞菌稻致病变种，属于薄壁菌门下黄单胞菌属的一种细菌。这种病菌以短杆状形态存在，尺寸约为 1.2 微米长和 0.3 ~ 0.5 微米宽，通常单独存在，偶尔成对出现，但不形成链状结构。病菌具有单根位于极端的鞭毛，具有运动能力，没有芽孢或荚膜，且在革兰氏染色中呈阴性反应，是一种需氧生物。水稻细菌性条斑病的病原在 25 ~ 28 ℃的温度下生长最为活跃。该病菌表现出较强的环境适应性，能够在 8 ℃的低温至38 ℃的高温下存活，但温度一旦达到51 ℃，病菌就将被迅速杀死。这表明，尽管病菌对温度具有一定的耐受性，但极端高温对其仍具有显著的致死作用。在营养琼脂培养基上，菌落呈淡黄色，圆形光滑，边缘整齐，凸起，具有黏性，斜面上呈线性生长。生理生化反应与水稻白叶枯病菌相似，但条斑病菌具有明显的特征，如能使明胶液化、牛奶凝固、阿拉伯糖产酸，对青霉素和葡萄糖的反应较为迟钝。病菌主要侵染水稻、陆稻、野生稻，也能侵染禾本科其他植物，如李氏禾等。病原根据在 IR26、南粳 15、Tetep、南京 11 等鉴别品种上的致病力不同，被分为强、中、弱 3 种毒力类型。病菌主要通过病态的稻谷和稻草越冬，成为次年的初侵染源。种子被感染后，病菌可以通过种子进行长距离传播。病菌主要通过灌溉水或雨水接触秧苗进行传播，并从植物伤口或气孔侵入植株，定殖于细胞间隙，然后纵向扩展形成条斑。病斑上溢出的菌脓主要通过风雨和水进行再侵染。田间病株通过农业操作也可能传播病害。

水稻细菌性条斑病的发生受水稻品种的抗病性、气候条件和栽培措施等多种因素的影响。品种间对病害的抗性表现出显著差异，通常常规稻品种比杂交稻品种更具抗病性，粳稻和糯稻比籼稻具有更强的抗病性。抗性较强的品种往往具有较低的叶片气孔密度和气孔开放度。高温高湿是该病害流行的主要环境条件，适宜的发病温度为 30 ℃。连续降雨等气候条件，尤其是台风和暴雨，是导致水稻细菌性条斑病大面积流行的主要因素。施用过量或延迟

施用氮肥、低洼积水地区、大雨淹没及不当的灌溉方式等都有利于病害的发生和扩散。

（三）防治策略

防治水稻细菌性条斑病应实施几项关键措施：加强检疫程序、选择具有抗病特性的水稻品种、优化肥水管理、确保及时施用农药以控制病害。

1. 农业防治

在农业防治中，应实行严格的检疫措施，特别是禁止从疾病流行区调运稻种和繁种，引进种子时必须执行严格的产地检疫，确保不引入带病种子。此外，根据当地的环境和气候条件选择抗病品种至关重要。例如，籼稻中的BJ1、IR26、特青2号、协优49、秀恢1号，以及粳稻中的武育粳2号、武育粳3号、R917、农垦57、六优1号等均为优良的抗病品种。同时，强化栽培管理和施肥策略也是防控病害的关键，应避免过量或不当时机施放氮肥，同时结合磷肥和钾肥，采用科学的配方施肥技术。还需避免串灌和漫灌，以防病害的传播。

2. 化学防治

在播种前，对种子进行消毒是关键步骤，推荐使用40%三氯异氰尿酸可湿性粉剂进行浸种处理，以确保种子在种植前得到充分的保护。秧苗发展到3叶期时，应及时施用药剂以保护幼苗免受病害侵染。在大田孕穗期间，建议进行1～2次的喷药处理，以防止病害的发生和传播。常用的防治药剂包括36%三氯异氰尿酸可湿性粉剂、50%氯溴异氰尿酸可溶性粉剂、20%噻菌铜悬浮剂、30%噻唑锌悬浮剂、1.2%辛菌胺醋酸盐水剂、60亿活芽孢/毫升的解淀粉芽孢杆菌水剂、0.3%四霉素水剂及80亿活芽孢/克的甲基营养型芽孢杆菌可湿性粉剂等。这些药剂各具特点，能有效控制多种病害，为水稻的健康成长提供必要的保护。

二、水稻白叶枯病

水稻白叶枯病，也被称作白叶瘟或过火风，属于中国水稻生产中三大经典病害之一，其在全国各主要稻作区广泛发生，危害程度不一。这种病害具有突发性强、传播迅速和危害严重的特点，导致的产量损失较大。受此病害影响的水稻会出现叶片干枯、谷物空壳率增加、米质变得松脆、千粒重减轻等情况。通常情况下，产量会减少 20% ~ 30%，在严重的情况下损失可超过 50%，有时甚至颗粒无收。

（一）危害症状

在水稻的整个生长周期中，植株都有可能遭受病害。其中，苗期和分蘖期的受害尤为严重。病害能够影响到植株的各个部位，但叶片是最容易受到感染的器官，表现为枯白色。在成株期，常见的症状类型包括叶缘型（叶枯型）、急性型（青枯型）、凋萎型、中脉型和黄化型等。当植株出现急性型和凋萎型的症状时，往往预示着水稻白叶枯病将会严重暴发。

叶缘型（叶枯型）表现为一种慢性症状，开始时病斑从叶缘或叶尖发起，形成暗绿色的水浸样短线状病斑。随后，病斑沿叶缘扩散，形成倒“V”形，最终在粳稻上病斑呈现灰白色，在籼稻上则为橙黄色或黄褐色。健康部分与病部之间的界限清晰，呈直线状（制稻品种或易感品种），而在粳稻或抗病品种上，病斑的边缘可能会呈现不规则的波浪形。在湿度较高的环境中，病部会流出黄色的菌脓，干燥后则形成菌胶。

急性型（青枯型）是一种快速发展的症状，特别是当环境条件适宜或在易感品种上出现时。感病的植株，尤其是在茎基部或根部受伤的情况下，叶片会出现失水和青枯的暗绿色，迅速向周围扩散，随后病部会变成青灰色或灰绿色，叶片迅速脱水，边缘出现皱缩或卷曲现象，整个叶片呈现青枯状态，病健部分没有清晰的界限。

（二）病原与感染特点

水稻白叶枯病由稻黄单胞菌稻致病变种引起，该菌属于薄壁菌门下的黄单胞菌属。这种病原具有短杆状的形态，两端钝圆，大小约为 1.0 ~ 2.0 微米长、0.8 ~ 1.0 微米宽，配有单个极生的鞭毛，长度在 6.0 ~ 8.0 微米。该菌能够游动，不具有芽孢和荚膜，但其菌体表面覆盖着 1 层胶状的分泌物。这是一种严格的好气性细菌，为呼吸型代谢，进行革兰氏染色会呈现阴性反应。在肉汁蛋

白琼脂培养基上，这种病原能够快速生长，形成的菌落通常为淡黄色，圆形，边缘整齐，表面光滑有光泽，呈圆顶黏稠状，能产生大量胞外多糖。这种病菌的生长温度范围广泛，在 17 ~ 33 ℃下均能活跃生长，其中最适宜的生长温度为 26 ~ 30 ℃。该菌株展现出了较强的环境适应性，在温度低至 5 ℃或高达 40 ℃时仍能存活。值得注意的是，病菌的耐热性与其是否被胶膜保护有关：当菌体被胶膜包裹时，致死温度为 57 ℃且需持续 10 分钟；若无胶膜保护，则致死温度为 53 ℃，同样需持续 10 分钟才能被彻底杀死。病菌主要侵染水稻，但在自然条件下也能侵染陆稻、野生稻，以及茭白、李氏禾、莎草等杂草，通过人工接种还可以侵染雀稗、狗尾草、芦苇、马唐等禾本科杂草。对于不同的水稻品种，病菌的致病力存在差异，进而被划分为不同的生理小种。在 20 世纪 90 年代之前，中国基于病菌在 IR26、Java 14、南粳 15、Tetep、金刚 30 这 5 个鉴别品种上的反应，将其分为 7 个致病型。近年，基于病菌在 IRBB5、IRBB4、IRBB3、IRBB14、IRBB1、IR24 这些鉴别品种上的致病反应，将其分为了 16 个小种。

（三）防治策略

为了有效防治水稻白叶枯病，必须采取一系列措施，其中的基础措施便是采用抗病良种进行种植，提升水稻的存活率。接着以消灭病菌为前提，对秧苗实施防治措施，尽量在早期阻断病害的发展。同时，还应注重对肥水的精细管理，这将直接关系到作物的生长环境，能够有效提升水稻的抗病力。在此基础之上辅以药剂治疗，在病害初期做到有效控制，防止病害扩散，通过这些综合措施，可以全面增强作物对水稻白叶枯病的抵御能力，确保农作物的健康成长。

1. 农业防治

（1）进行种子消毒

进行种子消毒是防止水稻白叶枯病传播的关键措施之一，因为带菌种子是该病害传播的主要途径。为了有效地进行消毒，可以使用以下几种药剂：85% 三氯异氰尿酸（强氯精）稀释成 300 ~ 500 倍的液体、45% 代森铵水剂稀释至 500 倍或 25% 咪鲜胺稀释至 600 倍。选用这些药剂进行种子浸泡，浸

种时间应在 12 ~ 24 小时。完成浸种后，需要将种子彻底清洗干净，然后进行催芽和播种。这一过程有助于减少种子携带的病原，从而降低病害的发生和扩散概率。

（2）选种抗病品种

根据地理和气候条件，选择适合当地环境的抗病品种至关重要。例如，在籼稻中推荐的抗病品种包括青华矮 6 号、扬稻 1 号、扬稻 2 号及华竹矮；而在粳稻中，则可以选择秀水 48、矮粳 23、南粳 15 及盐粳中作等品种。同时，为了使抗病品种发挥的效益最大化，应实施以下措施：首先，进行抗病品种的合理布局，并不断引进及更新具有更强抗病性的新品种，以适应不断变化的病害压力。其次，扩展抗病基因的使用范围，利用遗传多样性进行品种轮换、混合间载，减少病害发生。最后，通过抗性基因的聚合，增强品种的抗病持久性，以确保作物在长期种植过程中对病害的稳定抵抗。

（3）清除病残体

水稻白叶枯病的传播途径之一是通过稻种、稻草和稻桩进行越冬，特别是在老病区，病稻草是病害传播的主要媒介。为了有效防控这种病害，水稻收获后应及时清理并适当处理病稻草、病稻桩及田边的杂草，避免这些材料直接还田。此外，还应防止使用带病的稻草来覆盖或捆绑秧苗，因为这可能导致病菌传入秧田并最终传播到大田。对于已经受到病害影响的田块，可以采用深耕灭茬的方法。如果条件允许，也可以实施水旱轮作，降低病原数量。

（4）培育无病壮秧

在培育无病壮秧的过程中，选择适合的秧田地点至关重要。秧田应位于地势较高、无病害历史的区域，且排灌设施应便利，确保水管理无障碍。此外，秧田应避开稻草堆、打谷场和晒场等可能成为病害传播源的地点。对于连作晚稻的秧田，还需确保其远离早稻的病田，以降低病害的风险。在秧田管理中，需要注意防止秧田淹水，并且不可串灌和灌深水，因为不适当的灌溉方法可能导致水分过剩，增加病害的发生概率。

（5）加强肥水管理

为了确保水稻的健康成长，必须完善排灌系统，实行排水与灌溉的明确

分离，严格禁止串灌和漫灌，以严防涝害。在施肥管理上，应实施科学的配方施肥策略，充分施用底肥，同时增加有机肥和磷肥、钾肥的使用，避免单独过量或延迟施用氮肥，防止作物贪青和徒长。这样能够促使禾苗健康而稳定地生长，达到壮而不过旺、绿而不贪青的理想状态。在水分管理方面，应平整田地，避免因地形不均导致积水。灌溉应采用浅水勤灌的方式，并适时适度进行晒田，以调控田间水分。同时，注意及时排除田间多余水分，防止因灌溉不当造成的涝害。

2. 化学防治

为有效防控田间病害，需加强病情监测，实施“早预防、早发现、早防治”的策略。一旦发现局部病株，应采取措施治理周围区域，而在发现更广泛的病害时，应对整个田块进行治理。此外，应封锁或铲除病株和病害中心，以防病害的扩散和蔓延。

在秧田管理中，秧苗在 3 叶期及拔秧前 3 ~ 5 天应进行药物处理；在大田，水稻进入分蘖期及孕穗期的初期，尤其是在气候条件有利于病害发展时，应立即采取药物防治措施。推荐使用的药剂包括 20% 噻菌铜悬浮剂（龙克菌）100 ~ 120 克、20% 噻唑锌悬浮剂 120 毫升、20% 叶枯唑（叶青双）可湿性粉剂 100 克、20% 噻森铜悬浮剂 120 ~ 130 克、50% 氯溴异氰尿酸可溶性粉剂 40 ~ 60 克，均需兑水喷雾进行防治。同时，可混入硫酸链霉素或农用链霉素 4000 倍液或三氯异氰尿酸 2500 倍液以提升防治效果。在经历暴风雨的老病区，应对病田或感病品种立即进行全面喷药，尤其是在受洪涝或盐碱影响的田块中。药物使用的频率应根据病情发展和气候条件调整，通常在首次施药后 7 ~ 10 天进行再次施药，以确保达到良好的防治效果。

三、水稻细菌性褐斑病

水稻细菌性褐斑病，又名细菌性鞘腐病，主要在中国东北地区流行，浙江省也有发病记录。这种病害每年都会以不同程度影响水稻产量，近两年的发病情况显示出逐渐上升的趋势。一般情况下，水稻产量可能因此病害而减少 5% ~ 10%，而在病害较严重的情况下，产量损失可能达到 20% 左右。

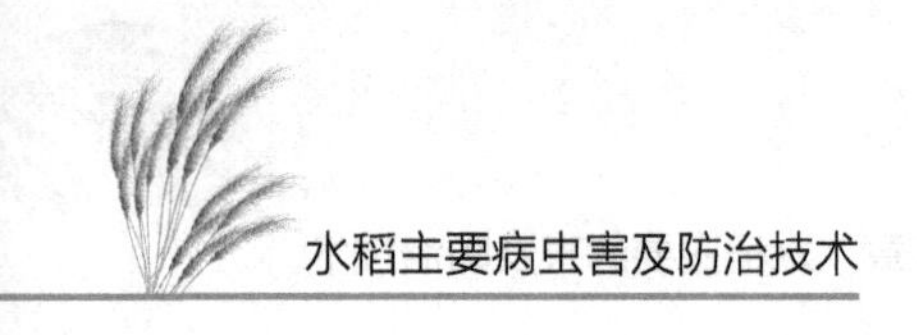

（一）危害症状

水稻细菌性褐斑病是一种严重影响水稻健康的植物疾病，其主要侵染水稻的叶片、叶鞘和穗部。在病害初期，水稻叶片会出现褐色水渍状的小斑点。随着病情的发展，这些小斑点会逐渐扩大，形成纺锤形、长椭圆形或不规则形的条斑。这些斑点呈赤褐色，大小通常在 1 ~ 5 毫米，边缘会有黄色的水渍状晕纹。在病情后期，病斑中心的组织会变成灰褐色并坏死，但通常不会穿孔。

这些病斑有时会融合，形成较大的条斑，导致叶片的部分区域发生坏死。病斑可以在叶片的任何部位出现，有时沿着叶缘蔓延，呈现出红褐色的长条斑，但并不产生菌脓。此类病害对水稻的影响极为严重，尤其是在叶鞘部分的侵染。病斑最常见于剑叶叶鞘上，最初为赤色的短条状斑点，随后这些斑点会融合成不规则的大斑。病斑中心的组织同样会变成灰褐色并坏死。

在剑叶叶鞘上，病斑呈赤褐色、短条形，并带有水渍状的特征。大多数病斑会融合，形成不规则的大斑，在病害的后期，病斑中央通常会变成灰褐色，组织会发生坏死。剥开受害的叶鞘后，可以看到茎上有黑褐色的条斑。当叶鞘受害严重时，可能导致稻穗无法正常抽出，严重影响水稻的生长和产量。病害还会侵染稻粒的颖壳，颖壳上会出现污褐色的近圆形病斑。在病情较重的情况下，这些病斑可以融合成更大的污褐色块状斑。

（二）病原与发病规律

水稻细菌性褐斑病是一种由丁香假单胞菌丁香致病变种（pseudomonas syringae）引起的疾病，该细菌属于薄壁菌门假单胞菌属。该病原的菌体为杆状，通常单生，其大小介于 1.0 ~ 3.0 微米 ×0.8 ~ 1.0 微米。这种细菌的一个显著特征是其细胞顶端生有 2 ~ 4 根鞭毛，属于革兰氏染色阴性细菌，不形成芽孢或荚膜。

在实验室条件下，如肉汁胨培养液上，该细菌的菌落呈现白色，圆形，直径通常为 2 ~ 3 毫米。菌落边缘整齐，表面光滑，随着培养时间的延长，菌落中央会略显凸起，表面呈现环状轮纹。

此病原的寄主范围相当广泛，除了水稻，它还能侵染多种农作物和杂草。

除水稻外，陆稻、小麦、高粱和谷子等作物也是其潜在的寄主。此外，包括稻稗、无芒稗、水稗草、狗尾草等 20 多种禾本科杂草也可能受到这种细菌的侵染。

水稻细菌性褐斑病是一种常见的植物病害，其病原通过多种途径在自然界中存活并传播。这种病原在病株残体、种子及各种野生寄主，如杂草上越冬。当种子带有病菌时，播种后可以直接导致幼苗发病。此外，病菌也在病残体和野生杂草上越冬，初期主要侵害这些杂草，然后通过风和雨的作用，传播到插秧后的水稻上。一旦水稻感染，病菌再次通过风和雨传播，引起进一步的侵染。

除了风和雨，灌溉水也是病菌传播的一个重要媒介。这些病原主要通过水稻的伤口侵入植株。因此，任何造成叶片、叶鞘或穗部伤口的因素都可能加剧病害的发生。特别是害虫的侵害，它们在攻击水稻时会造成伤口，从而为病菌的侵入创造条件。

水稻细菌性褐斑病的发生不仅与病原的存在密切相关，还受到气象条件、栽培管理和水稻品种的抗病性等多种因素的影响。如果上一年度留存的病残体和病种子未经处理，则它们将成为新一年度水稻病害的潜在感染源。同时，野生寄主上的病菌也可能加重病情。

在极端气候条件下，尤其是在 7—8 月的阴冷天气，加之大风或暴风雨，会使水稻叶片容易受伤，从而加剧病害。此外，水稻的水肥管理也对病害的发生有直接影响。过量施用氮肥或长期实施深水灌溉通常会导致水稻生长不良，使植株更易受到病害侵袭。目前，尽管还没有能完全免疫或表现出高度抗性的水稻品种，但不同品种之间在抗病性方面存在显著差异。一些品种显示出较高的抗病性，这为病害管理提供了一定的依据。因此，选择抗病性强的水稻品种是控制水稻细菌性褐斑病的有效策略之一。

（三）防治策略

水稻细菌性褐斑病的防治措施包括选用抗病性较强的水稻品种，精细调控肥水管理以保证水稻健康生长，以及在必要时适时施用农药进行病害控制。这些策略共同作用，能有效减少病害的发生和扩散，从而保护作物的产量和质量。

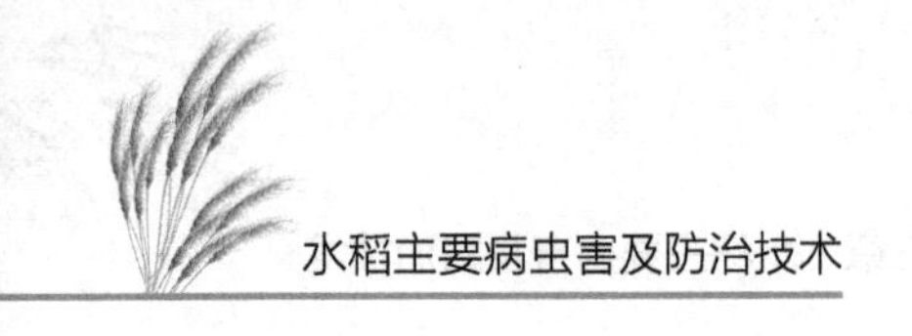

1. 农业防治

（1）种植抗病品种

在防治作物病害时，尽管目前还没有完全免疫该病的品种，但不同品种之间的抗病能力存在显著差异。因此，根据当地的气候和土壤条件，应选择具有较强抗病或耐病性的品种进行种植。

（2）加强检疫

为了有效控制病害的传播，必须加强检疫措施，防止带病的种子被调入或调出。通过严格的种子检疫程序，可以及时识别并隔离受感染的种子，防止病害在不同地区之间传播。

（3）加强栽培管理

为有效预防和控制水稻细菌性褐斑病，精细的栽培管理是关键。合理调配氮肥、磷肥、钾肥的施用对于病害的预防具有显著效果。特别需要注意的是，控制氮肥的施用量并避免在生长后期施用，以免植株生长过旺，对疾病的抵抗力降低。增加磷肥和钾肥的施用，尤其是钾肥，有助于增强水稻的自然抗病性，钾肥的适量施用可以明显减少水稻细菌性褐斑病的发生。

在灌溉管理方面，推荐使用浅－湿－干的间歇灌溉方式，并适时进行晒田，以优化田间水分条件，降低病害发生的概率。水稻的孕穗到抽穗灌浆期间，保持适量的浅水层有助于支持健康的稻穗成熟。避免过多或长时间的水淹，这可以防止病田水串流，有效避免病害通过水传播。

同时，田间的清洁也非常关键。及时清除田边的杂草可以有效减少病菌的潜在藏身之处，从而控制病菌数量和传播。通过这些管理措施，能够显著降低水稻细菌性褐斑病的发生率，保障水稻的健康成长和高产。这些措施不仅提升了作物的健康，也有助于维护农田的生态平衡。

2. 化学防治

在水稻生长的 9.1 至 9.5 叶期（对于 11 叶品种而言），是防治水稻细菌性褐斑病的理想时期。在这一时期，应用特定的药剂可以有效控制病害的发展。常用的防治药剂包括 2% 春雷霉素液剂和 27.12% 碱式硫酸铜悬浮剂。及时使用这些药剂不仅可以抑制病害的扩散，还能保护水稻的健康，从而确保作物的产量和质量。

第四节 其他病害

一、水稻赤枯病

水稻赤枯病，是一种影响水稻的生理性病害，也被称为铁锈病，俗称熬苗或坐蔸。

（一）危害症状

水稻赤枯病可按以下 3 个类别区分：缺钾赤枯病起始于分蘖前期，到分蘖末期病状更加明显。受影响的植株表现为生长缓慢，身材矮小，分蘖数量减少，叶片变得狭长、柔弱并下垂。叶片下部从叶尖沿着边缘向基部扩散，逐渐变成黄褐色，并出现赤褐色或暗褐色的斑点或条纹。在严重的情况下，叶尖向下部分会呈赤褐色枯萎，植株仅剩少数新叶保持绿色，形状类似火烧。根系呈黄褐色，根部短小且稀少。

缺磷赤枯病通常在移栽后 3 ~ 4 周内发生，植株有可能自行恢复，但到了孕穗期可能再次出现。最初，下部叶尖出现褐色的小斑点，逐渐向内部扩散变为黄褐色并枯萎，中肋变黄。根系也呈黄褐色，可能伴有黑根和烂根现象。

中毒型赤枯病在移栽后植株返青缓慢，外形矮小，分蘖数量少。根系变成黑色或深褐色，新根很少，节部可能生长新根。叶片的中肋最初变为黄白色，随后周围部分也会黄化，严重时连叶鞘也会黄化，并出现赤褐色斑点，叶片从下至上逐渐呈赤褐色枯萎，极端情况下整株植物会死亡。

（二）感染规律

缺钾型和缺磷型赤枯病属于生理性病害。在分蘖盛期，稻株如果缺钾，尤其是当钾与氮的比例（K/N）下降到 0.5 以下时，叶片会出现赤褐色斑点。这种情况经常出现在土层较浅的沙土、红黄壤及漏水的田地中。分蘖期间如果遇到低温，也会影响到钾的吸收，从而导致缺钾型赤枯病的发生。缺磷型赤枯病则主要在红黄壤的冷水田发生，这类地区一般磷素缺乏，持续的低温

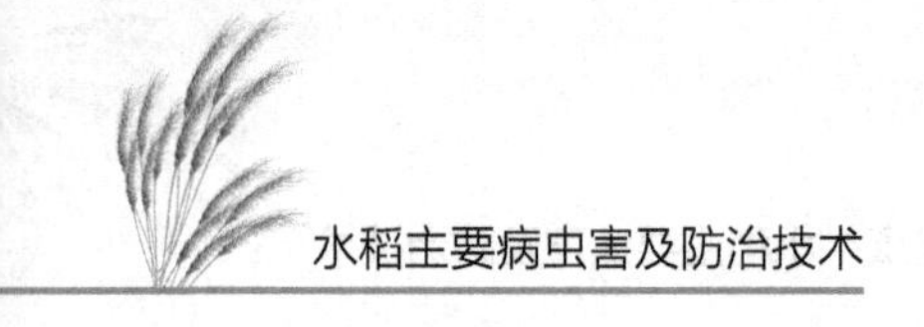

会影响根系对磷的吸收，从而使病害加剧。

中毒型赤枯病主要在长时间浸水、泥层较厚、土壤透气性差的水田中发生。过量施用绿肥、未完全腐熟的有机肥料，或者在插秧期遇到低温天气，会导致有机质分解速度减慢。随后当气温升高，土壤内缺氧，有机物分解会产生大量的有毒物质，如硫化氢、有机酸、二氧化碳和沼气等，这会导致稻苗根部扎根不稳。随着泥土的沉积，稻苗的根部分蘖和发根过程变得困难，进一步加剧了中毒情况。

（三）防治策略

水稻赤枯病的防治以农业措施为主，涵盖土壤改良、肥料管理、水土保持及适时施肥等多方面。土壤改良是基础，通过加深耕作层并增施有机肥来提升土壤肥力、改善土壤的团粒结构，这有助于根系更好地发展。

钾肥的早期施用对于提升作物的抗病能力也至关重要，建议使用氯化钾、硫酸钾、草木灰及钾钙肥等。在缺磷的土壤中，建议早施并集中施用过磷酸钙，每亩约 30 千克，或者通过喷施 0.3% 磷酸二氢钾水溶液来补充磷素。同时，应避免单独追施氮肥，因为这可能会加剧病情。对于地势低洼易浸水的田块，需要改造以确保良好的排水系统。施用绿肥作为基肥可以提供充足的养分，但不宜过量，并且应确保翻耕不过迟，有机肥使用前需充分腐熟，并均匀施用。

在水稻种植过程中，早稻应实施浅灌勤灌并及时耘田以增加土壤的通透性。一旦稻田发病，应立即排水并适量施用石灰，实施轻度搁田以促使浮泥沉实，有利于新根的早日发展。在水稻孕穗期至灌浆期，建议在叶面喷施万家宝多功能高效液肥，稀释比例为 500 ~ 600 倍，每隔 15 天施用 1 次。这些措施共同作用，可以有效地控制水稻赤枯病的发展，保证水稻的健康成长。

二、水稻烂秧病

水稻烂秧病是水稻苗期遇到的一系列生理性和感染性病害的统称。生理性烂秧病主要包括烂种、漂秧和黑根等病状。烂种表现为播种后种子未能发芽即开始腐烂，或者幼苗被秧盘泥层覆盖导致腐烂死亡。漂秧是指幼苗出芽后因长时间未能扎根而浮于水面，倾倒后腐烂死亡。烂种和漂秧主要由种子

质量不佳、催芽过程中过热或过冷、秧田整地播种质量低下、积水过深导致缺氧等因素引起。黑根则是由于施用未完全腐熟的绿肥、过量施用农家肥或硫铵、水深过深、土壤还原条件过强引起的中毒现象，这导致土壤中的硫酸根还原细菌迅速增长，产生大量有毒的硫化物，如硫化氢和硫化铁，这些物质会毒害稻苗，使根部变黑腐烂，叶片逐渐枯萎，周围土壤也会变黑并散发出刺鼻的臭味。由真菌侵入引起的水稻烂秧病，如绵腐病和立枯病，是感染性病害的例子。在气候异常和管理不当的情况下，水稻烂秧病往往会大规模暴发。因此，预防水稻烂秧病是确保水稻高产稳产的关键措施之一，特别需要注意绵腐病和立枯病的防治。

（一）危害症状

绵腐病可以在播种后第 5 ~ 6 天出现，最初是在种壳的裂口或幼芽的基部发现少量的乳白色胶状物质，这些物质逐渐向外辐射，形成白色的絮状菌丝。随后，这些菌丝可能因铁的氧化作用、藻类和泥土的黏附而变成铁锈色、绿褐色或泥土色。病害一开始可能只是零散出现，但在持续的低温和复水条件下，病害可以快速扩散至整个田面，导致秧苗成片死亡。

立枯病的症状更为复杂，通常因病害发生的时间早晚、环境条件及病原的种类不同而有所不同，常见于湿润的秧田和旱育的秧田。发病前，芽或根可能先变为褐色，芽出现扭曲和腐烂后死亡。常见种子或芽基部长有白色或粉红色的霉菌，形成死亡的芽。从发芽到 2 叶期，病苗的心叶可能会枯黄，基部变为褐色，有时叶鞘上也会出现褐斑，根部逐渐变为黄褐色，茎基部和叶片上可能会生长霉层，形成针腐。黄枯病一般从 1 叶 1 心阶段开始，直到 3、4 叶期，叶片自下而上开始变黄并逐渐萎蔫至枯黄，只留心叶稍卷曲呈青色，初期茎基部不会腐烂，根变暗，根毛变得稀疏，植株可连根拔起。随后，植株基部可能变褐，甚至软腐，心叶容易折断。这种病害通常在畦面中央成片出现。青枯病多在 3 叶期前后发生，病苗最初表现为不吐水，心叶或上部叶片卷曲成柳叶形，略呈青灰色，通常成片发生。

（二）病原与感染特点

绵腐病通常由绵霉属下的真菌引发，这类真菌具有发达的菌丝和分支。

其孢子囊能够产生游动孢子，这些孢子呈肾形，带有2条鞭毛。在有性生殖阶段，能形成球形、厚壁的卵孢子，这种卵孢子抵抗逆境的能力强，休眠后可以萌发。秧苗的腐烂有时也由水霉菌或腐霉菌引起。

立枯病则主要是由属于半知菌门的镰刀菌或立枯丝核菌引起。这些病原在病苗的基部会形成白色或粉红色的霉层，这实际上是病菌的分生孢子座和菌丝。其大型分生孢子形状像镰刀，可能是弯曲的或略直的，颜色为透明无色，含有多个隔膜；而小型分生孢子可能是单胞或双胞，形状为椭圆形或卵圆形。立枯丝核菌产生的主要是菌丝和菌核，菌核形态不规则，直径在1～3毫米，呈褐色。

引起水稻烂秧病的病原都是土壤中的常见真菌，这些真菌能在土壤里以腐生方式生存很长时间。绵霉菌和腐霉菌也广泛分布于污水中，通常情况下，它们不会轻易侵害健康的幼苗，只有在秧苗生长力下降时才可能对其造成伤害。腐霉菌通过其菌丝和卵孢子在土壤中过冬，而其游动孢子则通过流动的水进行传播。镰刀菌主要通过其菌丝和厚壁孢子在多种植物宿主的残留物和土壤中过冬，在适宜的条件下产生分生孢子，并通过空气流动进行传播。丝核菌依靠菌丝和菌核在宿主的病残体和土壤中过冬，并通过菌丝在幼苗之间蔓延以传播。这些病原几乎无处不在。因此，在气候异常和管理不善导致秧苗脆弱、抵抗力减弱的情况下，上述的弱寄生性病菌便会趁机侵入，对秧苗造成伤害。

（三）防治策略

1. 农业防治

在防治上应加强对秧田水分的管理，为防止秧田淹水，应选用地势高且向阳、排灌便利的田块进行秧田布置，同时避免选择深水田、冷浸田或背阳的田块。水的管理措施包括浅灌和勤换水，以及在降雨后及时进行排水。一旦发现病株，应立即排水，并多施用具有杀菌作用的肥料，如秧苗出现黄瘦现象，可增施硫酸铵，以促进秧苗的健康生长并抑制病菌的蔓延。此外，还需要采取适量播种和增施磷肥、钾肥的措施，这有助于促进秧苗的健壮生长并增强其抵抗力。

2. 化学防治

在防治水稻烂秧病的过程中，常用的药剂包括烯酰菌胺和甲霜灵。这些药剂因其有效性被广泛应用于控制这种病害，帮助保护秧苗免受进一步损害。

三、水稻根结线虫病

1934 年，美国学者杜丽斯在阿肯色州首次发现了水稻根结线虫病，标志着该病害的首次科学记录。同年，斯特尼尔在温室内的烟草苗床上观察到了这种线虫的存在。此后，这种病害的报道逐渐增多。1955 年，市野边在日本千叶地区对陆稻品种的研究中发现了相同的病害，确认其病原为根结线虫。随后，1964 年，甘结纳逊在泰国报道了水稻与烟草、大豆和蔬菜轮作的田地普遍受到根结线虫的为害，表明这种病害对多种作物均有影响。

此外，桥冈在 1963 年的研究中发现，即使在泰国的深水稻田中，根结线虫也能存活并造成损害。这种线虫的影响范围广泛，不仅在其他亚洲国家，如以色列、印度、孟加拉国、老挝有所报道，中国的多个南方省份，如海南、广东、广西和云南也均有发生记录。在这些地区，根结线虫的侵害可导致水稻产量下降约 10%，而在严重受害的田块，产量损失可达 50%。

（一）危害症状

根结线虫是一种专门寄生在水稻和陆稻上的寄生线虫，对水稻造成的损害主要表现在根部、整株生长和穗部症状上。

在根部，这种线虫的寄生会先导致水稻幼苗的根部出现膨大的瘤状物，这些瘤状物初为卵圆形，呈白色且较为坚实。随着病情的发展，根瘤会增大并变为长椭圆形，两端稍尖，颜色也会从淡黄变为棕黄、深棕、棕褐乃至黑色。这些根瘤会逐渐变软，老熟时大小约为 3 毫米 ×7 毫米，腐烂时外皮易破裂。根部的生长会因此延缓甚至停止，虽然在叶片上不易看见明显的特殊症状，但在感染严重的情况下，植株会表现出矮化、叶片变黄及下部叶片干枯的症状。根尖在初期感染时扭曲变粗，最终形成根瘤，根瘤的数量从几个到几百个不等。

全株方面的影响主要表现为水稻地上部分出现类似缺肥的症状。在幼苗期，当约 1/3 的根系出现根瘤时，植株会表现出明显的症状，包括瘦弱、叶色变淡。移植后的植株返青迟缓，发根也较慢，死苗数量增多。到了分蘖期，根瘤数量大增，症状更为显著，植株矮小，叶片发黄，茎秆纤细，分蘖迟缓且分蘖力弱，根系较短，整体生长势弱。

至于穗部的症状，抽穗和结实期间的表现为植株矮小，叶片发黄，穗期短，穗数少，出穗较困难，常见半包穗或穗节包叶的现象。在病情严重的情况下，植株可能无法正常抽穗。结实期的植株结实率低，产生的秋谷较多。

1966 年，贺利斯提出，这种线虫造成的损失通常较轻且具有暂时性，并且稻田在长期淹水的条件下，线虫的活动会受到抑制。因此，淹水可以作为防治根结线虫的一个有效措施。

（二）病原与发病规律

水稻根结线虫病是由拟禾本科根结线虫（meloidogyne graminicola）引起的一种植物病害，该病害主要影响水稻的健康生长。拟禾本科根结线虫属于线形动物门根结线虫属，这一属分类起源于胞囊线虫属的分裂，并且某些种类的线虫具有广泛的寄主范围。

拟禾本科根结线虫的幼虫呈线形，而成虫为两性异形。雌虫通常呈圆形至肾形，其卵多数排出体外，集中在尾部的胶质卵囊中，形成明显的特征。雄虫则呈线形，色较透明，尾部短而钝，末端稍圆。在成熟的阶段，雌虫表现为乳白色，头颈部细长，身体其他部分膨大成圆梨状，体后部呈锥形。这种雌虫的尾端装有卵囊，会阴花纹呈椭圆形，弓形高度中等。

在形态上，拟禾本科根结线虫与禾谷根结线虫非常相似。在其生命周期中，雄虫的作用并不显著，大部分雌虫在性未成熟之前就已进入根组织内，因此能够进行孤雌繁殖，这是其繁殖的一种特点。详细来说，雌虫、雄虫和 2 龄幼虫的体长范围分别为 500 ~ 700 微米、1150 ~ 1650 微米和 376 ~ 480 微米；体宽范围分别为 245 ~ 485 微米、28 ~ 40 微米和 13.8 ~ 17.5 微米；这些线虫的口针长度也各有不同，雌虫、雄虫和 2 龄幼虫的口针长度分别为 7.5 ~ 15 微米、15 ~ 20 微米和 13 ~ 15 微米；雌虫的交合刺长度则为 17.5 ~ 32.5 微米。

水稻根结线虫病是一种严重影响水稻生长的植物病害。这种线虫的生存和发展受多种环境因素影响，其生长最适温度范围为 20 ~ 35 ℃，而在 15 ℃

以下或 40 ℃以上的温度条件下，线虫的活动受到抑制，但短期内的冰冻并不会导致它们死亡。在热带地区，这种线虫的发生更为普遍。线虫的卵具有较高的抗寒能力，常常以卵的形式越冬，在冬季寒冷的地区可存活长达 18 个月。此外，这些线虫对湿度的适应范围较广，相对湿度为 40% ~ 90% 最为适宜，尽管其对氧气有一定的需求，但在灌水的稻田内依然能够侵害寄主，形成根瘤。

水稻根结线虫通常以 1 龄和 2 龄幼虫的形态在根瘤中越冬。这些 2 龄幼虫侵入水稻根部，寄生在根皮和中柱之间，引发根部薄壁组织的过度生长，并刺激细胞形成根瘤。在根瘤内部，幼虫经历 4 次蜕皮最终发育成成虫。成熟的雌虫在根瘤内产卵，卵经过一定的发育后，孵化出 1 龄幼虫。这些幼虫经历 1 次蜕皮后，作为 2 龄幼虫破壳而出，离开根瘤在土壤和水中活动，侵入新的根部。线虫的初次侵染主要源于带病的土壤和秧苗，线虫可以通过水流、肥料、农具及农事活动进行传播。在月平均温度达到 26 ℃的条件下，线虫可在 27 ~ 28 天完成 1 个生命周期，在整个水稻生长周期，可以多次重复这一侵染过程。

线虫主要侵染新生的根，因此在新根大量产生的时期，侵染情况尤为严重。除秧苗期外，主要的侵染高峰期出现在分蘖期和幼穗分化期。分蘖期是水稻发根较多的阶段，适宜线虫侵染，从而受到严重的损害。不同品种的水稻对线虫的抗侵染能力存在差异，酸性土壤和砂质土壤中的发病情况较为严重，严重病田的 pH 值多为 5.4 ~ 6，而黏土田发病较轻。土壤中增施有机肥的肥沃土壤发病情况较重。连作水稻的田地中病害发生情况较为严重，而水旱轮作的田地则发病较轻。水田中的病害发生较为频繁，而旱地中的病害程度较轻。冬季水浸的田地病情加重，而翻耕并晾晒的田地则病情较轻。在旱田中，使用铲秧的方法比拔秧造成的病害更轻，而在病田中增施石灰可以显著减少发病。

（三）防治策略

1. 农业防治

（1）选用抗病品种

选用具有抗病特性的品种可以有效防控病害，如秋长 39、科选 661 和日本矮等品种。这些品种经过特别培育，具备较强的病害抵抗力，能够在不利环境下保持良好的生长状态，从而提高作物的整体产量和质量。

（2）加强检疫

为了有效控制病害的扩散，采取严格的检疫措施并防止病苗传入无病区域尤为重要。这种做法有助于从根本上消除病菌的来源，维护健康农作物的安全。在受感染的田地中增施石灰，可显著减少线虫的侵染，从而保护作物生长不受损害。此外，石灰的施用时机也非常关键。特别是在水稻分蘖前期施用石灰，这是水稻新根生长的关键时期。适时施用石灰不仅能调节土壤酸碱度，还能有效保护这些新生根部，防止其被病害侵袭。

（3）栽培管理

在农业栽培管理中，采取适当的轮作策略是控制病虫害的一种非常经济有效的方法。通过实行水旱轮作或与其他旱作物进行至少半年的轮作，可以显著降低虫害和病害的发生概率。特别是在收割水稻后，种植非寄主植物，如花生或甘薯，这不仅有助于打断害虫的生命周期，还能有效减轻病害的发生。

对于已经出现病害的田地，可以在冬季采用浸水翻耕和晒田的方法，或者选择冬种旱作。这些做法有助于减少土壤中的害虫数量，从而减轻病害的严重程度。对于严重发病的田地，水旱轮作尤其重要。通过栽种，如花生或甘薯这样的作物半年，可以大幅度降低土壤中的害虫数量，其效果通常非常显著。此外，适当增施有机肥料也是改善土壤条件和增强植物抵抗力的有效方法。在植株栽植前或返青后，每亩施用 75 ~ 100 千克的石灰，可以调节土壤 pH 值，提高土壤质量，从而有助于植物更好地抵御病虫害。

2. 药剂防治

在秧田管理中，使用杀虫剂是控制虫害的一种普遍做法。常用的药剂包括多种有效成分和制剂类型，以确保对付各种害虫。例如，18% 咪鲜 · 杀螟丹悬浮剂、20% 氰烯 · 杀螟丹可湿性粉剂及 50% 杀螟丹可溶性粉剂，这些产品都被广泛用于秧田中，以防治害虫对稻苗造成损害。另外，12% 氟啶 · 戊 · 杀螟种子处理可分散粉剂也常用于种子处理阶段，以提前预防害虫侵害，保护幼苗在早期阶段的生长。

四、水稻干尖线虫病

水稻干尖线虫病，也被称为水稻白尖病或水稻线虫枯死病，是重要的植物检疫对象，在我国具有重要的农业影响。这种病害最初在 1915 年于日本被发现，并于1940年传入我国天津市郊。如今，这种病害已在全国各地广泛发生，尤其在环渤海的稻区较为普遍。

水稻一旦感染干尖线虫，会导致植株的功能叶出现捻转和扭曲，形成干尖状。这种变形不仅影响植株的外观，更严重破坏了植株的生理机能。线虫的侵袭使水稻的光合作用能力减弱，从而影响整个植株的能量生产和营养输送系统。病情发展到一定程度时，病穗的长度比健康穗短 1 ~ 1.5 厘米，千粒重也会减轻 0.7 ~ 0.9 克。由于这些生理变化，水稻的产量受到显著影响。一般情况下，产量会减少 10% ~ 20%，而在病情严重的情况下，产量损失可能超过 30%。这对农业生产构成了严重威胁，尤其是在以稻米作为主要粮食来源的地区。

（一）危害症状

水稻在整个生长周期中都有可能受到该病害的影响，但症状主要在叶部和穗部表现，尤其在孕穗期最为显著。在幼苗期，这种症状一般不会表现出来，只有在极少数情况下，当幼苗长至4 ~ 5片叶时，可能会在移栽前后出现症状。受害的稻苗会表现出上部叶片尖端 2 ~ 4 厘米处干缩枯死的情况，继而叶尖变成白色、灰色或淡褐色的干尖，病健分界非常明显。这些受损的叶尖会逐渐捻曲，形成所谓的“干尖”状，容易因风吹或摩擦而折断脱落。

到了孕穗期，情况会更加严重。剑叶或上部的第 2、第 3 片叶尖端 1 ~ 8 厘米范围内的组织会枯死并变成黄褐色或褐色，呈半透明并捻曲，最后变成灰白色。这些干枯的叶片会卷曲成纸捻状，病健交界处可能出现一条明显的褐色弯曲界纹，有时这种界纹不显著，使得病害表现类似于自然枯黄。在清晨露水较多时，干尖的叶片可以伸展开，呈现半透明的水渍状，但一旦露水干后，叶片会再次捻曲。受害严重的成熟植株的病叶干尖部分不容易折断脱落。病株的剑叶短小且狭窄，颜色浓绿，严重时剑叶可能全部扭曲并枯死，这会严重影响抽穗过程。值得注意的是，有些病株在受害后可能不表现出干尖的

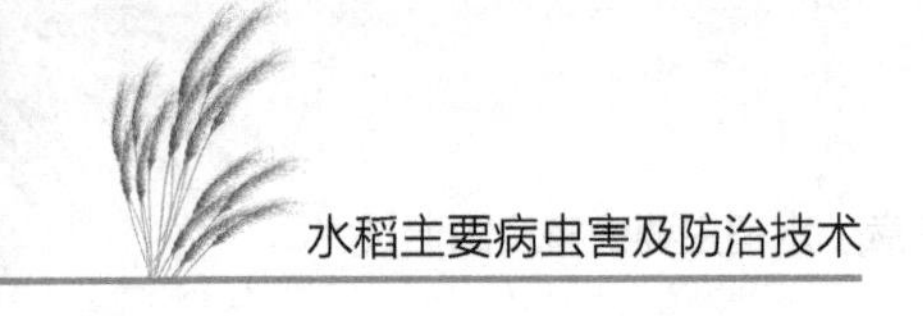

症状，这在进行检疫和防治时需要特别注意。

尽管大多数病株仍可以正常抽穗，但被害植株通常生长衰弱，表现为矮小、穗短、直立，谷粒较少，且多瘪谷。即便是结实且看似饱满的谷粒，也可能表现出颖壳松裂或发褐的症状，种壳内表面可能会有黑褐色的小点，这是休眠线虫的迹象。

（二）病原与感染特点

水稻干尖线虫（aphelenchoides besseyi)，属于线形动物门、垫刃目和滑刃科，是一种细长且会蠕动的生物。这种线虫的身体呈现透明或无色的半透明状态，体形微小，雌雄虫体都显得非常细长。雌虫的体长通常为 0.62 ~ 0.95 毫米，宽度为 0.014 ~ 0.02 毫米，而雄虫体长稍短，约为 0.56 ~ 0.74 毫米，宽度为 0.013 ~ 0.018 毫米。

雌虫和雄虫的头部和尾部都很尖细，口器略微突出。特别是雌虫，其体表布满了密集的横向条纹沟，使它们在显微镜下可见的纹理更加明显。雌虫的身体可能呈直线形或略为弯曲，尾部特征明显，具有 4 个尾状的凸起，而阴门部的角皮不突出。雄虫的体形在上中部是直线型，尾部则弯曲呈镰刀状，尾侧带有 3 个乳状凸起。这种线虫不仅耐寒，而且有一定的温度适应范围。它们可以在 13 ~ 42 ℃的环境中正常发育，但最适宜的活动温度是 20 ~ 25 ℃。在这个温度范围内，水稻干尖线虫的生命周期约为 3 ~ 6 天，而在稍低的温度，如 14.7 ~ 20.6 ℃时，其生命周期则延长至 9 ~ 24 天。42 ℃下持续 16 小时或 44 ℃下持续 4 小时是它们的致死温度。

在 25 ~ 30 ℃的条件下，这些线虫能够在 72 ~ 88 小时内从病种子中游出来，在水中移动方式类似蛇行，停止时常会扭结或卷曲成盘状。雌虫通常在叶腋和花朵上产卵。在生长季节，这些线虫的发展非常迅速，最适宜的发育温度为 21 ~ 23 ℃，而正常发育还需要至少 70% 的大气湿度。饱和湿度能促进其运动，而在干燥的籽粒中，这些线虫可以变成半死状态，并在干燥的稻种中存活约 3 年。

水稻干尖线虫对汞和氰的抵抗力很强，但对硝酸银非常敏感。这种线虫能够为害包括水稻、粟、草莓、狗尾草、三棱草、菊花等 20 多种植物，这显示出它的宿主范围相当广泛。

（三）防治策略

1. 农业防治

（1）选用无病种子

在非病区调入种子时，进行严格的检疫措施是必需的，以确保这些种子未被线虫污染。这样可以有效阻止病害通过种子传播到新的区域。

（2）栽培管理

为了有效控制病害的蔓延，建议在病区内系统地建立无病留种田，专门用于繁殖无病良种。通过这种方式，可以逐步缩小病区的范围，从而控制线虫在本田的为害。同时，加强肥水管理也至关重要，需要避免串灌和漫灌的做法，降低线虫通过灌溉水流行的可能性。

（3）种子处理

种子播种前采用温水浸种是一种简单且有效的方法，用于防治水稻干尖线虫病。这个过程首先使用冷水对稻种进行预浸 24 小时，这一做法是为了使种子适应即将经历的温度变化。接下来，将种子移至 45 ~ 47 ℃的温水中浸泡 5 分钟。然后再转移到 52 ~ 54 ℃的温水中继续浸泡 10 分钟，这一步骤有助于有效杀死附着在种子上的线虫。最后完成这些高温浸泡后，需要立即将种子冷却，防止高温对种子造成伤害。冷却后的种子随即进行催芽和播种。

2. 化学防治

在水稻种植过程中，对种子进行消毒处理是防治水稻干尖线虫病的一个关键步骤。通过使用不同的化学制剂，可以有效地杀灭附着在种子上的线虫，从而减少病害的发生和传播。具体的消毒方法有多种，如下所示。

①使用 16% 咪鲜 · 杀丹（4% 咪鲜加 12% 杀丹）可湿性粉剂。按 10 克该粉剂兑水 5 千克的比例进行配制，这样的配比足够处理 6 千克稻种。在气温为 12 ℃时，需要将种子浸泡 120 小时；当气温达到 15 ℃时，浸种时间减少至 72 小时。浸种完成后，种子可以直接进行催芽和播种。

②使用 18% 杀虫双水剂，200 克该药剂兑水 50 千克，足以处理 40 千克的稻谷。根据环境温度，浸种时间应为 48 ~ 72 小时。

③使用 10% 浸种灵乳油，20 毫升该乳油兑水 50 千克，可以处理 60 千克

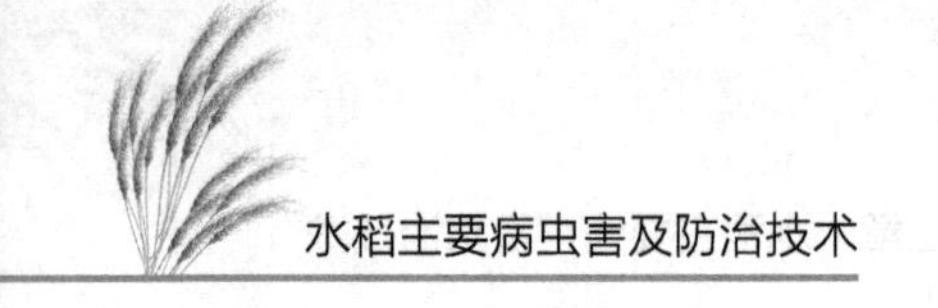

的稻种。在 20 ℃的环境下，种子需浸泡 48 小时；如果气温较低，浸种时间需延长至 4 ~ 5 天。完成后，种子可直接加水催芽和播种。

④使用 17% 菌虫清可湿性粉剂也是一个有效的选项，10 克该粉剂兑水 5 千克，可以处理 6 千克的稻种。种子浸泡 3 ~ 5 天后，无须洗净即可进行催芽和播种。

⑤为了防止病害的传播，应彻底销毁病株及病残物。在病区内，皮层不能用作秋田的隔离层或育苗床面的铺盖物。同时，育苗田应远离脱谷场，以防病害通过机械操作传播。

第四章　水稻主要虫害及防治技术

第一节　钻蛀性害虫

一、二化螟

二化螟，属于鳞翅目和螟蛾科，在长江中游地区大量暴发，江南、西南的中北部及东北的部分稻作区域发生较为严重。二化螟分布广泛，遍及欧亚大陆。在中国，分布范围广泛，北至黑龙江的克山县，南至海南岛。国际上，主要见于东南亚和日本南部地区。在中国，二化螟主要影响长江流域及其南部的主要稻作区域，尤其在沿海和沿江的平原区域为害较为严重。二化螟的宿主选择范围很广，除了水稻，还包括茭白、甘蔗、小麦、玉米等多种农作物，以及稗草、李氏禾等多种杂草。

（一）形态特征

卵期：卵以扁平的椭圆形排列，数量从几十到几百粒不等，形成类似鱼鳞的块状结构，表面被1层透明的胶质物覆盖。最初产卵时颜色为乳白色，随着孵化时间的接近转变为黑褐色。

幼虫期：通常经历6个龄期，成熟的幼虫身长大约为20～30毫米。刚孵化的幼虫呈淡褐色，头部为淡黄色，从2龄期开始，幼虫的腹部背面会出现5条棕色的纵线，成熟的幼虫颜色为淡褐色。

蛹期：蛹体呈圆筒形，刚化蛹时身体颜色从乳白色变为米黄色，腹部背面保留有5条明显的纵线，但随着蛹色的逐渐变淡，这些纵线也会逐渐消失。

成虫期：前翅呈近似长方形状，颜色为灰黄褐色，在翅膀外缘区域有7

个较小的黑点。雌性成虫的身体长度为 12 ~ 15 毫米，腹部呈纺锤形，背部覆盖有灰白色的鳞毛，末端没有毛丛；雄性成虫的身体长度约为 10 ~ 12 毫米，腹部为圆筒形，前翅中央区域有 1 个灰黑色的斑点，下方还有 3 个灰黑色斑点。

（二）为害特点

幼虫侵入水稻植株内部造成伤害，主要取食于叶鞘、穗苞和稻茎的内壁组织。在水稻的不同生长阶段，幼虫的为害会导致不同的伤害状况：受害的叶鞘会导致枯鞘；在秧苗期和分蘖期受害会造成枯心现象；孕穗期受害会导致枯孕穗；抽穗期受害会形成白穗；而在黄熟期受害则会导致虫伤株出现。这些伤害使植株生长势衰弱，籽粒的饱满度降低，从而产量减少。特别是白穗和枯心对产量的影响最为严重。

（三）防治策略

1. 农业防治

冬春季节是二化螟休眠期，这一时期是其生命周期中最薄弱的环节。利用冬春季节的有利时机采取有效措施消灭越冬幼虫，能够达到事半功倍的效果。具体措施包括消灭紫云英留种田中的越冬幼虫，种植冬季作物并进行翻耕细碎处理，适当提早进行春耕，并及时处理稻草、茭白残株及田边和沟边的杂草。耕作和栽培技术是稻田生产系统结构中的关键因素，同时是二化螟治理技术体系的重要组成部分。这包括根据当地条件调整和优化栽培制度，合理搭配水稻品种。此外，适当调整播种时间以避开螟虫高发期，实施深水灭蛹和夏耕灭茬措施以控制螟虫数量，以及合理施肥和调整种植密度以控制螟害。

2. 物理防治

（1）灯光诱杀

针对鳞翅目害虫成虫具有趋光性的特点，可以在二化螟暴发年份，利用这一特性进行防治。在成虫羽化的高峰期，田间应安装杀虫灯以诱杀成虫。通常建议每 30 ~ 50 亩安装 1 盏太阳能杀虫灯，若多个相邻田块同时使用，效果会更佳。杀虫灯应从每代成虫羽化的始盛期开始使用，直至羽化末期停止使用。杀虫灯每天在天黑后开启，以最大限度地利用成虫的趋光性，有效

减少成虫数量，从而控制二化螟的发生和蔓延。

（2）利用二化螟性信息素进行防治

在防治二化螟的过程中，使用性信息素进行群集诱杀雄性成虫或干扰其交配行为是一种有效的方法。这种策略根据性信息素的剂量不同，可分为诱集和迷向两种方式。诱集方式主要利用被称为诱芯的设备，该设备需要与诱捕器配套使用，以吸引雄性成虫并将其捕杀。而迷向方式则使用缓释装置或释放器，这些装置用于在田间持续释放性信息素，以干扰雄性成虫的交配导向，从而降低繁殖成功率。

性信息素在防治二化螟时，使用时期的把握至关重要，通常在越冬代二化螟羽化初期开始使用，效果最佳。对于水稻移栽前种植绿肥或油菜的田块，应在这些田块内先行使用性信息素。当水稻移栽后，诱捕器应及时移入水稻田中。诱捕器的位置应设置在水稻叶片顶端约 10 厘米的高度。性信息素的应用应连片大面积进行，使用面积建议不小于 150 亩。采用群体诱集方法时，每亩应放置 1 套诱捕器，并根据田块的具体形状及风向等条件，将诱捕器在田块外围密集而中央稀疏地布置。此外，迷向用的丝状物（如缓释装置或释放器）的放置应根据产品说明书进行，以确保使用的正确性和效果。

3. 生物防治

在生物防治上可以采用释放稻螟赤眼蜂的方法。稻螟赤眼蜂是一种重要的卵寄生蜂，对二化螟、稻纵卷叶螟、稻螟蛉和稻苞虫等稻田害虫具有显著的控制效果。作为这些害虫卵期的天敌，赤眼蜂能有效抑制害虫的数量。因此，准确掌握靶标害虫的成虫发生时间、产卵习性及产卵数量和产卵规律至关重要。

在放蜂时间上，需要确保害虫的产卵期与赤眼蜂的羽化期相匹配。首次放蜂应尽可能早，通常在害虫产卵初期进行，最佳时机是在害虫处于成虫羽化的高峰期放置蜂卡（球）。放蜂次数方面，对于鳞翅目害虫，每一代害虫应释放 2 ~ 3 次赤眼蜂。

放蜂量根据害虫卵的多少而定。在初次放蜂时，由于害虫卵量较少，放蜂量可以较小，每亩大约放 0.5 万 ~ 1 万头赤眼蜂卵；到了卵始盛期，则应增加放蜂量至每亩 1.5 万 ~ 2 万头；在害虫产卵后期，由于赤眼蜂在田间自然繁殖及其他天敌种群数量的增加，放蜂量可以适当减少。

对于放蜂点的设立，建议每亩设置3～5个。在高温干旱的条件下，应增加放蜂密度；而在潮湿和较凉爽的气候条件下，可以减少放蜂点的数量。最后遵循方法，将蜂卡固定在植株的中下部叶片背面即可完成释放。

4.化学防治

在二化螟的化学防治过程中，主要实施的是狠治一代的策略，这不仅有助于保护幼苗，还能有效减少下一代害虫的密度。此策略的具体防治指标是，当每亩稻田中出现120个卵块或60个集中受害的稻株时，即需采取措施。此防治主要针对那些施用氮肥过量、叶色浓绿且生长旺盛的稻田。

在害虫卵孵化的高峰期，建议每亩使用以下任一种药剂：40%毒死蜱乳油80～120毫升、1.9%甲维盐微乳剂50毫升、20%氯虫苯甲酰胺悬浮剂10毫升、10%阿维·氟酰胺悬浮剂30毫升、50%稻丰散乳油100～120克、20%三唑磷乳油100～120毫升。应将选定的药剂与50千克水混合后均匀喷雾。需要注意的是，在进行防治喷雾时，应确保田间维持3厘米的水深，以确保防治工作的顺利进行，保护稻田不受二化螟的侵扰。

二、三化螟

三化螟，隶属于鳞翅目和螟蛾科，其在国际上的分布主要集中在东南亚和日本南部地区。在中国，这种害虫主要出现在长江流域及其南部的主要稻作区，特别是在沿海和沿江的平原区域为害较为严重。近些年，三化螟显示出向北部地区扩散的趋势，已经扩散至山东省烟台市附近地区。三化螟的食性较为专一，主要攻击水稻。

（一）形态特征

卵期：卵以长椭圆形排列，略显扁平，最初为蜡白色，孵化前转变为灰黑色，每个卵块包含10～100多粒卵，上方被棕色的绒毛所覆盖。

幼虫期：通常经历4～5个龄期。刚孵化的幼虫为灰黑色，1～3龄期的幼虫体色由黄白色变为黄绿色；成熟时长度为14～21毫米，头部为淡黄褐色，身体为淡黄绿色或黄白色，从3龄开始背部的中线变得清晰可见，腹足相对退化。

蛹期：蛹为细长的圆筒形，最初呈乳白色，随后变成黄褐色。

成虫期：雌性成虫的体长大约为 12 毫米，前翅为三角形且呈淡黄白色，翅中央有 1 个黑色点，腹部的末端装饰着 1 束黄色的绒毛；雄性成虫的体长约为 9 毫米，前翅呈淡灰褐色，中央的黑点较为模糊，从翅尖至后缘分布着 1 条黑色的带状纹路。

（二）为害特点

幼虫对水稻植株的内部造成破坏，主要通过消耗叶鞘、穗苞及稻茎内部组织为食。对于水稻生长的不同阶段，幼虫造成的损害表现为不同的症状：影响叶鞘会引起枯鞘现象；秧苗期及分蘖期的损害会引发枯心；孕穗期的影响会导致枯孕穗；抽穗期的侵害会形成白穗；到了黄熟期，受损的植株会出现虫伤现象。这类损害导致植株生长势减弱，籽粒充实度下降，进而影响产量。其中，白穗和枯心对产量损失的影响尤为显著。

（三）防治策略

1. 农业防治

（1）压低虫源基数

为有效降低虫源基数，可实施以下农田管理措施：在冬季幼虫化蛹前，进行稻田春耕并灌水，持续灌水 2 ~ 3 天，此法能有效消火大量幼虫。在双季稻区，早稻收获后应迅速翻耕并浸水，使稻根长时间处于水下，持续 4 ~ 5 天，能淹死大部分幼虫，从而显著减少下一代的数量。对于虫害较严重的稻草应采取彻底清理稻根的方法，永久浸在水底，并将其沤制为肥料。同时，也要注意清除田边杂草，这样能进一步降低三化螟的越冬基数，有效防控田间虫害的发生。

（2）栽培防治

为了有效防治水稻螟虫，可以采取多项栽培防治措施。第一，合理安排水稻的田间布局，尽可能减少混合种植，这样做有助于切断螟虫增殖和传播的途径。第二，选择适应本地环境的抗虫品种进行种植，可以有效抵抗虫害。第三，调整种植时间，使水稻的易受害阶段不与螟虫的高发期重叠，从而减轻螟虫造成的损害。第四，进行合理的灌溉和施肥，既能促进水稻的健康成长，又能避免植株过于旺盛或迟熟。第五，利用螟蛾倾向于在绿色茂盛的稻田产卵的特性，可以设立诱杀田，通过集中诱集螟蛾并进行集中处理，有效控制虫害。

2. 物理防治

对于三化螟，可以利用光源对其成虫的强烈吸引性来实施有效的防控措施。具体方法包括在田间设置黑光灯或高压汞灯。这些灯具发出的特定波长的光线能有效吸引周围的螟虫成虫。当螟虫被光源吸引而聚集时，它们将被灯具周围的电网电死或被其他装置捕获。

此种防治技术的优势在于它直接针对成虫，从而间接减少了螟虫繁殖后代的数量，有效地控制了螟虫的整体生命周期。同时，此方法不涉及任何化学物质，是对生态环境友好的选择。然而，为了提高这种物理防治方法的效果，需要合理地布置灯具的位置，并定期维护这些设备，确保它们在整个螟虫活跃期都能发挥最大的效用。

3. 化学防治

三化螟的化学防治包括压前、控后、保苗和保穗 4 个方面，以期在不同生长期阻断害虫的发展和为害。

具体到防治枯心苗，这一步骤要求在卵块孵化的高峰期对田间进行仔细检查。一旦观察到丛枯心率达到 2% ~ 3%，即需使用化学药剂进行防治。这样可以及时控制害虫数量，防止其对幼苗造成更大的损害。

预防白穗的措施则为在卵的盛孵期进行化学喷洒，特别是对于那些抽穗期不一致的稻田。如果害虫发生量大或水稻抽穗期较长，建议在大部分水稻（约 80%）抽穗时再次进行药剂处理，以确保防治的全面性。

在选择防治药剂方面，农户可以根据田间情况选择适合的药物。例如，可以使用 50% 杀螟松乳油 100 毫升、25% 杀虫双水剂 250 毫升，也可以选择 1.9% 甲维盐微乳剂 50 毫升、20% 氯虫苯甲酰胺悬浮剂 10 毫升、40% 毒死蜱乳油 100 毫升和 20% 三唑磷乳油 120 毫升。这些药物需要兑水喷洒，同时，田间应保持 3 ~ 5 厘米的水层，并持续 3 ~ 5 天，以确保药效和防治效果。

三、大螟

大螟，也称为稻蛀茎夜蛾，分布在我国辽宁省以南的所有稻作区域。它的宿主选择范围广泛，包括水稻、玉米、小麦、高粱、粟、甘蔗、棉花、芦苇和巴茅等。对水稻的为害与二化螟类似。在长江流域以南的丘陵区，当玉米和水稻共存时，主要攻击玉米，等到玉米收割后，再转向侵害晚稻。田边地带的损害通常比田间部分更为严重。自20世纪70年代开始推广杂交稻以来，大螟的发生频率及其造成的损害有了明显增加，变成了一种重要的害虫。

（一）形态特征

雌性成虫的身长达到15毫米，翅膀展开大约30毫米，其头部和胸部为浅黄褐色，而腹部从浅黄色变化到灰白色；其触角为丝状，前翅呈近似长方形且为浅灰褐色，翅中带有小黑点，这些黑点4个1组排列成四角形。雄性成虫的身长大约为12毫米，翅膀展开长度为27毫米，触角具栉齿状特征。卵呈扁圆形，刚产时为白色，之后转为灰黄色，表面有细小的纵向纹路和横线，卵通常成群或分散生长，常见排列为2 ~ 3行。幼虫期共经历5 ~ 7个龄期，3龄期之前的幼虫为鲜黄色；末龄幼虫体长约30毫米，成熟时头部为红褐色，背面为紫红色。蛹的长度为13 ~ 18毫米，体形健壮且为红褐色，腹部覆盖有灰白色的粉状物质，尾部有3根钩状的臀棘。

（二）为害特点

每年大约发生4代，幼虫在水稻茬、杂草根际、玉米、高粱和茭白等植物残留物中过冬。次年春季，当气温持续在10 ℃以上时，老熟的幼虫开始化蛹，气温达到15 ℃时开始羽化。越冬代的成虫将卵产于春季玉米或田边的看麦娘、李氏禾等杂草的叶鞘内侧。孵化的幼虫随后会移动到附近的水稻上，穿入叶鞘内部进行取食，入侵点可见红褐色的锈斑。在3龄之前，幼虫往往会成群结队地聚集在一起，将叶鞘的内层完全吃光，之后钻入心叶中心，导致枯心病害；3龄以后，幼虫开始分散，主要侵害田边的2 ~ 3棵稻苗，蛀孔位于水面上方10 ~ 30厘米处，老熟幼虫在叶鞘附近化蛹。成虫的趋光性较弱，飞行能力不强，常见于植株间。每只雌性成虫能产大约240粒卵，卵的发育周期在第一代约为12天，第二和第三代为5 ~ 6天；幼虫期第一代大约持续30天，第二代为28天，第三代为32天；蛹期持续10 ~ 15天。通常田边的产卵量和受害程度都比田心要高。在稻田附近种植有玉米、甘蔗、茭白等作物的区域，大螟为害相对更为严重。

（三）防治策略

1. 农业防治

大螟的防治，主要是通过人为恶化大螟的生存环境来进行干预的，以此减少其在田间的种群数量。

一方面是在水稻收获时采取近地面割取的方式，这样可以明显减少留在稻桩茎基部的虫量。收获后，及时处理剩余的稻草，并在冬季到来前至少进行一次翻耕或旋耕，以打乱害虫的越冬环境。对于休耕田，要及时进行灌水保湿，打破越冬虫源的生存环境，最终实现减少虫源越冬的目标。另一方面是改变作物的田间布局。避免如玉米与水稻之间的“插花”种植格局，改为集中连片种植，可以减少害虫的迁移和扩散。在调整水稻的播种和栽培时间时，应考虑其与大螟产卵及为害高峰的时间对应关系，以降低二者的吻合度。同时，尽量避免不同生育期的品种混栽，以防不同生长阶段的作物相互影响，成为害虫的易感目标。另外，需要注意管理田边杂草。应及时清除芦苇、野茭白和蒿草等大螟的野生寄主植物，这样做可以拆除害虫依赖的“桥梁”，从而减轻其为害。最后，针对一代大螟的高卵孵化期，可以采取物理防治方法。选择早栽且长势嫩绿的玉米地，逐株剥去玉米植株基部的3片叶鞘，并将其带出田间集中销毁。这种方法不仅直接减少了田间的螟虫数量，还能有效防止其对玉米的为害。

2. 生物防治

大螟的增多和为害的加剧是农田生态失衡的显著表现之一。在现代农业生产中，调节农田生态环境以增加生物多样性，可以将大螟的种群数量控制在经济阈值以下，成为减少有害生物、保证粮食与环境安全的关键措施。

大螟的天敌在自然界中较为丰富，包括一些寄生性天敌，如大螟黑卵蜂和大螟瘦姬蜂，以及多种捕食性天敌，如步甲、瓢虫、青蛙和鸟类等。通过

减少化学农药的使用、改善农田生态环境及保护这些天敌，可以有效控制大螟的数量。这些生物控制策略不仅减轻了环境的化学负担，还有助于维持生物多样性。此外，实施稻田养鱼、养鸭和保护青蛙等措施也显示出显著的效果，能大幅降低大螟的为害。这些生态农业实践通过提高生态系统的复杂性，间接控制害虫的发生。另外，还可以利用大螟对某些植物的明显趋向性，来诱杀成虫及卵块以控制其数量。例如，大螟的三代成虫通常在高粱上产卵。因此，可以通过选择适宜的播种时期并在高粱收获后延迟砍秆 7 ~ 10 天，以吸引和集中处理大螟的卵块，从而显著减少田间的大螟种群。在田边栽种稗草吸引大螟产卵，并及时拔除，也能够减少大螟数量、减轻其为害。

在单季稻种植区，种植小面积的超甜玉米能有效吸引大螟产卵，通过集中防治措施，可以在收获期将超甜玉米整体收割并集中处理，以压低越冬害虫基数，减轻来年的为害。此外，种植香根草作为大螟的替代寄主也是一种防治策略。大螟倾向于在香根草上产卵和取食，但其在香根草上的存活率显著低于在水稻上。所以，在水稻田边种植香根草不仅可以吸引大螟迁移，还可以降低其存活率来减少田间的大螟种群。

3. 物理防治

性诱剂的使用是利用大螟的特定趋性进行防治的一种有效策略。这种方法模仿了“二化螟”的防治技术。通过使用性诱剂，可以吸引大螟到设定的位置，从而集中捕捉或消灭它们，有效减少其在农田中的活动和繁殖，达到控制害虫数量和减轻作物损失的目的。

4. 化学防治

科学准确的预测和预报对大螟的有效防治至关重要，是预测大螟发生趋势、指导防治工作的关键。由于大螟趋光性较弱，导致使用灯光诱捕的测报效果并不理想。相反，采用性诱剂进行测报的方法被广泛应用，主要是用来收集有关大螟成虫的发生和数量变化的动态数据。在田间，栽种稗草也是一种有效的测报方法。在稻田的边缘种植与水稻相同或稍晚生育期的稗草，每隔 2 ~ 3 米栽植 1 ~ 2 穴。在大螟成虫发生期，定期进行调查，每次检查每穴的 2 ~ 3 株稗草，总计调查超过 100 株，剥查所有叶鞘以计算卵量。根据卵块的发育情况，可以预测大螟的为害程度和适宜的防治时机。另外，将带虫的超甜玉米秸秆集中堆放并用网棚覆盖，也可以观察大螟的发育进度，为预测和预报提供数据。将性诱剂与田间剥查幼虫及虫卵的方法结合使用，可以显著提高大螟的测报准确度。

在防治策略上，大螟卵孵化盛期和水稻破口期是进行药剂防治的最佳时机。在水稻破口期至破口后4天进行防治，效果显著；而破口后8天进行防治，效果会显著下降；到了破口后12天，防治几乎无效。对中粳稻而言，其破口期与主害代盛孵期较为接近，因此在易害敏感期施药也能取得良好的防效。在大螟偏重发生时，可在卵孵始盛至高峰期连续用药2次，或者在低龄幼虫高峰期或田间为害始见期，再次复查并补充用药1次。

在选择药剂方面，可使用氯虫苯甲酰胺、稻丰散、高效氯氟氰菊酯、甲氨基阿维菌素苯甲酸盐、阿维·苏云菌及甜核·苏云菌等药剂。特别地，20% 阿维·二嗪磷乳油无论在大螟卵孵化盛期或低龄幼虫盛期使用，杀虫效果都能达到 80% 以上。氯虫苯甲酰胺和稻丰散在大螟卵孵期使用效果良好，且对低龄幼虫的杀灭效果也很明显。甜核·苏云菌不仅对大螟的防效好，且持效期长，特别是在大螟卵孵期至2龄幼虫高峰期时使用，保苗效果和杀虫效果均可达到 90% 以上。药剂防治时，应保证充足的喷雾用水量，精准地对稻株中上部进行喷雾，确保施药时田间有3 ~ 5厘米的水层，并维持5 ~ 7天，以确保最佳的防效。在常规喷雾施药时，每公顷的喷液量以1000千克为宜。

四、稻秆潜蝇

稻秆潜蝇，也称稻秆蝇、稻钻心蝇或双尾虫，归属于双翅目黄潜蝇科。在国际上，这种害虫主要出现在日本、韩国和朝鲜。在中国，它的分布覆盖了黑龙江、陕西、浙江、江西、湖北、湖南、福建、四川、贵州、广东、广西、云南等地的山区及半山区，特别是在海拔300米以上的山区，其为害较为严重。稻秆潜蝇的宿主植物包括水稻、大麦、小麦、日本看麦娘、看麦娘、华北剪股颖、李氏禾、狗牙根、双穗雀稗、鹅观草、早熟禾、棒头草等多种禾本科杂草。

（一）形态特征

卵期：颜色为白色，呈长椭圆形，长度为0.7 ~ 1.0毫米，宽度约0.1毫米，表面有纵向的细微凹纹。孵化前转为淡黄色。

幼虫期：分为5个龄期，体长为6 ~ 9毫米，宽约0.7毫米，略呈纺锤形，颜色为黄白色，半透明，表皮具有韧性和光泽。前端稍尖，配有浅黑色的口钩，尾端分叉，末端尖锐，有呼吸孔。各龄期的特征差异明显，从1龄到5龄，体长和颜色随成长而变化，尾叉结构逐渐明显。

蛹期：包围蛹，长6 ~ 9毫米，宽1毫米，形状为纺锤形，稍扁平，尾端分叉。初始为黄白色，腹部中可见1个橘黄色的小点，后期转为淡褐色。在羽化前期，体形收缩，颜色变为黄褐色，并出现黑斑。

成虫期：身体长度约为3 ~ 4毫米，翅膀展开宽度为5 ~ 6毫米。头部背侧有1块黑褐色的斑纹。其口器为舐吸型，大部分前颚和下颚已退化，下唇的唇瓣异常发达，上唇内侧凹进，与舌前壁结合形成食管，而唾液管穿过舌部。触角分为3节，第3节的背侧装有一触角刺。胸部背侧装饰有3条黑褐色的纵纹，其中间的1条相对较粗。具有1对前翅，透明质地，休息时两翅重叠放置于背部，翅尖明显伸出腹部末端，后翅退化为黄白色的平衡器，翅膀上没有臀室。腹部的腹侧为淡黄色或黄白色，背侧颜色稍深，各节之间有黑褐色的横带。

（二）为害特点

稻秆潜蝇的幼虫通过钻入稻苗的心部对心叶、生长点及幼穗造成伤害。当稻苗在生长初期遭受攻击，由于新生叶的生长速度缓慢加上幼虫的持续取食，导致抽出的心叶出现圆形或椭圆形的孔洞。随着幼虫年龄的增长和取食量的增加，如果遇到温度较低的情况，新叶生长缓慢，则将在心叶和新抽出的叶片上形成与叶脉平行的纵向裂缝，使叶片破裂。有时，早期的心叶上可能会出现1排圆孔，孔的周围呈淡色或黄化，这种情况通常被称为花叶。在严重情况下，新抽出的叶子会扭曲枯死。若温度偏高导致稻苗生长加速，受害叶片可能只会形成细小的裂缝或孔洞。若稻苗的主茎生长点受到幼虫的伤害，则会导致植株矮化，叶色变深，分蘖数量增多，抽穗时间延迟，产生的稻穗小且粒数减少。在幼穗分化的幼期受到幼虫的攻击时，会形成扭曲的短小白穗或不完整穗形。幼穗在分化后期因幼虫间歇性取食，可能导致颖壳破裂无法结实，形成所谓的“花白穗”。

（三）防治策略

1. 农业防治

根据越冬代幼虫在杂草上，如看麦娘及麦苗上越冬的习性，可以实施“除草灭虫”的方法，特别是在冬季对空闲地进行除草。在早稻麦田和稻板麦田中，若发现看麦娘的基数较高，应在麦苗达到2叶期前后进行杂草的清除，以减少越冬虫量。此外，考虑到单季杂交稻的生育周期特性较适宜于二代稻秆潜蝇的发展，这可能导致虫口数量的增加。因此，在稻秆潜蝇为害严重的山区或单、双季混栽区域，建议根据发展生产的需要，尽可能淘汰单季中稻，以抑制虫害的发生。选择生长期较短的品种并适当推迟播种时间，可以有效减少第二代虫口。对于虫害发生严重的地区，还应控制小苗移栽、提前播种和插秧及深水灌溉的范围，以进一步降低虫害发生的风险。

2. 化学防治

为有效控制农田害虫，实施了“狠治一代，挑治一代，巧治秧田”的防治策略。该策略主要依靠药物杀灭成虫和幼虫，同时辅助使用药液浸泡秧根以杀灭卵。在防治第一代幼虫时，由于其发生较为整齐且盛孵期明显，且主要集中在较小面积的早插早稻上，这种情况有利于药剂的有效应用。对于第二代虫害，则需特别关注早插中稻及之前防治不彻底的田块，选择适当的时机进行精确治理。常用的药剂包括30%噻虫嗪悬浮剂和18%杀虫双水剂等。这种分代精准防治的方法不仅提高了防治效率，还减少了药剂的不必要使用，有助于维持农田生态平衡，同时保证作物的健康生长。

第二节　迁飞性害虫

一、稻飞虱

稻飞虱，通常被称为蠓虫或响虫，属于同翅目下飞虱科。在全球范围内，飞虱是一种普遍分布的昆虫，已知种类超过2000种。中国是飞虱种类最为丰富的国家，已知有380多种。飞虱主要以植物为食，其中一些种类是农林作物的主要害虫，具有广泛的为害范围，并容易突然暴发成灾。在飞虱中，褐飞虱和白背飞虱是两种特别著名的迁移性害虫，它们专门攻击水稻，喜好温暖环境，抵抗寒冷能力弱，无滞育现象，长翅型成虫数量会出现剧增或剧减的现象。这两种迁移性害虫在中国的越冬区域主要限于广东、广西、福建、海南、云南南部及台湾等地，北至越冬界限之上的广大稻区则成为其季节性扩散区。每年春季和夏季，主要的虫源从南部邻国的热带全年繁殖区开始，向北逐代迁移，最远可达中国东北地区，到8月下旬则从北向南逐批回迁，表现出与季风同步的季节性南北往返迁移行为，与水稻生长期相协调。

稻飞虱对栖息环境选择性强，偏好湿润且不耐受高温干旱，因此多选择靠近水源、地势较低、杂草丛生且生态环境较稳定的地方为栖息地。对于迁移性害虫，褐飞虱成虫迁入后主要攻击分蘖旺盛、生长嫩绿的稻田，而灰飞虱则在早春从麦田迁至稻田，优先攻击秧田和本田分蘖期的稻苗，随着水稻生长会转移去取食幼嫩的禾本科杂草。灰飞虱还表现出趋边习性，因为边缘的稻苗通风透光条件更好，生长状况通常优于田中间。

稻飞虱的直接为害包括刺吸取食和产卵。刺吸取食时，以口针刺破植株组织吸取汁液，消耗植株营养，并且分泌唾液形成的口针鞘可能阻碍植株内部水分和养分输导，严重时可引发虱烧、黄塘及稻穗变色等症状；产卵为害则是因雌虫用产卵器划伤寄主组织，导致水分散失、输导组织受损、营养物质运输受阻和同化作用减弱。刺吸取食和产卵造成的伤口也促进了病原侵入和腐生菌的滋生；取食时分泌的蜜露导致煤烟病发生，影响植株光合作用。

除了直接为害，飞虱还能作为介体传播多种植物病毒，造成间接伤害。全球已有18种飞虱被记录为传毒种类，传播21种植物病毒病害。在中国为害水稻的飞虱主要包括褐飞虱、白背飞虱和灰飞虱3种。北方稻区还可见到稗飞虱、白脊飞虱和长绿飞虱等。

（一）形态特征

稻飞虱具有较小的体形，触角呈短锥形，存在长翅和短翅2种形态。褐飞虱的长翅型成虫体长为3.6 ~ 4.8毫米，短翅型则在2.5 ~ 4毫米，短翅型的翅膀长度不超过腹部，雌性个体更为肥大。深色型的头部至前胸和中胸背板为暗褐色，表面有3条纵向的隆起线；浅色型则整体为黄褐色。卵呈香蕉形状，产于叶鞘和叶片内部，长度为0.6 ~ 1毫米，通常呈现出几粒到几十粒不等的串状排列。成年前的若虫共经历5个龄期，体长达到3.2毫米，刚孵化时为淡黄白色，后期变成褐色。

白背飞虱的体色为灰黄色，带有黑褐色斑点，长翅型成虫体长约为3.8 ~ 4.5毫米，短翅型为2.5 ~ 3.5毫米，体形较为肥大，翅膀较短，仅达腹部的一半。头顶部分略为突出，前胸背板为黄白色；中胸背板中央为黄白色，两侧为黑褐色。卵的长度约为0.8毫米，呈长卵圆形且略微弯曲，产于叶鞘或叶片内部，一般呈7 ~ 8粒的单行排列。成年前的若虫体长为2.9毫米，刚孵化时呈乳白色，带有灰色斑点，3龄之后变为淡灰褐色。

灰飞虱的体色从浅黄褐色变化到灰褐色，长翅型成虫的体长为3.5 ~ 4.0毫米，短翅型为2.3 ~ 2.5毫米，整体上略小于褐飞虱。头顶和前胸背板为黄色，中胸背板在雄性中央为黑色，在雌性中央为淡黄色，两侧为暗褐色。卵为长椭圆形且略微弯曲，以双行排列成块，产于叶鞘和叶片内部。成年前的若虫体长为2.7 ~ 3.0毫米，呈深灰褐色。

（二）为害特点

褐飞虱专门取食水稻和普通的野生稻。在水稻植株下部，成虫和若虫通过群集刺吸植株的汁液进行取食。在产卵期间，雌虫会使用其产卵器穿透叶鞘和叶片，这一行为容易导致水稻植株脱水及病菌感染；其排泄物质还会吸

引霉菌生长，从而干扰水稻的光合作用和呼吸功能。当褐飞虱大规模暴发时，水稻植株的水分会迅速流失，导致稻茎的基部变黑腐烂，严重时可导致整丛水稻倒伏死亡。在田间，受害的水稻植株通常从局部到成片出现损害，从远处看受害植株比正常植株显得更黄、更矮，这种现象通常被称为“冒穿”、“透顶”或“塌圈”。随后，受害的水稻植株会干枯，千粒重减轻，空壳增多，严重时可能整个田块收成全无。此外，褐飞虱还能传播水稻齿叶矮缩病和水稻草状矮缩病。

白背飞虱的主要攻击对象为水稻，同时也会侵害大麦、小麦、粟、玉米、甘蔗、高粱、野生稻、稗草和早熟禾等作物。其为害模式与褐飞虱类似，通过成虫和若虫刺吸植株汁液来损伤植物组织，大量发生时可导致水稻叶片枯黄、植株倒伏直至死亡。白背飞虱也是南方水稻黑条矮缩病的传播者。

灰飞虱的为害症状与褐飞虱及白背飞虱相似，通过成虫和若虫刺吸水稻的汁液对植株造成损害，当数量众多时，可导致水稻出现黄叶直至枯死。灰飞虱还能传播稻、麦条纹叶枯病，稻、麦、玉米黑条矮缩病，小麦丛矮病和玉米粗缩病等多种病毒病害。

（三）防治策略

1. 农业防治

（1）品种选择

在选择水稻种植品种时，优先考虑抗虫品种至关重要，因为这能够提高稻飞虱防控技术的安全性和经济效益。因此，在稻飞虱为害严重的地区，建议水稻种植户优选粳稻品种或糯稻品种。同时，应选择那些茎高秆粗、株形紧凑且具有较强抗性的杂交水稻品种，以确保种植品种的多样性和作物的健康生长。为了进一步降低稻飞虱对特定水稻品种抗性的适应能力，还需要指导种植户每年更换种植的水稻品种。

（2）开展健身栽培

在水稻种植前，需要选择合适的种植场地并施加充足的基肥。同时，也需要注意种植时间的合理安排，通过追肥来培育健壮的秧苗。在水稻田的种植密度方面，建议比常规种植密度更为稀疏，以便更好地控制株距。采用30

厘米 ×15 厘米的宽窄行栽种模式，可以确保种植密度的合理性，有助于植株的健康成长。此外，水稻种植后 1 个月需要进行晒田处理，时间通常控制在 3 天左右。这一过程不仅可以增强秧苗的健壮程度和分蘖力，还能有效控制秧苗的生长速度，提升植株的抵抗力。晒田还有助于调节水稻田间的局部气候，从而降低稻飞虱的发生率。

（3）稻田养鸭技术

在水稻田养鸭是一种有效防治稻飞虱的自然方法。适合选择体形较小、活动能力强的麻鸭。在水稻返青后，可以将 10 日龄的雏鸭按照每亩 10 ~ 15 只的比例放入水稻田中。通常在晴朗的天气中，于早晨 9—10 时放鸭最为适宜，而在雨天，放鸭时间可以适当提前。麻鸭的不间断活动性和杂食性能够在水稻田中发挥多重作用，它们不仅能刺激水稻的生长，还能帮助松土、防治稻飞虱并起到施肥除草的效果。采用稻鸭同养的模式，不仅为鸭子提供了良好的生长环境，还使鸭子的粪便成为水稻的天然肥料。这种方法不仅显著降低了水稻田的病虫害，还能保证稻田生产出安全无害的鸭肉和大米，从而全面提升了该地区的生态养殖技术水平。

（4）合理水肥管理

在水稻种植期间，应特别注意管理肥料施加的量和氮肥、钾肥及磷肥的比例。需要严格控制氮肥的施用量，同时增加农家肥和其他有机肥的施用量，确保基肥和钾肥充分供应。种植时，采用浅水插秧的方法，并在插秧后及时进行浅层灌溉，维持水层在 3 厘米左右，以保护秧苗并促进其返青和发棵。在作物的分蘖期和孕穗期，应保持浅水勤灌，以支持作物的健康发展。为有效管理稻田的水肥状况并控制稻飞虱的繁殖与发育，可以适时地运用晒田、干湿交替和浅水勤灌等技术。这些管理措施不仅优化了水稻的生长条件，还有助于防治病虫害，特别是减少稻飞虱的问题，从而提高水稻的产量和品质。

2. 物理防治

（1）灯光诱杀

利用稻飞虱趋光性的特点，采用灯光诱杀的方法，具体操作过程可以参考“二化螟”的防治。

（2）保护利用天敌

人工养殖和繁衍稻飞虱的天敌是一种保护生态环境并减少稻飞虱侵害的有效方法。通过减少对这些天敌的捕杀，可以增强它们在控制和减少稻飞虱中的作用。此外，非稻田区域的生态保护措施也可以辅助天敌的生存与繁衍。例如，可以在水稻田附近种植茶叶或茭白等作物，这些作物在水稻休闲期为天敌提供栖息地，待水稻重新移植后，这些天敌可以再次回到水稻田，继续发挥其生态功能。除此之外，还可以在水稻田周边种植花卉，这些花卉能为稻飞虱的天敌提供必要的营养源，吸引更多的天敌至田间，从而提升它们的寄生率和繁殖能力。这种方法不仅能有效减少稻飞虱的数量，还能通过增强生物多样性来提升整个农田系统的生态健康和稳定性。

3. 生物防治

稻田中的蜘蛛、黑肩绿盲蝽等自然天敌对于控制褐飞虱的种群数量具有显著效果。当稻田内蜘蛛与褐飞虱的数量比例达到 1：9 ~ 1：8，且褐飞虱的密度维持在每百丛 1000 ~ 1500 头时，这些天敌的控制效果较为理想。在这种情况下，褐飞虱的数量通常可以得到有效控制，一般不需要采取额外的防治措施。

4. 化学防治

在早期阶段，应尽量减少使用杀虫剂，如三唑磷等强效化学药物。目的是保护穗期的稻田生态，适当放宽防治指标，尽量依靠天敌和其他自然因素进行害虫控制。只有在天敌无法控制害虫的情况下才使用化学药剂，同时坚持选用高效、低毒、低残留的专用农药。具体的防治指标包括在孕穗期和抽穗期，当百丛虫量达到 1000 头时采取措施；在齐穗期后，百丛虫量若达到 1500 头则需进行防治。此外，防治的恰当时期的选择是关键，特别是在低龄（1、2 龄）若虫盛发期，这时使用药物防治将更为有效。

在选择防治药物时，有多种选项可供选择。例如，每亩可使用 25% 吡蚜嗪嗪酮可湿性粉剂 20 ~ 24 克、40% 毒死蜱乳油 80 ~ 120 毫升、50% 稻丰散乳油 100 ~ 120 毫升、10% 吡虫啉可湿性粉剂 20 克、25% 噻嗪酮可湿性粉剂 40 ~ 50 克、25% 噻虫嗪（阿克泰）水分散粒剂 2 ~ 4 克等药剂。药物应兑水 50 ~ 70 千克进行喷雾防治。喷雾时，应将喷头深入稻丛间，确保喷洒到稻丛基部，即稻飞虱的栖息和为害部位；还可以增加药液量，使药液能流至稻丛下部，直接触杀害虫。施药期间，维持 3 ~ 5 厘米的浅水层并持续 3 ~ 5 天，以提高防治效果。

二、稻纵卷叶螟

稻纵卷叶螟是属于鳞翅目螟蛾科的一种害虫，广泛分布于我国的主要稻作区域，范围从北方的黑龙江和内蒙古，到南方的海南，从东边的沿海各省及台湾，延伸到西边的陕西、云南和西藏，其中，以长江以南的各省受害最为严重。在国际上，此虫见于东南亚、美国、澳大利亚、非洲东北部和莫桑比克等地。它的寄主范围不仅包括水稻，还包括陆稻、大麦、小麦、粟、玉米、茭白、甘蔗等多种农作物，以及李氏禾、稗草等 10 余种禾本科杂草。成年后期的幼虫甚至能够取食嫩竹。自 20 世纪 60 年代起，随着我国农业体制的改革、作物品种的更新换代、种植密度的增加、施肥量的提高及农药的广泛使用等生产条件的变化，农田生态系统发生了利于稻纵卷叶螟发展的深刻变化，导致其发生区域扩大，为害程度加剧，且大规模暴发的频率有所增加。

（一）形态特征

稻纵卷叶螟的卵近椭圆形，长约 1 毫米，宽 0.5 毫米，扁平，中央稍隆起，表面有网状纹理。最初为乳白色，发育前变为淡黄褐色，被寄生时呈黑褐色。在强烈阳光照射下，颜色可变为赤红色，孵化前可见卵前端隐约露出黑色幼虫胚胎的头部，孵化后残留的卵壳呈白色透明。

幼虫体细长呈圆筒形，略扁，共有 5 龄，偶尔达到 6 龄。1 龄时体长 1.7 毫米，头为黑色，身体为淡黄绿色，前胸背板中央黑点不明显，通常不结苞，隐藏在水稻心叶中取食。2 龄时体长 3.2 毫米，头为淡褐色，身体为黄绿色，前胸背板前后边缘中间各有 2 个黑点，中胸背板隐约可见 2 个毛片，能在叶尖结成 1 ~ 2 厘米长的小苞。3 龄时体长 6.1 毫米，头为褐色，身体为草绿色，前胸背板后缘 2 个黑点变为 2 个三角形黑斑，中、后胸背面斑纹清晰可见，尤其是中胸更明显。2 龄后的幼虫都能吐丝结长苞，有时可将几片叶子连缀成苞，苞长约 6 厘米。4 龄时体长约 9 毫米，头为暗褐色，身体为绿色，前胸背板前

缘 2 个黑点两侧出现许多小黑点，连成括号形，中、后胸背面斑纹为黑褐色，苞长约 10 厘米。5 龄时体长 14 ~ 19 毫米，头为褐色，身体为绿色至黄绿色，成熟后带橘红色，前胸盾板为淡褐色，上有 1 对黑褐色斑纹。中、后胸背面各有 8 个毛片，分成 2 排，前排 6 个，中间两个较大；后排 2 个，位于近中间，毛片均为黄绿色，周围无黑褐色纹。各刚毛及气门片都为黑褐色，腹部趾钩为 34 ~ 42 个，单序缺环，苞长达到 15 ~ 25 厘米以上。

预蛹体长为 11.5 ~ 13.5 厘米，比 5 龄幼虫短，呈淡橙红色，体形伸直，体节膨胀，腹足及臀足收缩，活动能力减弱。蛹长为 7 ~ 10 毫米，呈长椭圆形，末端较尖细。最初为淡黄色，后转为红棕色至褐色，翅、触角及足的末端均延伸至第 4 腹节后缘，腹节气门突出，第 4 ~ 8 腹节节间明显凹入，第 5 ~ 7 节近前缘处各有一条黑褐色横隆线，臀棘明显突出，上有 8 根钩刺，肛门位于第 10 腹节。雄蛹的腹部末端较圆钝，生殖孔位于第 9 腹节，距离肛门近；雌蛹的末端较尖细，生殖孔位于第 8 腹节后缘，距离肛门远，并且第 9 腹节节间缝中央向前延伸呈“八”字形，蛹外常被白色薄茧所包裹。蛹的发育分为 5 级，从复眼的颜色变化到翅面线纹的出现，直到尾节有黑斑，都表现出不同的发育阶段。

成虫体长为 7 ~ 9 毫米，翅膀展开时为 12 ~ 18 毫米。复眼为黑色，其身体和翅膀呈黄褐色，前翅和后翅外缘带有黑褐色宽边。前翅前端为暗褐色，带有 3 条黑褐色横线，其中中间的横线较短，不延伸到后缘，外缘有 1 条暗褐色宽带。后翅带有 2 条黑褐色横线，内缘线较短不达后缘，外横线及外缘线与前翅相似。雄蛾体形较小，前翅短纹前端有黑色毛簇形成的眼状纹，前足跗节基部长有黑毛，休息时尾部常向上翘起。雌蛾体形较大，休息时尾部保持平直。

（二）为害特点

稻纵卷叶螟的幼虫通常偏好在水稻植株的上层叶片进行卷叶活动，其中，超过 70% 的卷叶发生在自顶部向下数的第 2 片叶子上，剩余部分出现在第 3 片叶子上。卷叶的平均长度为 8 厘米，约占叶片总长度的 22%。在某些情况下，卷叶可能覆盖整个叶片。稻纵卷叶螟第二代和第三代幼虫的生活习性大致相同，刚孵化的幼虫通常会在叶尖沿着叶脉移动，大多数会钻入心叶中，造成心叶上出现针尖大小的白色透明点。这一时期很少见到结苞现象，虽然也有极少数幼虫在叶片边缘吐丝并卷叶，但这种行为的范围较小，并且不会转到其他叶片上造成伤害。从第 2 龄开始，常见的行为是在叶尖处卷出长达 4 ~ 8 厘米的小卷苞，这一阶段被称为“卷尖期”，受害部位呈现出透明白色的条纹，且仍然不会转移至其他叶片造成伤害。从第 3 龄的后期开始，幼虫会开始转移到其他叶片上造成伤害，通常在黄昏或清晨进行移动，这时候的虫苞多为单叶管状。到了第 4 龄之后，转叶行为变得更加频繁，虫苞上会形成白色的长条状斑点。到第 5 龄时，幼虫会将整个叶片卷起。在幼虫期，可以为害 5 ~ 6 片叶片。其中，从第 1 龄到第 3 龄的幼虫食量相对较小，第 4 龄的食量明显增大，到第 5 龄则进入了暴食阶段。

（三）防治策略

1. 农业防治

选用具有抗虫或耐虫特性的水稻品种可以有效防治稻纵卷叶螟。这些品种通常叶质较硬、肉薄，不利于幼虫卷叶取食，从而导致幼虫死亡率高，发育缓慢，虫体小，蛹重轻，成虫产卵数量减少。再搭配适当的肥水管理，可以促使水稻生长发育健壮且整齐，适时成熟，这不仅可以提高水稻的抗虫或耐虫能力，还可以缩短被害期，减少损失。另外，还可以设置诱集田，集中消灭害虫。通过利用成虫产卵偏好嫩绿植株的习性，有计划地在大面积水稻田中提前栽种一小部分特别嫩绿的水稻，引诱成虫在此集中产卵。随后，在这些集中的诱集田施药进行防治，从而使得大面积的稻田中的虫量得到有效控制，达到减少或不需要使用化学药剂的目的。

2. 物理防治

利用光源对昆虫的自然吸引力，可以通过设置黑光灯来诱杀害虫，这一方法借鉴了“二化螟”的防治策略。在成虫高发期，可以在害虫密集的地区采用放置涂有肥皂水的脸盆或使用捕虫网的方式进行成虫的捕杀。此外，在同一时期，考虑到蛾类昆虫的趋荫蔽栖息习性，可以在收割作业中，将其赶往田角并在那里用药物进行灭杀。这些方法结合使用，可以有效地控制害虫

的数量，减轻其对农作物的损害。

3. 生物防治

利用稻纵卷叶螟的天敌，如螟蛉绒茧蜂、螟黄赤眼蜂和拟澳洲赤眼蜂等蜂种进行生物防治，是一种有效的防治方法。尤其是绒茧蜂，为一种优势种，专门寄生于稻纵卷叶螟的低龄幼虫。通过开发这些寄生蜂的大规模繁殖技术，并在适当的时间放蜂，可以实现对田间稻纵卷叶螟的有效控制。放蜂的具体方法可以参照“二化螟”的防治策略进行。

另一种方法是使用生物农药，如杀螟杆菌和青虫菌等细菌来防治稻纵卷叶螟。每亩施用 100 ~ 150 克的菌粉（每克含有超过 100 亿活孢子），并加入 60 ~ 75 千克的水进行喷雾。如果使用土法生产的菌粉，可以根据含菌量进行相应的剂量调整。喷雾时，添加 0.1% 洗衣粉或茶枯粉（即茶子饼粉）作为湿润剂，有助于提高防治效果。

4. 化学防治

稻纵卷叶螟的防治应该在卵孵化高峰期至低龄（3 龄前）幼虫期进行。在这一时期，3 龄以下的幼虫刚开始出现，其食量较小，还没有达到暴食的阶段。这时，幼虫主要通过吐丝将稻叶束成小尖，而药剂可以有效接触到虫体或渗透进叶尖，从而发挥防治作用。此外，3 龄前幼虫的体表蜡质层较薄，对药物的耐受性较弱，因此药剂的防效通常较好。在实施药剂防治时，应以田间稻叶束尖（或新虫苞）或低龄幼虫的数量为指标。一旦达到相关指标，即应开始防治措施。可选用的常用药剂包括 3% 阿维菌素水乳剂、30% 毒死蜱水乳剂、40% 甲维 · 毒死蜱水乳剂、58% 吡虫 · 杀虫单可湿性粉剂、34% 乙基多杀菌素悬浮剂、200 克 / 升氯虫苯甲酰胺悬浮剂、40% 氯虫 · 吡蚜酮水分散粒剂、40% 氯虫 · 噻虫嗪水分散粒剂等，具体情况如表 4–1 所示。

表 4–1　稻纵卷叶螟化学防治指标

水稻生育期	束尖或新虫苞（个 / 百丛）	1 ~ 3 龄幼虫量（头 / 百丛）
分蘖期	150	150
孕穗至抽穗期	60	60

三、黑尾叶蝉

黑尾叶蝉，也称为黑尾浮沉子，普遍存在于中国各个稻作区域，特别是长江中上游和西南各省（市、区）发生较为频繁，属于我国稻叶蝉中的主要种类。这种害虫的宿主范围包括水稻、茭白、慈姑、小麦、大麦、看麦娘、李氏禾、结缕草、稗草等多种植物。黑尾叶蝉通过取食和在产卵期间对宿主植物茎叶造成的刺伤会破坏植物的输导组织，导致受害区域出现棕褐色的条斑，使植株出现黄化或死亡。此外，这种害虫还能够传播水稻普通矮缩病，对稻作造成更进一步的伤害。

（一）形态特征

卵期的卵呈长茄形，长度约 1.2 毫米，宽约 0.2 毫米，一端略尖，中间稍微弯曲，初产时为无色透明，之后渐变为淡黄色，略尖的一端会出现微红的眼点，这些眼点随后逐渐扩大并变深，颜色由鲜红变为深红，孵化时则变为紫红或暗红色。卵通常单行排列于水稻叶鞘内侧组织中，每块可含 10 ~ 25 粒卵，最多达到 50 粒。若虫分为 5 龄期，1 龄期体长为 1.0 ~ 1.2 毫米，复眼为红色，体形为狭长的菱形，体色为黄白，两侧有深褐色的边纹。2 龄期体长约为 1.8 ~ 2.0 毫米，呈红褐色，胸节膨大，体色微绿，边纹为深褐色；胸节背面偶尔会有 2 个对称的褐色斑点。3 龄期体长为 2.0 ~ 2.3 毫米，复眼为赤褐色，翅芽开始出现，体色为淡绿，两侧边纹为棕色，并在第 2 ~ 8 腹节两侧各有 1 个褐色斑；胸节背面的 2 个对称褐斑变大，且在第 2 ~ 8 腹节背面中线两侧各有 1 个小褐点；头部复眼间有 1 个倒“八”字形的褐色斑块。4 龄期体长为 2.5 ~ 2.8 毫米，呈棕色，前翅翅芽延伸至第 1 腹节，后翅翅芽延伸至第 2 腹节，体色为黄绿色，第 2 ~ 8 腹节两侧的褐斑增大，第 8 腹节背面中央有 1 个褐色斑块。5 龄期体长为 3.5 ~ 4.0 毫米，呈棕色，前翅翅芽延伸至第 3 腹节，雌虫的腹背为淡褐色，雄虫的腹背为黑褐色，两侧边纹基本消失。

成虫期的体长为 4.5 ~ 6 毫米，呈黄绿色。其头部与前胸背板宽度相等，头部朝前呈钝圆形凸出，头顶部在复眼之间靠近前缘处有 1 条黑色的横向凹槽，其中藏有 1 条黑色的次边缘横带。复眼为黑褐色，单眼则呈黄绿色。雄性的

额部唇基区为黑色，前唇基和颊部为淡黄绿色；雌性的面部颜色为淡黄褐色，额唇基的基部两侧各有几条淡褐色横纹，颊部为淡黄绿色。两性的前胸背板均为黄绿色，小盾片也为黄绿色。前翅呈淡蓝绿色，前缘区为淡黄绿色，雄性的翅端 1/3 处为黑色，而雌性则为淡褐色。雄性的胸部和腹部的腹面及背面为黑色，雌性的腹面为淡黄色，腹部背面为黑色，四肢均为黄色。

（二）为害特点

成虫及若虫通过吸食稻株的茎秆汁液进行取食，同时也会在叶片及穗部进行食用。这种行为对水稻生产造成的损害与稻飞虱相似，表现为叶片上出现不规则的伤痕斑，这些斑点最初呈白色，随后会渐渐转变为褐色斑块，而且这种变化并不局限于叶脉之间。在受害严重的情况下，稻茎的基部会变黑，并且会出现烂秆和倒伏的现象。这些害虫还是水稻普通矮缩病、水稻黄矮病及水稻黄萎病的主要传播媒介，通过这种方式间接造成的损害往往比直接损害更为严重。另外，由它们造成的茎秆伤口还可能诱发水稻菌核病。

（三）防治策略

1. 农业防治

为有效控制黑尾叶蝉的数量并减少其对水稻田的影响，采取以下措施至关重要：第一，破坏黑尾叶蝉的越冬场所，从而减少虫源基数。这包括在绿肥田翻耕前或在早晚稻收割时，彻底铲除田边和沟边的杂草，以消减越冬虫源。第二，栽种抗虫或耐虫的水稻品种，这些品种天然就具有更好的抵御害虫的能力。第三，黑尾叶蝉通常在秧苗拔除后、移栽前迁移到田坎的杂草上取食。插秧后，这些叶蝉会迁入稻田，此时秧苗抵抗力弱，容易停止生长。因此，在秧田拔秧前 1 周内彻底铲除田边杂草，是阻止黑尾叶蝉迁入本田并造成伤害的最有效方法。第四，在水稻收割前，除了继续铲除田边杂草，还应对冬水田及时进行翻耕，同时确保冬作的小麦、油菜田及时翻耕并捡拾稻茬，以消灭隐藏在其中的若虫。第五，在稻田中养鸭也是一种有效的控制黑尾叶蝉的自然方法。鸭子可以直接取食部分黑尾叶蝉，从而减轻其对稻田的伤害。稻田养鸭的技巧可以参考“二化螟”的防治技术。

2. 物理防治

可以利用黑尾叶蝉的趋光性，使用杀虫灯诱杀，特别是在水稻鳞翅目成虫高发期间。这种方式不仅针对鳞翅目成虫，也能同时控制黑尾叶蝉的数量。通过设置杀虫灯，在夜间吸引并消灭这些害虫，可以显著减少它们对水稻的为害，从而保护作物健康生长。

3. 生物防治

在黑尾叶蝉的发生始盛期使用白僵菌粉进行防治是一种生物防治策略。白僵菌是一种自然发生的昆虫病原，它可以有效地感染并杀死黑尾叶蝉。通过撒施这种生物农药，可以在害虫刚开始大量出现时减少其数量。且这种方法环保对人和非目标生物相对安全，有助于维持农田生态平衡。使用白僵菌粉不仅可以控制黑尾叶蝉的扩散，还能减少对化学农药的依赖，促进可持续农业的实践。

4. 化学防治

在水稻种植过程中，需特别关注秧田、本田初期及稻田边行，尤其在病毒流行地区，必须确保在害虫传播病毒之前就有效地灭虫。施药的适宜时间应该在害虫达到 2 龄或 3 龄若虫期时进行，这是因为此时的害虫对药剂更为敏感，防治效果更佳。为此，推荐使用如下几种药剂：每亩可施用 10% 吡虫啉可湿性粉剂 2500 倍液、2.5% 氟氯氰菊酯 2000 倍液、20% 异丙威（叶蝉散）乳油 500 倍液或 18% 杀虫双水剂 500 倍液等。这些药剂需均匀喷雾，以确保全面覆盖，达到最佳的防治效果。

第三节　检疫性害虫——稻水象甲

稻水象甲隶属于鞘翅目和象甲科，在国际上，它主要见于美国、加拿大、墨西哥、哥伦比亚和委内瑞拉等国家。该物种于 1976 年被引入日本，随后在 1988 年传播到了朝鲜半岛。在中国，该物种最早于 1988 年在河北省唐山市被发现，紧接着于 1990 年在北京市清河也发现了其踪迹。自那时起，受影响的区域持续扩大，如今已经波及吉林、辽宁、天津、山东、浙江、湖南、安徽

和福建等多个地区。据估计，除了青海、西藏和新疆，中国的其他省份、自治区和直辖市都有这种外来物种的存在，它已经成为中国为害较严重的外来生物之一。稻水象甲的宿主范围极其广泛，在美国，成虫可以寄生于 7 科 56 属的 76 种植物上，而幼虫能够取食于 5 科 18 属的 22 种植物。其中，水稻是其最主要的宿主植物，随后是包括禾本科、泽泻科、鸭跖草科、莎草科和灯心草科等在内的各种杂草。

一、形态特征

成虫的体长范围为 2.6 ~ 3.8 毫米，新羽化后的成虫显示出深黄色并带有金属般的光泽。其体表覆盖着褐色的体壁，这些体壁上紧密排列着相互连接的灰色鳞片。在前胸背板和鞘翅的中央区域，鳞片缺失，显示出类似大口瓶的暗褐色斑点。喙的末端部分、腹部触角槽两侧、头部与前胸背板的基部、眼睛的四周、前中后 3 对足的基节基部、腹部的第 3 和第 4 节腹面及腹部末端，都被黄色的圆形鳞片所覆盖。喙与前胸背板的长度大致相等，两侧几乎为直线，仅在前端稍微收缩。鞘翅在肩部区域明显，且呈斜角，翅端平截或略微凹陷，行纹细致不明显，每行间至少覆盖 3 行鳞片，特定行的中部之后上方有突出的瘤突，这些瘤突是棒形的，不带齿。胫节呈细长弯曲状，中足的胫节两侧各有 1 排用于游泳的长毛。雄虫的后足胫节没有前端的锐突，锐突短而粗，深裂分成两叉。雌虫的锐突为单个，长而尖，具有前端的锐突。卵大多数为圆柱形，少数可能呈棒状或短杆状，主要沿水稻叶鞘内侧的叶脉方向纵向排列，分布较为分散，其他部位的分布较少。最初产下时为无色至乳白色，孵化时则变为黄色，大多数呈圆柱形。幼虫的体长为 8 ~ 10 毫米，颜色为白色，无足，头部为褐色，体形呈新月形。腹部的第 2 ~ 7 节背面具有成对向前伸展的钩状呼吸管，气门位于管道中央。幼虫分为 4 个龄期，第 1 和第 2 龄的幼虫较为细小，足突不明显，尤其是第 1 龄的幼虫在根部很少见；第 3 和第 4 龄的幼虫体形较大，足突更为明显，而第 4 龄的幼虫体形相对较短，显得较为肥胖或健壮。蛹通常附着在稻根的中部或被咬断的稻根末端，可以是单个附着或 2 ~ 6 个聚集在稻根的某一位置附近。茧壁由泥制成，质地较硬，形状为椭球形或卵球形。茧内的预蛹或蛹大多数时候头部朝向根部，极少数头部朝外，预蛹或蛹的颜色为乳白色，到羽化时期则变为浅黄色。

二、为害特点

当春季气温升至10 ℃以上时，过冬的成虫便开始苏醒并啃食周边的宿主植物。在上午和下午，这些成虫的取食活动较为频繁，而在中午时段活动则相对减少。水稻插秧完成后，稻水象甲成虫便迁移到水稻田中进行取食和破坏。因过冬地点和微气候的差异，成虫复苏的时间各不相同，导致它们迁入稻田的时间较长，成虫的破坏期也相应延长。稻水象甲在取食时沿叶片纵向啃食叶肉，并保留下表皮，留下长度不一但宽度基本相同的白色长条斑迹。幼虫则专门侵害稻根基部。卵在大约10天后开始孵化，1龄幼虫的取食主要集中在少量叶鞘及其周围组织，造成的破坏不太明显。然而，从2龄幼虫开始，它们会咬断细根，侵入或附着在根部造成伤害。当幼虫发展至4龄期，破坏加剧，它们直接咬断稻根或在稻根上钻孔，阻断了水分和养分向植株的正常输送。大量的幼虫可导致整个植株枯黄死亡，即使是少量的幼虫也会使秧苗生长迟缓，生长不良，分蘖减少，最终影响产量。

三、防治策略

（一）稻水象甲的农业防治

培育抗虫品种是防治稻水象甲的有效策略之一。研究发现，根系发达、自身补偿能力强的水稻品种能够较好地耐受稻水象甲幼虫的侵害，相对损失较轻。此外，叶脉间距小、硅化细胞数量多的品种也表现出较强的抗性，能够抵御成虫的为害。为了提高水稻对稻水象甲的抵抗力，还需培育壮实的秧苗，并适时调整播种和插秧时间。发达的秧苗根系有助于植株迅速返青，并增强对幼虫为害的补偿能力，从而减轻稻水象甲的损害。通过调整播插时期，可使成虫的为害盛期或产卵盛期与水稻的受害敏感期错开，从而有效减轻水稻的受害程度。

此外，还要做好田间的水分管理。稻水象甲的发生与水分条件密切相关，通过实施浅水管理或适时排水保持土壤湿润，可以使成虫产卵处于不利环境中，增加卵和幼虫的死亡率。同时，浅水管理或干湿交替管理有助于水稻的健康生长。因此，通过选择抗虫品种、调整播种时期及秧苗管理，结合有效的水分管理，可以构建一套综合的防治措施，既能减轻稻水象甲的为害，又能促进水稻的健康发育，增强农作物的整体抵抗力。

（二）稻水象甲的物理防治

稻水象甲成虫表现出显著的趋光性，这一特性在气温超过 20 ℃的无风或微风天气条件下尤为明显。基于这一行为，可以在稻田附近架设诱虫灯，利用其强烈的趋光反应来吸引成虫。通过设置诱虫灯，可以有效地集中诱集大量的稻水象甲成虫。这种方法能大规模地减少成虫数量，从而有效地防止它们在水稻田中造成更广泛的损害。集中消灭这些聚集在光源附近的成虫，是一种既环保又高效的农田害虫管理策略。这种策略减少了化学农药的使用，有助于保护稻田的生态环境。

（三）稻水象甲的生物防治

在农田害虫管理中，保护和利用捕食性天敌是一种重要的生态防控策略。稻田和沼泽地栖息的天敌，如鸟类、蛙类、淡水鱼类及各种蜘蛛和步甲，对于控制害虫（如稻水象甲）具有显著作用。这些天敌通过自然的捕食行为帮助维持害虫数量在较低水平，从而减轻对作物的损害。

此外，应用生物农药也是控制稻水象甲成虫的有效手段。例如，绿僵菌和白僵菌这类生物农药能够专门针对害虫进行生物控制，它们通过感染害虫来减少其数量，具有环保性高、针对性强的特点。这些生物措施不仅能有效控制害虫，还能减少化学农药的使用，有助于保护农田生态系统的健康。

（四）稻水象甲的化学防治

防治策略主要集中在控制越冬代成虫，同时涵盖一代幼虫和成虫的防治。

1. 种子处理

种子处理是通过使用种衣剂来减少成虫对秧苗的为害的有效方法。种衣剂可以选用35%丁硫克百威（好年冬）种子处理干粉剂，使用量为每千克催芽露白的稻种25～30克，或者使用60%吡虫啉（高巧）悬浮种衣剂20～25毫升，加水20毫升与每千克催芽露白的稻种混匀拌种。种子处理后，需要将种子摊开进行阴干，待干燥后再进行播种。这种处理方式不仅能有效防止成虫对秧苗的初期为害，还能通过对种子本身的保护减轻后续害虫的影响，从而提高农作物的生长质量和产量。

2. 秧田、大田时期

防治水稻中越冬代成虫的策略是关键，尤其在水稻的育秧期、插秧至分蘖期间。在此期间，越冬代成虫迁入稻田并未大量产卵之前，一旦发现成虫为害症状，就应立即进行防治，同时对一代螟虫进行兼治。这是整个生长季节中最关键的防治时期。越冬代成虫的高峰期通常出现在5月下旬至6月上中旬。为有效控制这些成虫，每亩推荐使用的药剂及剂量包括：40%氯虫苯甲酰胺·噻虫嗪（福弋）水分散粒剂8～10克、20%丁硫克百威（好年冬）乳油50毫升、25%噻虫嗪（阿克泰）水分散粒剂8克、20%氯虫苯甲酰胺（康宽）悬乳剂50毫升、48%毒死蜱乳油80～100毫升、20%阿维·三唑磷50～70毫升等，兑水40～50千克进行均匀喷雾。如果在喷药后24小时内遇到降雨，应重新进行喷药。防治时应全面覆盖，包括稻田和田埂杂草。

对于第一代幼虫的防治，应在水稻移栽后7～10天至孕穗期，越冬代成虫高峰期后3～8天，一旦水稻出现叶片发黄、弱苗、僵苗、浮秧、坐苑、烂根或整株枯死等症状，应立即施药。第一代幼虫的高峰期通常在6月下旬至7月上旬。每亩应用5%丁硫克百威（好年冬）颗粒剂2～3千克，与20千克细泥土混合后均匀撒施于水田，撒毒土前保持水深4厘米，处理后7天内不排水灌溉。对于7月下旬至8月上旬的第一代成虫高峰期，水稻收获后应进行深翻或焚烧根茬，并清除水田周围，如林带内、田堤、沟渠、路旁等越冬场所的所有杂草。必要时进行喷药防治，使用药剂与越冬代成虫的防治相同。注意交替使用不同的农药以避免害虫产生抗药性，从而保持药效并减少对环境的负面影响。这些措施共同构成了一个系统的防治方案，旨在减轻害虫对水稻的影响，确保作物的健康成长。

第四节　其他害虫

一、中华稻蝗

中华稻蝗在国际上出现在朝鲜、日本、夏威夷、马来西亚、斯里兰卡等国家和地区；而在中国的稻田中也分布广泛，尤其是在长江流域和华南地区的稻田区域，其造成的损害尤为严重。自1984年起，由于生态条件的改变，中国北方的稻田区域开始出现中华稻蝗为害年年加剧的情况，有些地方甚至出现了灾害级别的损害。中华稻蝗能够侵害的寄主植物种类繁多，包括水稻、玉米、高粱、各类麦类作物、甘蔗、甘薯、棉花、各种豆类、茭白、芦苇和蒿草等。

（一）形态特征

雌性成虫的体长为36 ~ 44毫米，而雄性成虫的体长为30 ~ 33毫米，呈黄绿色或黄褐色，并且具有光泽。在头顶的两侧，紧挨着复眼的后方，分别有1条深褐色的纵纹。前胸背板的中央部分的长度是头部长度的2倍以上，两侧也分别有1条深褐色的纵纹，与头部的纵纹相连；前胸腹板上有锥形瘤状的凸起。前翅的长度超出了后足腿节的末端，特别是在雄虫上更为明显；翅膀的前缘呈绿色，其余紧贴腹部两侧的部分为褐色，与头部及前胸的深褐色纵纹形成1条明显的带状纵纹。卵为长圆筒形，长度约为3.6毫米，宽约1毫米，中央略弯曲，一端稍微大一些，颜色为深黄色。卵块形状像短茄子，前端平截，后端钝圆，每个卵块平均含有33粒卵，卵粒向卵块前端排列成上下2行，排列较为杂乱，卵粒之间由坚韧的胶质物隔开。蝗蝻经历6个龄期，其体色与成虫相同。蝗蝻的颜面倾斜度较大，头部形状为三角形，复眼为长椭圆形，颜色为绛赤色。前胸背板略呈覆瓦状，在中央部位有3条横沟。

（二）为害特点

成虫与若虫通过啃食叶片造成损害，轻微时叶片出现缺口，严重时则叶片被完全吃掉。在水稻的抽穗期和乳熟期，它们特别偏好啃食稻茎，导致稻茎被咬断或咬伤，从而形成白穗现象；到了乳熟期，还会啃坏处于乳熟阶段的稻谷。

（三）防治策略

1. 农业防治

中华稻蝗的农业防治策略主要包括以下几点：①破坏蝗虫的越冬场所，减少虫源基数。通常在冬春季节选择蝗虫喜欢产卵的地方进行清理，如田埂、地头及沟渠边的草皮。②实行合理的轮作制度，如将水稻与大豆、向日葵、芝麻等进行轮作、间作或套种，以有效减少中华稻蝗的食物来源，从而抑制其数量的增加。③选择种植抗虫品种，优选那些叶面具有较多毛刺、叶缘锯齿较深的品种，能够自然减少中华稻蝗的侵害。④放鸭啄食。在中华稻蝗活跃期间，放鸭进入稻田啄食蝗虫成虫及其虫卵，直接减少其数量，这种方法不仅自然环保，还有助于保持生态平衡。

2. 生物防治

中华稻蝗的生物防治涵盖了多种策略，旨在通过维持和促进生态多样性来减少蝗虫的滋生。

（1）增加稻田周边植被覆盖率

增加稻田周边植被的覆盖率可以维持生态多样性，这种多样性有助于保护和利用自然敌害进行对中华稻蝗的生物控制。中华稻蝗的天敌包括多科昆虫，如蜂虻科、丽蝇科、皮金龟科、食虫虻科、步甲科、拟步甲科、麻蝇科及缘腹细蜂科等，这些昆虫可以有效抑制中华稻蝗的生长和繁殖。除了昆虫，中华稻蝗的天敌还有许多鸟类，如粉红椋鸟、灰椋鸟、喜鹊、灰喜鹊、百灵鸟、乌鸦及小白鹭等，它们能够捕食大量蝗虫，是控制中华稻蝗数量的重要生物力量。同样，蛙、蛇、蜥蜴、蚂蚁和蜘蛛等地面生物也是中华稻蝗的天敌，它们对于维持生态平衡和控制蝗虫数量具有不可忽视的作用。

（2）喷施生物制剂

除了自然措施，还有一些技术性的生物防治方法，如喷施生物制剂。微孢子虫、白僵菌、绿僵菌和痘病毒等生物制剂的使用，对中华稻蝗的控制效

果显著，因为这些制剂可以直接作用于蝗虫，减少其数量。

（3）喷洒信息素

中华稻蝗有群集的习性，可以利用这一特点，通过喷洒蝗虫聚集素，将大量中华稻蝗诱集过来，进行灭杀。这种方法不仅有效，而且对环境的干扰极小，是生物防治策略中的一部分。

3. 化学防治

在中华稻蝗防治过程中，利用其生活习性进行有效控制至关重要。观察显示，中华稻蝗在3龄前主要群集在田埂、地边及渠旁，以杂草嫩叶为食。在这个阶段，通过集中突击防治，可以有效地控制蝗虫数量，避免后期的扩散。随着中华稻蝗成长进入到3～4龄，它们通常会迁移到大田中，这一转变大大增加了防治的难度，并且往往导致防治效果下降。因此，及时在中华稻蝗聚集并活跃的早期阶段进行干预显得尤为关键。在发现每百株中有超过10株被中华稻蝗侵害的情况下，建议即刻采取化学控制措施。可选择使用70%吡虫啉可湿性粉剂2克、25%噻虫嗪水分散粒剂4～6克或2.5%溴氰菊酯乳油20～30毫升等药剂。这些药剂需稀释于50千克水中进行喷雾处理。这些化学药剂已被证实能够有效地控制中华稻蝗的活动，减少其对作物的为害。喷雾应均匀覆盖受影响区域，确保药物可以直接作用于害虫，从而达到最佳的防治效果。

二、直纹稻弄蝶

直纹稻弄蝶，也称为一字纹稻弄蝶、一字稻苞虫或直纹稻苞虫等，属于稻弄蝶类害虫之中分布范围最广、发生频率最高且影响最为严重的品种。此类害虫在国际上见于印度、斯里兰卡、日本、朝鲜、马来西亚及俄罗斯西伯利亚等水稻种植地区。在中国，除了新疆和宁夏，几乎所有地区都有其分布。直纹稻弄蝶的食物来源多样，包括但不限于水稻、茭白和竹子等植物，也会取食如游草、白茅等杂草。

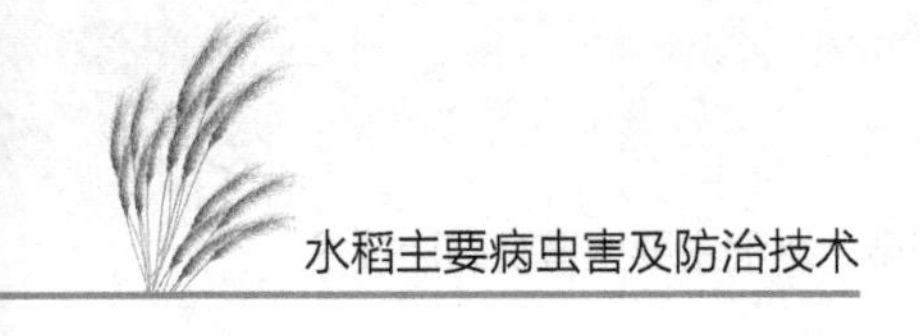

（一）形态特征

成虫的体长为 16 ~ 20 毫米，翅膀展开的距离为 35 ~ 42 毫米，身体和翅膀都呈现黑褐色，并且闪烁着金黄色的光泽。触角呈球杆形，末端装饰有钩子。前翅装饰有 7 ~ 8 个近似四方形的半透明白色斑点，这些斑点以半环形排列。后翅则装饰有 4 个白色斑点，呈“一”字形排列，这是其名“直纹”的由来。翅膀的反面颜色较正面浅，覆盖着黄色的粉末，斑纹与正面相似。卵的直径为 0.9 毫米，形状为半圆球形，顶端略有凹陷，最初为淡绿色，随后变为褐色，孵化前变为紫红色。幼虫在成熟时体长达到 35 毫米，形状类似于纺锤形，两端较细，中间较粗，前胸部分收窄，呈颈状。头部正面中央沿脱皮线及两侧有“W”形的褐色纹路，延伸至单眼区，末端尖细。胸腹部为灰绿色，表面密布小颗粒；从中胸开始的每一节的后半部分都有 4 ~ 5 条横向的皱纹，背面中央有 1 条深绿色的背线。气门为红褐色，大而向内凹，气门线为白色。蛹长约 22 毫米，形状两侧近似平行，头部平平，尾部尖锐，复眼突出。胸部的气门呈纺锤形，中间膨大，两端尖细；第 5 ~ 6 腹节的腹面中央各有 1 个倒“八”字形的褐色纹路。臀部的棘尖细长，末端带有 1 簇细小的钩子。体表覆盖着白色的粉末，外部包裹着 1 层白色的薄茧。

（二）为害特点

直纹稻弄蝶的幼虫通过将叶片卷起形成苞来生长，一旦暴发，会导致叶片被完全吃光，进而使稻株枯死。这种害虫在垦稻区、水旱轮作稻区、山区、半山区及滨湖稻区的发生较为频繁，尤其是山区盆地边缘的稻田受到的损害最为严重。

（三）防治策略

1. 农业防治

直纹稻弄蝶的农业防治方法涵盖多种技术，旨在有效控制害虫数量，保护农作物生长。首先，降低越冬虫源的基数是预防翌年害虫暴发的关键步骤。通过在冬春季节，也就是越冬成虫羽化之前，及时清除田边、沟边和塘边的游草、茭白及其他杂草，可以有效消除直纹稻弄蝶的越冬寄主和栖息地，从

而减少次年的虫口数量。在害虫发生初期，如果幼虫数量不多或虫龄较高，农民可以采用人工方法进行控制。具体操作包括剥去藏有幼虫的稻苞、直接捏死幼虫和蛹或使用拍板和鞋底将幼虫拍杀。这种方法虽然劳动强度较大，但能在不使用化学药品的情况下，减少幼虫对稻田的损害。此外，当害虫在小面积内发生且虫体较大时，可以利用放鸭啄食的生物防治方法。稻田放养鸭子不仅可以通过鸭子啄食害虫来减轻虫害，还能通过鸭子的活动帮助稻田土壤松动和通气，增加稻田的生态多样性。这种方法在一些地区已被证实对二化螟等害虫的防治同样有效。

2. 生物防治

直纹稻弄蝶的天敌众多，其自然寄生率较高，这为生物防治提供了良好的基础。在控制直纹稻弄蝶的过程中，天敌的作用尤为重要。直纹稻弄蝶的幼虫和蛹阶段各有不同的寄生蜂种类天敌。对于幼虫阶段，主要的寄生者包括弄蝶绒茧蜂、螟蛉绒茧蜂和稻苞虫赛寄蝇。而在蛹期，无斑黑点瘤姬蜂、稻苞虫黑瘤姬蜂、螟蛉悬茧姬蜂、广黑点瘤姬蜂等起着关键作用。此外，卵期的主要寄生者为稻苞虫黑卵蜂。为了增强这些天敌的活动和繁殖能力，稻田周围可以种植各种显花植物。例如，大豆、芝麻和波斯菊不仅能美化环境，还能提供必需的蜜源和优良的栖息场所，从而吸引和维持寄生蜂的种群。这些植物的引入，可以自然地增加稻田生态系统中益虫的数量，进而帮助控制害虫的暴发。在直纹稻弄蝶大规模发生的情况下，有效的时机选择对于放置寄生蜂卵卡至关重要。这种方法需要详细地参考针对“二化螟”的防治策略，以确保寄生蜂能在适当的时间内释放，最大限度地发挥其控制害虫的作用。通过科学放蜂，可以显著提高寄生率，从而减少直纹稻弄蝶对农作物的为害。

3. 科学用药

直纹稻弄蝶的有效防治策略需要仔细考虑虫龄和药物应用的时机。研究表明，直纹稻弄蝶的 3 龄幼虫阶段相对较短，且这一时期幼虫对药物的抗性较弱。因此，为了提高防治效果，建议将防治措施集中在幼虫的 2 龄期。在稻田中，幼虫通常在白天藏匿于稻苞内部取食，在傍晚或阴天时才会出来活动并取食。基于这一行为特点，选择在傍晚或阴天进行药剂喷洒，可以更有效地达到防治目的，因为这时幼虫外出活动的机会增多，药剂的接触率会更高、杀虫效果会更好。

防治指标方面，当百丛水稻中检测到有80粒卵或10 ~ 20头幼虫时，应立即采取措施，在幼虫发展到3龄之前，重点对发生较严重的田块进行药剂防治。建议使用的药剂包括90%晶体敌百虫75 ~ 100克，或者50%杀螟松乳油100 ~ 250毫升，这些药剂需兑水后使用喷雾方式施用。

三、稻瘿蚊

稻瘿蚊，也称作稻瘿蝇，隶属于双翅目瘿蚊科。在中国，这种害虫主要见于江西和湖南以南的地区，而在国际上，其分布范围涵盖东南亚、伊朗西部、苏丹及西非地区。它主要攻击水稻，同时也会侵害野生稻和李氏禾等植物，但其寄主植物范围并不广泛。在中国，稻瘿蚊过去主要在山区和半山区较为常见。然而，自20世纪70年代起，这种害虫开始逐渐向平原地区扩散，并已成为华南稻区的一大主要害虫。例如，自1971年起，广东省遭受的稻瘿蚊侵害面积持续扩大，给当地稻农带来了严重的损失。

（一）形态特征

雌性成虫的体长约为3.5 ~ 4.5毫米，翅膀展开的宽度为8.5 ~ 9毫米；雄性成虫的体长约为3毫米，翅膀展开的宽度为6 ~ 7毫米。头部较小，复眼为黑色。触角为黄色，雌虫的触角由15个鞭节组成，其中，第1和第2节较短，第3节起稍长，最后一个节最小，每个节上都缺少半环状的丝；雄虫的触角有27个鞭节，每节上生有1 ~ 2列半环状丝。胸部隆起，颜色从淡黄色变为橙红色。前翅的翅脉减少，仅保留第一支径脉，从翅基延伸至前缘中央附近，中脉有2支，肘脉仅1支。腿部细长，呈淡黄色。腹部共有10节，颜色为橙红色，形状为圆筒状。雌虫的第9腹节末端两侧各有1对长卵形的性侧片，而雄虫的性侧片几乎形成一个环形，每片末端都有1个性侧的凸起，阳具位于这半环中间，形状像“山”字。卵非常小，为长椭圆形，长度为0.44 ~ 0.52毫米，最宽处为0.10 ~ 0.14毫米，头端较大，最初为乳白色，逐渐转变为紫红色，表面光

滑，可以集体产卵或散产。幼虫刚孵化时体长为 0.42 ~ 0.49 毫米，最宽处为 0.09 ~ 0.14 毫米，成熟后体长约为 4 毫米，宽约为 1 毫米，为乳白色，形状像蛆，没有脚，头部没有眼睛。第 1 节位于头部和前胸之间。前胸腹板有 1 个深褐色的胸骨，末端分叉。有 2 对气孔，分别位于前胸和第 9 腹节之上。蛹的体长约为 4 毫米，宽约为 1.5 毫米，复眼为红色，腿为淡黄色，身体为紫色。头端有 1 对额刺，刺端分叉，一长一短，前胸背面前缘有 1 对黄褐色的背刺。前中足的末端向后延伸到第 4 腹节，后足延伸到第 5 腹节中央。腹部背面只可见到 9 节，侧面只可见到 8 节。腹节的背面后缘密布刺毛。雄蛹的腿伸至腹部末端，而雌蛹的腿仅达到第 6 节。

（二）为害特点

稻瘿蚊的幼虫通过侵害水稻的生长点造成损害，影响严重时可能导致稻株无法抽穗。在水稻的幼穗形成阶段之前，植株都有可能遭遇侵害，尤其是在分蘖期，此时植株最易被刚孵化的幼虫侵入。这些初孵的幼虫会在露水存在的叶片上移动，向叶鞘内部进发，直到达到生长点并吸食汁液。这导致生长点被抑制，使得包裹在生长点周围的心叶原基与生长点分离，进而形成虫瘿腔并开始膨胀。到了 2 龄幼虫阶段，心叶原基的上端开始生成向内生长的放射状脊，这些脊逐渐合并形成塞状组织，由此围绕幼虫形成 1 个封闭的腔室。随着幼虫的成长，虫瘿腔继续扩大并伸长，形成 1 个中空的“葱管”，3 龄幼虫期间，“葱管”可长至 9 毫米，蛹末期可能伸长至 190 毫米。“葱管”又称为“标葱”，是黄白色的，由心叶原基演变而来的叶鞘组织构成，其末端是未完全发育的叶色和叶片。“葱标”根据形态可分为 3 种类型：甲型呈现基部膨大的“大肚秧”形态；乙型的端部没有羽化孔，被称为“葱标”；丙型的端部有羽化孔，也被称为“葱标”。

（三）防治策略

1. 农业防治

农业防治策略中，对抗稻瘿蚊的有效方法包括多种综合措施，其中，关键步骤是在冬季消灭越冬寄主。通过这种方式，可以从根本上削弱稻瘿蚊的生存基础。冬季是进行稻瘿蚊防控的关键时期。在这个季节，应彻底处理田间残留的再生稻。再生稻是指那些在收割后依然能够重新生长的稻株，它们为稻瘿蚊提供了良好的越冬场所。通过结合冬耕的方式对这些再生稻进行处理，可以有效地清除田间的潜在寄主，从而减少稻瘿蚊的生存空间。

此外，对于田边和沟边的杂草，如李氏禾、芒及鸭嘴草等，也应在冬季及早春时节进行彻底清理。在积肥的同时，应注意彻底除去这些杂草，尤其是杂草近地面的短芽部分，这些通常是被忽视的稻瘿蚊越冬场所。通过这样的做法，可以有效地削减稻瘿蚊的生存环境，降低其繁殖潜力。为了进一步打断稻瘿蚊与水稻生长发育之间的一致性，可以采取改变稻田种植模式的措施。具体方法包括将单季晚稻田、单双季混种区稻田及同作双季稻田统一改为连作双季稻田。这种调整有助于打乱稻瘿蚊的生命周期，使其难以在稻田中找到合适的生长和繁殖条件。在水稻品种的选择上，应优先选择早熟品种、分蘖力强且分蘖期整齐的品种及具有抗虫特性的品种。这些品种能够在生长周期中较早达到成熟阶段，从而减少稻瘿蚊的侵害机会。早熟品种尤其有助于缩短稻瘿蚊的活跃期，降低其对稻田的为害。最后，应采取及时的中耕施肥措施，特别是在晚稻生长期。通过中耕施肥，可以促进晚稻的早期分蘖，从而加速其生长进程，有效减轻后期稻瘿蚊的为害。这种做法不仅能够提高水稻的整体健康和产量，还可以通过加快生长速度来减少稻瘿蚊的影响。

2. 化学防治

在制定化学防治策略时，应重视“抓住关键世代，小面积集中用药”的原则。这意味着应专注于那些对作物损害最大的害虫世代，并在这些关键时期在局部地区集中使用化学药剂，以此减少对环境的广泛影响，并提高防治效果。通过这种方式，可以有效地控制害虫的发展，而不必在整个农田范围内大规模施药，从而保护生态平衡并降低成本。具体的防治策略为“压三代，控四代；治秧田，保本田”。这一策略的核心是在害虫的第三代和第四代进行重点防控，特别是在这些世代害虫活跃时期，采取有力措施。同时，应重点关注秧田的防治，以保护本田，即主要的生产田，确保最终的稻谷产量和质量不受害虫的严重影响。

为了使化学防治尽可能有效，施药的时机也极为关键。必须在水稻幼穗

期形成之前完成施药，这个时期是水稻生长的敏感阶段，害虫的活动可能对作物造成不可逆转的损害。因此，及时的化学防治可以在害虫造成严重影响之前抑制它们的活动。在选择化学药剂时，常用的有30%毒死蜱水乳剂、200克/升丁硫克百威乳油、70%吡虫啉水分散粒剂等。这些药剂因其有效性和相对安全性被广泛推荐。每种药剂的选择和使用都应根据具体的害虫类型、作物生长阶段及环境条件细致调整，确保防治成功的同时尽可能减少对环境的负面影响。

四、稻螟蛉

稻螟蛉隶属于鳞翅目夜蛾科，也被称作双带夜蛾、稻青虫、量步虫、粽子虫等。这种害虫的分布范围非常广泛，中国所有主要稻田区域都有它的存在，而在国际上，它主要分布在朝鲜、日本、菲律宾、夏威夷、墨西哥等地的水稻种植区。除攻击水稻外，稻螟蛉还会侵害高粱、玉米、甘蔗、粟、茭白及多种禾本科的杂草。

（一）形态特征

成虫具有暗黄色的体色，雄性成虫的体长为6～8毫米，翅膀展开宽度为16～18毫米，前翅为深黄褐色，装饰有2条平行的暗紫色宽斜带；后翅为灰黑色。雌性成虫体形略大，体色相对雄虫稍淡，前翅呈淡黄褐色，两条紫褐色斜带之间存在间断，不连续；后翅为灰白色。幼虫阶段包含5个龄期，末龄幼虫的体长为20～26毫米，头部呈黄绿色或淡褐色，胸部和腹部为绿色。在体背的中央部位有3条白色的细纵纹，两侧各有1条明显的淡黄色纵纹。幼虫有3对胸足和4对腹足，其中，第1和第2对腹足呈退化状态，只留下痕迹，第3和第4对腹足发育正常，并具有1对尾足。由于第1和第2对腹足的退化，幼虫的爬行方式变为类似尺蠖的拱形爬行。卵的直径为0.45～0.50毫米，为扁圆形，表面具有纵横的隆起线，形成许多格状纹理，最初为深黄色，随后出现紫色环纹，接近孵化时转变为灰紫色。蛹的体长为7～10毫米，初始为绿色，随后变为褐色，羽化前变为金黄色且具有光泽。下颚较短，不到前翅长度的一半。腹部末端具有4对钩刺，其中，中央的1对较为粗长。

（二）为害特点

在水稻的幼苗阶段，幼虫能够将叶片啃食成缺口状，严重时甚至能够将叶片完全吃掉，只剩下基部。当水稻进入本田期，受害的叶片同样会出现缺口和孔洞，导致叶片残损。随着幼虫龄期的增长，其食量也随之增加，最终可能只留下叶片的中肋，严重时叶片能被完全吃光。成熟的幼虫会在叶尖处吐丝，将稻叶弯曲成类似粽子的三角形苞，并躲藏在苞内，咬断叶片，使虫苞漂浮在水面上，然后在苞内结茧，化为蛹。在叶片上，有时可以看到绿色的多足幼虫，在爬行时形成类似拱桥的形状。

（三）防治策略

1. 农业防治

稻螟蛉的生命周期包括一个关键的越冬阶段，该阶段的管理是减少害虫数量的有效手段之一。为了减少越冬虫量，实施秋翻整地是一种非常有效的方法。这个过程通过翻压土壤，将大量越冬蛹埋入土中，从而消灭了大部分越冬的虫源。这不仅直接减少了害虫的数量，也间接阻断了害虫生命周期的一个重要环节，减少了随后季节害虫的复发概率。除了秋翻整地，清除越冬场所也是控制稻螟蛉的一项重要措施。这包括秋收后及早春期间，彻底清除田边、沟边的杂草，以及收集散落和成堆的稻草，并将其集中烧毁。这样做可以消除稻螟蛉可能的越冬场所，进一步减少害虫的生存环境，有效地控制其数量。此外，化蛹盛期是另一个重要的防控时机。在这一时期，应积极摘除田间可见的三角蛹苞，并确保田间的蛹苞被彻底捡净。这一措施可以阻止新一代稻螟蛉的成虫形成，从而减少其对稻田的潜在威胁。

2. 化学防治

利用稻螟蛉成虫的趋光性，灯光诱捕成为一种实用的防控策略。在稻螟蛉成虫大量出现且雌蛾未开始产卵的阶段，灯光诱捕的效果尤为明显。这时，成虫由于强烈的趋光性，容易被特定波长的灯光吸引。通过设置灯光诱捕装置，可以集中捕捉这些飞向光源的成虫，从而有效地减少田间的成虫数量。减少成虫的数量直接影响了害虫的繁殖能力，因此可以大幅降低后续害虫的发生和为害潜力。此外，灯光诱捕不仅有助于即时减少害虫数量，也为农户提供

了一种监测害虫活动的手段。通过观察被诱捕的成虫数量，农户可以更好地了解害虫的活动趋势和潜在威胁，进而调整其他农业管理措施，如时机的调整和其他防治策略的应用。

3. 化学防治

稻螟蛉的化学防治是在管理水稻害虫中非常关键的一步。这种防治策略特别针对稻螟蛉的 2 ~ 3 龄期幼虫，因为在这个阶段进行化学防治可以有效打断其生命周期，从而减少成虫的数量和为害程度。在决定是否进行化学喷洒时，可以通过监测稻田的害虫密度来作出判断。具体来说，当稻田中每百穴的虫口数量超过 100 头，或者田间白条斑数量明显增加时，即表明害虫活动已达到严重程度，这时应及时进行化学防治。这种及时的干预可以防止害虫对稻田造成更大的损害。在选择合适的化学药剂时，通常会使用那些也适用于防治稻纵卷叶螟的药剂。这些药剂因其有效性被广泛使用，能够针对多种稻田常见的害虫提供防控。使用这些药剂不仅可以控制稻螟蛉的扩散，也有助于管理其他可能对稻田产生威胁的害虫。

五、稻绿蝽

稻绿蝽主要分布于中国东部的吉林省以南地区，会对多种农作物造成侵害。其影响范围包括水稻、玉米、花生、小麦、棉花、豆类作物、十字花科蔬菜、油菜、芝麻、各类花卉及果树等。

（一）形态特征

成虫为全绿型，体长为 12 ~ 16 毫米，宽度为 6.0 ~ 8.5 毫米。外形为长椭圆形，颜色为青绿色，越冬成虫呈暗赤褐色，腹部下侧色彩较浅。头部近似三角形，触角由 5 节组成，触角的基节为黄绿色，第 3、第 4、第 5 节的末端为棕褐色，复眼为黑色，单眼为红色。喙分为 4 节，可伸至后足的基节，末端为黑色。前胸背板的边缘为黄白色，侧角圆形且略微突出，小盾片为长三角形，基部装饰有 3 排小白点，末端狭窄且呈圆形，超出腹部中央。前翅略长于腹部末端。腿为绿色，跗节分为 3 节，为灰褐色，爪的末端为黑色。腹部下侧为黄绿色或淡绿色，覆盖着黄色斑点。

卵呈杯形，长度为1.2毫米，宽度为0.8毫米，最初为黄白色，随后转为红褐色，顶端有盖，边缘为白色，精孔突起形成环状，总数为24～30个。

若虫在第1龄时体长为1.1～1.4毫米，腹背中央有3块排成三角形的黑斑，随后变为黄褐色，胸部有1个橙黄色的圆斑，第2腹节有1个长形的白斑，第5和第6腹节近中央的两侧各有4个黄色斑点，形成梯形。2龄若虫体长为2.0～2.2毫米，为黑色，前胸和中胸的背板两侧各有1个黄色斑点。3龄若虫体长为4.0～4.2毫米，颜色为黑色，第1和第2腹节背面有4个横向的长形白斑，从第3腹节到末节背板的两侧各有6个白斑，中央两侧各有4个对称的白斑。4龄若虫体长为5.2～7.0毫米，头部有倒"T"形黑斑，翅芽显著。5龄若虫体长为7.5～12毫米，主要为绿色，触角分为4节，单眼出现，翅芽伸至第3腹节，前胸与翅芽上散布有黑色斑点，外缘为橙红色，腹部边缘装饰有半圆形红斑，中央也有红斑，腿为赤褐色，跗节为黑色。

（二）为害特点

成虫及若虫吸食幼穗和叶片的汁液，并啃食稻谷，导致取食部位出现小丘状的取食痕迹。当这些痕迹经过碘液检测不呈蓝色反应时，表明这些痕迹并非因针刺伤口而泄漏的淀粉浆汁造成。这种现象很可能是由于在取食过程中，口器分泌了一种能够凝结的唾液，当口针插入后，形成一条管道（即针鞘），作为吸取汁液的通道。受害的稻谷会导致千粒重下降，通常造成约10%的产量损失，而在严重的情况下，产量损失可达70%。取食之后，受害的稻谷表面会形成凹陷的黑点，这就是所谓的"黑蚀米"。当受害严重时，整粒稻米会变得更小且变黑，失去食用价值，从而影响稻米的产量和品质。

（三）防治策略

1. 农业防治

在稻绿蝽的农业防治策略中，关于水稻的管理，有两个重要的措施需要采取。首先，在秋季水稻收割完毕后，应立即灌溉田地。这一步骤的目的是促使成虫迁移到田边的杂草中。随后，应当清除这些杂草，并对其进行集中处理以销毁，通过这种方法可以杀死部分成虫，从而有效减少冬季虫害的源头。

另一个关键的策略是调整作物的种植布局。为了防止稻绿蝽等害虫的转移和为害，应当避免不同作物的混栽套种。种植同一作物时，最好集中连片进行，这不仅有助于减轻害虫的转移问题，也便于进行集中防治。特别是在种植早、中、晚稻的地区，应采取措施避免双季稻与中稻的混植。此外，旱地作物，如棉花、芝麻、高粱、玉米和大豆等，也应避免混栽套种。这种种植方式不仅不利于田间的管理，也增加了害虫防治的难度。

2. 生态调控

蝽类害虫的天敌众多，有效保护及利用这些天敌是控制稻绿蝽的一种经济且有效的方法。其中，跳小蜂是稻绿蝽的重要天敌之一，对稻绿蝽的卵具有显著的寄生效果。跳小蜂成虫主要以花蜜为食，因此在稻田周边种植大豆、芝麻、波斯菊等开花植物可以为跳小蜂等天敌昆虫提供丰富的蜜源。通过这样的种植布局，不仅可以吸引并维持这些有益昆虫的种群，还有助于它们在田间的生存和繁衍，从而增强其在自然控制稻绿蝽中的作用。此外，减少田边的杂草覆盖也是一个重要的环节。杂草的清除不仅有助于减少稻绿蝽的隐蔽场所，还可以恶化其越冬环境，进一步抑制其种群的增长。

3. 物理防治

在处理稻绿蝽成虫问题时，可以利用其强烈的趋光性特点。在成虫大量出现的时期，通过悬挂杀虫灯来诱杀成虫，这是一种有效的控制方法。具体操作方法可以参考用于“二化螟”防治的策略。这种策略通过设置特定的光源，吸引成虫飞向光源，而后通过杀虫灯内置的电网或黏性板捕捉并杀死这些害虫。此方法不仅能有效减少稻绿蝽的成虫数量，还可以作为一种环境友好型控制手段，减少化学农药的使用，从而降低对环境和人体健康的潜在风险。

4. 化学防治

在农田管理中，针对达到防治指标（即百丛虫量超过 10 头）的田块，一个有效的防治策略是在若虫的盛发高峰期，特别是在 2 ~ 3 龄若虫群集在卵壳附近尚未分散的阶段进行药物处理。在这个关键时期，使用合适的农药可以达到最佳的防治效果。推荐的药剂之一是 90% 敌百虫晶体，稀释 800 倍后进行喷雾。这种药剂已被证实具有良好的防治效果，能有效控制若虫的扩散。此外，还可以选择使用 50% 辛硫磷乳油，稀释至 1000 倍液进行喷雾。这些药剂不仅能有效击退害虫，还能在关键时期保护作物，防止害虫数量的进一步增加。在选择和应用这些农药时，应确保按照推荐的稀释比例进行准确配置，这是确保治疗效果的关键因素。同时，喷雾应覆盖整个受影响区域，确保若虫群体得到有效控制。

六、稻蓟马

稻蓟马隶属于缨翅目蓟马科，分布于中国的各大稻区，尤其在南方稻区的发生较为严重，包括上海、江苏、安徽、浙江、江西、福建、湖北、湖南、广东、四川和贵州等地，已经成为这些地区重要的水稻害虫。在国际范围内，稻蓟马也见于日本、泰国、菲律宾、印度等国家，在泰国和印度，它是主要的水稻害虫之一。稻蓟马的宿主植物主要限于禾本科，包括水稻、各类麦类、游草、稗草、看麦娘、鹅观草、蟋蟀草、雀稗、早熟禾、红草、白茅、画眉草、马唐、芦苇、狗牙根和野燕麦等。在这些宿主植物中，水稻和游草被视为最适合它们栖息和繁殖的宿主。

（一）形态特征

稻蓟马的成虫长度为 1 ~ 1.3 毫米，体色为黑褐色。头部形状接近方形，触角由 8 节构成。其翅膀为浅黄色，呈羽毛状。在腹部末端，雌性成虫的形态呈锥形，而雄性成虫则显得较为钝圆。卵呈肾形，长度约为 0.26 毫米，颜色为黄白色。稻蓟马的若虫经过 4 个龄期的发育，其中 4 龄若虫通常被称为蛹，长度为 0.8 ~ 1.3 毫米，颜色为淡黄色，其触角向头部和胸部的背面折叠。

（二）为害特点

当成虫侵害水稻时，它们利用刺吸式口器损伤稻叶的表皮并吸取汁液，导致稻叶的组织和叶绿素遭到破坏，形成花白色的枯斑。成虫在取食的同时在叶面产卵，使用产卵器穿透稻叶表皮，将卵随机分散在叶肉组织内，遗留下众多细小的痕迹。有的情况下，一片叶子上的卵数量可能高达 200 个，严重影响稻叶的生理功能。卵孵化出的初孵若虫会向下移动到心叶的喇叭口处。若此时心叶还未展开，则它们会暂时聚集在心叶与下一片叶子的叶腋处造成

损害。稻蓟马的1龄和2龄若虫使用与成虫相同的刺吸式口器损伤叶片表皮并吸取汁液。由于若虫移动性较低且数量较多，其造成的损害往往超过成虫。

稻蓟马造成的一种典型症状是叶片卷曲。受害的稻叶在初期会从叶尖开始内卷，随后卷曲现象继续向下扩散，导致整个叶片呈纵向卷曲并变黄，最终枯萎死亡。在秧田期，若水稻幼苗受到严重侵害，整片秧田会呈现焦黄色，仿佛被火烧过，有时甚至需要重新播种。若水稻在返青分蘖期受到侵害，则植株会显得矮小且发黄，返青和分蘖的过程被延迟，有效分蘖数量显著减少，极端情况下植株停止生长。

（三）防治策略

1. 农业防治

稻蓟马的农业防治策略主要以破坏稻蓟马生存的生态环境为主，其措施包括消除田间杂草、运用先进的栽培技术进行科学的作物布局，这样不仅能协调各项防治措施，还能最大限度地提升综合防治的效果。首先，需要清除冬季和春季田边、沟渠和川边的杂草，这有助于破坏稻蓟马的越冬和早春繁殖地，从而显著降低害虫迁入稻田的可能性。这种做法直接减少了田间害虫的总量，为水稻提供了一个更加安全的生长环境。然后，需要调整作物的种植布局，最好集中种植同一品种的水稻，形成连片栽培区域，这样的布局不仅便于管理和监控作物的生长，还能有效减少害虫由一个品种转移到另一个品种的风险，在这样的种植环境下，缩短插栽期后还有助于阻止稻蓟马在不同田块间的转移和扩散。对于那些历史上早稻受稻蓟马为害较重的地区，则需要选择使用健康且年龄适中的秧苗进行种植，避免使用体积小或生长不成熟的秧苗，这样有助于植株快速恢复和健康分蘖，加快成熟进程，从而缩短植株的脆弱期，增强其对害虫的抵抗力。

最后，插秧完毕后，还需进行适当的肥料和水分管理。充分施用基肥和叶面肥，以及在插秧后及时进行追肥和管理，可以确保植株快速返青和健康分蘖。在分蘖末期，适时的水分调节和晒田操作能进一步增强植株的健壮性和整齐度，提高植株的抗虫或耐虫能力。需要注意的是，在选择水稻品种时，应尽量避免选择过于复杂的品种，要选择那些已知具有抗虫性和高产出的优

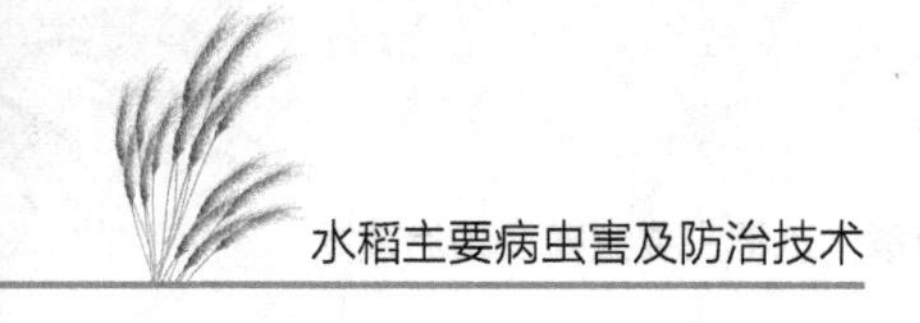

良品种。这样不仅可以简化害虫管理，还能提高农田的总体产量和作物质量。

2. 化学防治

在水稻生产中，对稻蓟马的防治策略应当遵循其发生和为害的规律，以保护幼苗为主要目标。特别关注秧苗的 3 ~ 5 叶期和本田的分蘖期，这两个阶段是水稻生育的关键时期。防治措施应侧重于对若虫的控制，同时应对成虫进行治理。在若虫的盛孵期，应将重点放在防治上，以最大限度地减少害虫对水稻的影响。确定防治对象田和制定防治指标时，必须综合考虑虫情和苗情，充分利用各地的调查研究结果。在秧田期，如果百株稻苗中发现有虫 150 ~ 200 头，或者百株有卵 300 ~ 400 粒的情况；在本田分蘖期，如果百株稻苗中发现有虫 250 ~ 300 头，或者百株有卵 600 ~ 700 粒的情况，这样的田块应立即确定为防治对象。

在虫情严重和卵量较大的情况下，若虫的发展势头强烈，且卵的盛孵期较长时，可能需要连续施用农药两次或更多。首次施药应在卵孵化的数量达到高峰之前进行，即在若虫数量激增并达到防治指标时进行。之后，应在 5 ~ 6 天后再进行一次药剂施用。在选择防治药剂时，可以使用一些常见的有效药剂，包括 70% 吡虫啉水分散粒剂、35% 噻虫嗪悬浮剂、60 克 / 升乙基多杀菌素悬浮剂、200 克 / 升丁硫克百威乳油和 90% 杀虫单可溶性粉剂等。这些药剂已被证实在控制稻蓟马方面具有良好的效果，能够有效减轻害虫对水稻生长的负面影响。

3. 生物防治

稻蓟马的生物防治角色包括花蝽、微蛛和稻红瓢虫等天敌昆虫。为了增强这些天敌昆虫的生存和繁殖能力，可以在水稻周围种植芝麻、大豆及菊科等显花植物，这些植物不仅能为天敌昆虫提供必需的蜜源，也为这些天敌昆虫提供了优良的栖息场所。通过这种方式，可以有效地维护和增强天敌昆虫的数量和活力，使其在自然控制稻蓟马中发挥更大的作用。

七、稻负泥虫

稻负泥虫，通常被称为背屎虫、抱屎虫或红头虫，隶属于鞘翅目、叶甲总科、

负泥虫科、负泥虫亚科。其主要宿主是水稻，但也会寄生于谷子、茭白、游草、芦苇等禾本科的杂草上。在国际上，稻负泥虫分布于朝鲜和日本等地。在中国，主要的分布区域有两个，一个是东北部的黑龙江、吉林、辽宁；另一个是中南部的陕西、浙江、湖北、湖南、广东、广西、四川、贵州、云南等省份。

（一）形态特征

稻负泥虫的成虫阶段表现为一种体长为 4 ～ 5 毫米的小型甲虫。其头部为黑色，前翅背面为黄褐色，而鞘翅则呈现出清晰的蓝色并带有金属般的光泽，每个鞘翅装饰有 11 条纵向的刻点。腿部为黄色，跗节为黑色。卵的长度大约为 0.7 毫米，形状为长椭圆形，最初为淡黄色，之后逐渐变成暗绿色或灰褐色，孵化前转为黑绿色。幼虫经历 4 个龄期，初孵幼虫的头部为红色，身体为淡黄色，形状类似于半个洋梨。成熟幼虫的体长为 4 ～ 6 毫米，头部小且为黑色，身体为清白色，背面隆起，肛门开口位于背部，使粪便积累于背部，因此得名背屎虫。蛹的长度约为 4.5 毫米，为裸蛹，颜色为鲜黄色，包裹在一个长度为 5 ～ 6 毫米的白色丝质茧内。

（二）为害特点

稻负泥虫的幼虫阶段对水稻构成主要威胁，这些幼虫沿着叶脉啃食叶片的表皮和叶肉组织，通常只留下一层薄薄的表皮。在取食过程中，它们倾向于沿叶片进行纵向线性移动，从而留下一系列长度不同的白色条纹。在虫口密度较高的稻田中，几乎每一片稻叶都可能遭受侵害，导致叶片焦枯并裂开，整个田野变得灰白一片。由于丧失了进行光合作用的能力，部分稻株可能会枯萎死亡。

（三）防治策略

1. 农业防治

冬春季节，在进行水稻积肥的工作中，还需要注意铲除路边和沟塘边的杂草，这可以有效防控成虫越冬。另外，在进行沟渠修复和道路整修时，应密切注意堵塞各种缝隙，以消除为害害虫的潜在藏身之地。同时，选择合适的稻苗栽培时机，使用正确的方法进行栽培也对控制害虫有显著影响，可以适时或稍微提前插秧，并培育健壮的秧苗，在这些综合措施下可以有效地避开稻负泥虫的高发期，不仅有助于减少害虫的影响，还可以促进水稻的健康成长。

2. 物理防治

为了有效控制水稻上的幼虫数量，可以采取一种简单而直接的物理方法。在清晨，使用小扫帚轻轻地将叶片上的幼虫扫落入水中，这种方法如果能持续进行 3 ~ 4 次，通常可以取得较好的效果。此时幼虫活动较为缓慢，更容易被清除。此外，还可以利用灌水的方式来消灭成虫。在水资源充足的地区，当秧苗的生长高度尚未超过田埂时，可以引水入田，使水位浸没秧苗的顶端。同时，在水中散布 7 ~ 10 毫米长的稻草，这样成虫会聚集到稻草上。接着，使用竹竿或草绳将带有成虫的稻草集中拉至田角，然后将其收集并深埋。处理完成虫和幼虫后，应立即放水，以恢复田间正常的水管理状态。

3. 化学防治

通过田间调查可以观察到，当成虫在秧田内大量交配且尚未离开时进行施药，可以获得最佳的防治效果。此外，对于本田期的施药，应当选择在幼虫大量孵化的阶段进行，这是因为在这个时期幼虫对农药更为敏感，药效更加显著。施药的具体时间也需要仔细选择。最理想的施药时间是在成虫大规模迁入稻田时的中午，因为此时气温较高，高温有助于提高药物的活性，使药效发挥更加迅速和彻底。至于防治的具体标准，通常是在田间幼虫的卵孵化率达到 70% ~ 80%，或者幼虫长到米粒大小的时候施药，在这期间药物对幼虫的控制效果最为有效。在选择合适的药剂时，有几种常用的选择。例如，45% 杀螟硫磷乳油、25 克 / 升溴氰菊酯乳油和 25 克 / 升高效氯氟氰菊酯乳油都是防治水稻害虫时广泛推荐的产品。这些药物因其强效和作用快速，被广泛用于控制稻田中的害虫，特别是在关键的生长阶段。

第五章　水稻病虫害防治的案例分析

第一节　南方水稻黑条矮缩病的发现与防治

一、南方水稻黑条矮缩病的发现、发生与危害

2001 年，位于广东省的阳西县发现了一种新型水稻病毒疾病。这种疾病的症状与由水稻黑条矮缩病毒（rice black-streaked dwarf virus，RBSDV）引起的水稻黑条矮缩病高度相似[①]。这种病害在水稻生长的不同阶段表现出不同程度的影响。在水稻的秧苗期，感染后的植株表现出极为严重的矮缩，其高度不足健康水稻的 1/3，无法正常拔节，往往会过早死亡。当病毒在分蘖初期侵染水稻时，受影响的植株会明显矮缩，高度大约只有健康植株的一半，很少能够抽穗，有时仅能形成包颈的小穗。

随着病害发展至分蘖期和拔节期，感病的水稻矮缩症状不再那么显著，且仍能够抽穗。然而，这些穗通常较小，谷粒多为空壳，粒重轻。这些植株的叶片呈深绿色，较短且直，上部的叶片基部常常出现不平整的皱褶。

到了拔节期，这些病株在地上的几个节点位置会生长出气生须根和高位置的分枝。进一步进入圆秆期后，受病影响的茎秆表面会出现直径为 1 ~ 2 毫米的瘤状突起，这些瘤突纵向排列，呈蜡点状，触感粗糙。这些瘤突在初期为乳白色，随着病情发展，颜色会转变为黑褐色。这些瘤突的出现位置取决于植株受感染的时期：早期感染的植株瘤突多出现在较低的节点，而感染时期越晚，瘤突出现的节点越高。此外，一些水稻品种的叶鞘和叶背也可能

① 周国辉，许东林，李华平．广东发生水稻黑条矮缩病病原分子鉴定［C］// 彭友良．中国植物病理学会 2004 年学术年会论文集．北京：中国农业科学技术出版社，2004．

出现类似的小瘤突。受病害影响的植株根系发育不良，须根数量减少，长度缩短。在病情严重的情况下，根系甚至会呈现黄褐色。总体而言，这种病害通常会导致水稻产量下降约20%。在病情严重的田块，产量减少可达50%以上，甚至出现绝收的情况[①]。

该病害自发现之初几年间，仅在中国局部地区零星出现。到了2009年，这种病害突然暴发，并迅速蔓延至中国南方9个省份，导致大约33万公顷的稻田受到影响，其中，部分田块甚至出现绝收情况。随后到了2010年，病害的影响范围进一步扩大至13个省份，受害稻田面积增至超过120万公顷[①]。此病害的影响也扩散至国际，2009年和2010年，越南分别有19个和29个省的4万公顷和6万公顷稻田受到了此病害的侵袭[②]。同时，此病害还传播到了日本。鉴于病害的严重性和迅速扩散性，2011年，原中国农业部迅速反应，成立了南方水稻黑条矮缩病联防联控协作组及专家指导组，目的是加强各个受影响稻区的病害防控工作。得益于这些措施，该年病害的发生面积被有效控制在25万公顷。然而，到了2012年，受害面积又一度回升至40万公顷。接下来的两年（2013—2014年），通过持续的防控努力，发生面积得以保持在大约25万公顷。尽管如此，2016—2018年，该病害的发生面积再次呈现上升趋势，每年的受害面积均超过了50万公顷，显示出该病害依旧是中国水稻安全生产面临的重大挑战。

考虑到该病害对水稻产量和质量的严重影响，以及其在全国范围内的广泛传播，2020年，中国农业农村部在制定的《一类农作物病虫害名录》中，特别将该病害列为唯一的病毒病害。这一决定反映了对该病害严重性的认识和对其防控的持续重视。

---

① 张彤，周国辉．南方水稻黑条矮缩病研究进展［J］．植物保护学报，2017，44（6）：896-904．

② HOANG A T，ZHANG H M，YANG J，et al. Identification，characterization，and distribution of Southern rice black - streaked dwarf virus in Vietnam［J］. Plant Disease，2011，95：1063-1069.

二、水稻发病的病原及病害循环

（一）病原

该病的病原最初与 RBSDV 有许多相似之处，曾被误认为是 RBSDV 的一个新的株系[①]。然而，经过对该病毒生物学和分子生物学特性的深入研究，科学家们最终确认它属于呼肠孤病毒科（reoviridae）斐济病毒属（fijivirus）的一种新型病毒。由于这种病毒最初在中国南部被发现，且其分布区域相对于 RBSDV 更偏向南方，因此被命名为南方水稻黑条矮缩病毒。由此病毒引起的病害也相应地被称为南方水稻黑条矮缩病[②]。

通过电子显微镜的观察可以看到，南方水稻黑条矮缩病毒的病毒粒子呈球状，直径约为 70 ~ 75 纳米。这些病毒粒子主要分布在感染植株的韧皮部细胞内，并且常在宿主细胞内聚集形成晶格状的结构。该病毒的基因组由双链 RNA 组成，总长度达到 2.9 万个碱基对，包含 10 个分段，这些片段按照分子质量从大到小依次被命名为 S1 至 S10。在对南方水稻黑条矮缩病毒与其他病毒的关系进行分析时，发现它与几种亲缘关系较近的病毒包括 RBSDV、玉米粗缩病毒（maize rough dwarf virus，MRDV）及马德里约柯托病毒（Mal de Rio Cuarto virus，MRCV）的核苷酸序列同源率均低于 80%。这一低同源性是科学家们确认南方水稻黑条矮缩病毒为一种全新病毒种的重要依据之一[③]。

南方水稻黑条矮缩病毒的传播机制主要依赖白背飞虱，这种飞虱以持久性的方式传播该病毒，而灰飞虱尽管可以携带病毒，却无法将其传播给其他植株。此外，褐飞虱、叶蝉及水稻种子都不具备携带或传播该病毒的能

---

① 周国辉，许东林，李华平．广东发生水稻黑条矮缩病病原分子鉴定［C］// 彭友良．中国植物病理学会 2004 年学术年会论文集．北京：中国农业科学技术出版社，2004.

② 张彤，周国辉．南方水稻黑条矮缩病研究进展［J］. 植物保护学报，2017，44（6）：896-904.

③ WANG Q，YANG J，ZHOU G H，et al. The complete genome sequence of two isolates of Southern rice black – streaked dwarf virus, a new Fijivirus［J］. J Phytopatho，2010，158：733-737.

力①。在白背飞虱体内，南方水稻黑条矮缩病毒不仅能够繁殖，还能使感染过的虫体终身携带病毒。值得注意的是，尽管这些飞虱能够将病毒传给其他植株，病毒却不会通过卵传递给下一代。无论是若虫还是成虫，都具备传播病毒的能力，但若虫的获毒和传毒效率通常高于成虫。实验数据表明，在水稻病株上繁殖的第二代白背飞虱，其带毒率约为80%。若虫和成虫获毒的最短时间为5分钟，而传毒的最短时间为30分钟。该病毒在白背飞虱体内的循环周期为6～14天，循环期结束后，多数个体能够以较高的效率进行传毒。然而，传毒活动具有间歇性，其间歇期通常为2～6天①。研究还发现，刚孵化的若虫在获毒后，一生中平均可以使48.3株水稻秧苗感染病毒，单虫最多传毒株数为87株。带毒的白背飞虱成虫在5天内可使8～25株水稻秧苗感病②。寄主偏好性试验揭示了一种独特的现象：未带毒的白背飞虱更容易被发病水稻植株散发的气味吸引，而带毒的白背飞虱则显著地偏好健康的水稻植株③。这种现象表明，南方水稻黑条矮缩病毒采用了一种“拉–推”策略，通过调控介体的偏好，促进病毒的传播。这一发现不仅增加了人们对病毒传播策略的理解，也为制定防控措施提供了新的思路，以减少南方水稻黑条矮缩病毒对水稻作物的影响。

（二）病害循环

在中国的大部分稻区，由于没有冬季水稻的栽培，如海南、广东南部、广西南端和云南西南部之外的地区，白背飞虱这一传毒介体无法越冬④。因此，每年的病毒初次侵染主要是由于迁移性的白背飞虱成虫携带病毒北上所引起的。这些飞虱能在较暖和的越冬区域存活过冬，随后在春季随着气温升高向

---

① 王康，郑静君，张曙光，等. 室内试验证实南方水稻黑条矮缩病毒不经水稻种子传播［J］. 广东农业科学，2010（7）：95-96.

② PU L L，XIE G H，JI C Y，et al. Transmission characteristics of Southern rice black streaked dwarf virus by rice planthoppers［J］. Crop Protect，2012，41：71-76.

③ WAND H，XU D，PU L，et al. Southern rice black-streaked dwarf virus alters insect vectors' host orientation preferences to enhance spread and increase rice ragged stunt virus co-infection［J］. Phytopathology，2014，104：196-201.

④ 罗举，刘宇，龚一飞，等. 我国水稻“两迁”害虫越冬情况调查［J］. 应用昆虫学报，2013，50（1）：253-260.

北迁移，逐步将病毒从南部的越冬区向北部稻区扩散。

通常情况下，我国白背飞虱的主要越冬地点位于中南半岛，而云南西南部的少数地区也有飞虱越冬的情况。海南岛上的冬季制种稻田则是一个关键的越冬虫源和毒源基地。根据早春的气流方向和水稻的播种时间，这些越冬的带毒虫群会在2—3月向北迁移到中国的广东省和广西南部，以及越南北部。每年3月，随着西南气流的流动，带毒的白背飞虱长翅成虫开始向珠江流域和云南的红河州迁移。到了4月，这些飞虱继续北上，扩散到广东北部、广西北部，以及湖南南部、江西南部、贵州中部和福建中部。5月下旬到6月中下旬，飞虱进一步向北迁移到长江中下游地区及江淮地区。6月下旬到7月初，它们甚至会迁移到华北及东北的南部地区。随后到了8月下旬以后，随着季风的转向，白背飞虱携带病毒随东北气流再次南迁回到越冬区[①]。

该病害的侵染循环如图5-1所示。在南部稻区，该病害的侵染循环展现了病毒如何通过生物载体在不同稻作阶段传播。在早春，入迁的带毒白背飞虱抵达这些地区，并开始在早稻植株上取食，此时植株尚处于拔节期前后。这一过程导致植株出现矮缩症状，同时，迁入的雌性白背飞虱在这些已感染的植株上产卵，从而诞生第二代若虫。这些若虫在感染的植株上成长，并以高达80%的概率获得病毒。随后的2 ~ 3周内，带毒的中、高龄若虫开始在植株间移动，无论是主动还是被动，都会使周围的稻株也被感染。此时，虽然早稻已进入分蘖后期，感染的植株不再表现出明显的矮缩症状，但它们仍然可以作为病毒源，供同代及后代的白背飞虱获毒。

① 张彤，周国辉．南方水稻黑条矮缩病研究进展［J］．植物保护学报，2017，44（6）：896-904．

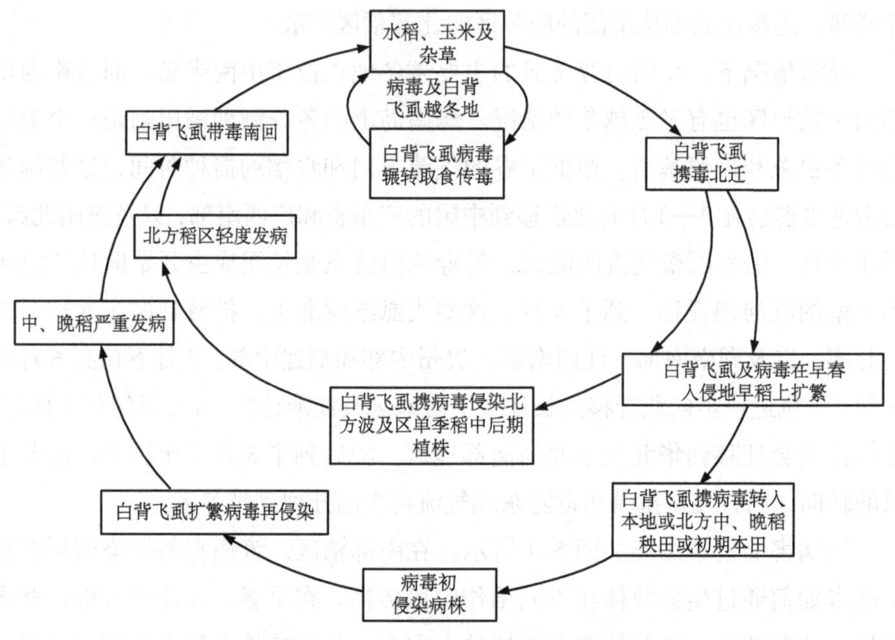

图 5–1　南方水稻黑条矮缩病的侵染循环

在这些毒源植株上诞生的第二代或第三代成虫，带着病毒进行短距离转移或长距离的迁飞至其他地区。这使得它们成为中季稻或晚季稻秧田及早期本田的新的侵染源。晚季稻的生长期，通常持续 20 ~ 25 天。如果带毒的成虫在这段时间的 3 叶期之前转移到秧田，并开始传播病毒及产卵，那么在水稻移栽前，这些秧苗就会高比例地带毒，导致本田发生严重的病害。如果带毒的成虫在秧田后期侵入，那么感病的秧苗在被移栽至本田时，会在本田初期即分蘖期前产生大量的带毒若虫。这些若虫在田间短距离转移并传毒，最终导致田间病株形成集团式分布。此外，如果早稻上获毒的若虫或成虫直接转移到中季或晚季稻的初期本田，由于这时白背飞虱群体的带毒率相对较低，因此只有少数植株会感染病毒，从而导致病株呈现零星分散的分布。到了晚季稻田的中后期，产生的带毒白背飞虱会引起水稻的后期感染，表现为抽穗不完全或其他较轻的症状。然而，这些带毒的白背飞虱在季风转向时南回至越冬区，可使越冬区的毒源基数增大，为来年的病毒传播奠定基础。

整个病害传播的过程反映了一个复杂的生态循环，其中，白背飞虱扮演

了关键的介体角色，通过其生命周期中的不同阶段在不同地理位置和不同时间点上，将病毒从一个稻田传播到另一个稻田。这种从南向北再回南的迁移模式，不仅影响了病害的地理分布，也对防控策略的制定提出了挑战，需要精准的监测和针对性的干预措施来有效管理这一病害的传播。

三、防治南方水稻黑条矮缩病的具体措施

根据南方水稻黑条矮缩病的发生规律及近年的防控经验，建立一套长期的区域间、年度间、作物间及病虫间的联防联控机制至关重要。在这一框架下，各地应根据具体情况制定防控策略，重点关注控制传毒介体白背飞虱的活动，遵循“治秧田保大田，治前期保后期”的原则，即关注秧田的病虫害管理以确保整个生长周期的作物安全，同时重视作物早期的病虫害防治以保障后期作物的健康。

（一）联防联控

加强对毒源越冬区及华南地区等早春毒源扩繁区的病虫防控是减轻长江流域及北方稻区病害的关键。有效的病虫害管理可以大幅降低病毒的扩散潜力。此外，确保早季稻的中后期得到充分的病虫害管理，有助于减少从本地及其他地区迁入的中、晚季稻毒源侵入。

（二）治虫防病

依据病虫测报系统的数据，对高危病区的中、晚稻秧田及拔节期前的白背飞虱进行精确的防治是至关重要的。为了有效控制这些病虫害，需要细心选择育秧地点和播种时间，或者实施物理防护措施，以此来避免或最大限度地减少带毒白背飞虱对秧田的侵入。此外，种衣剂或内吸性杀虫剂的使用也是处理种子的有效方法，这可以在种子发芽和幼苗生长初期提供保护。在秧苗移栽前，应对秧田进行内吸性杀虫剂的喷施，以确保幼苗在转移过程中免受病虫害的影响。完成移栽后，在植株返青期间，需要再次根据白背飞虱的虫情和带毒率评估情况，及时施用适当的杀虫剂进行防治。这一系列的措施将加强病虫害的管理，确保水稻的健康成长，从而保障农作物的产量和质量。

（三）选用抗病虫品种

尽管针对南方水稻黑条矮缩病的抗性品种仍在研发和选育中，但市场上已有一些显示出对白背飞虱有抗性的水稻品种。各地可以根据当地的实际条件选用这些品种，以增强作物对病害的自然抵抗力。

（四）栽培防病

通过对病害进行早期识别，农田管理者应当淘汰那些带毒率高的秧苗以防止病害的蔓延。在病害发生率在 3% ~ 20% 的田块中，必须迅速行动，及时拔除那些表现出矮缩症状的病株，并从未受感染的健康植株中补充秧苗。对于那些病害严重的田块，应当进行及时的翻耕和改种，这样做可以有效减少经济损失。

田间的防治试验还表明，实行每穴种植 2 ~ 3 株秧苗的“多苗插植”方法能显著降低病株的发生率。这种方法不仅能控制病害的扩散，还能通过健康植株之间的相互补偿，优化单穴的产量，从而提高整体的农作物产出。这一策略的实施，为管理病害提供了一个有效的途径，确保了作物生长的稳定性和产量的最大化。

第二节　东北地区水稻二化螟防治

一、东北地区水稻二化螟的发生、为害及现状

二化螟是一种对水稻造成严重损害的蛀食性害虫。这种害虫的幼虫在水稻的不同生长阶段表现出多种为害形式：在水稻分蘖期，刚孵化的幼虫会在叶鞘内聚集，造成叶鞘枯死，这种现象被称为“枯鞘”；随后幼虫会钻入稻茎，造成稻茎内部枯死，称为“枯心”；在孕穗期，幼虫的为害会导致水稻死亡，形成“死孕穗”；抽穗期的为害则导致“白穗”现象；到了成熟期，二化螟的为害使稻穗受损，虫伤株的比例增加，并造成瘪粒的问题。

在 20 世纪 90 年代前，黑龙江和吉林的水稻生产中很少报告二化螟造成

了严重的损害。然而，自1990年以来，二化螟的种群数量开始显著增加，这一趋势持续至今，使得二化螟已经成为东北地区水稻生产中最重要的常见害虫，严重威胁着当地的水稻产量和质量。通常情况下，未经防治的田块每年的受害株率达到20%～30%，这通常会导致产量下降大约20%。在受害严重的田块，产量减损甚至可能达到50%左右[①]。

二、防治二化螟的具体策略

（一）水田专用放蜂器

考虑到水田害虫防治的独特环境，研发团队设计了一种结构简单且易于操作的释放装置，该装置能够有效保护寄生蜂卵。该发明（中国发明专利201320503873.5）[②]专为田间释放赤眼蜂而设计，可以使用不同类型的卵作为寄主，包括大卵，如柞蚕卵和蓖麻蚕卵，以及小卵，如米蛾卵、麦卵和小菜蛾卵，甚至人工制造的假卵。

此放蜂装置精巧地由3个主要部分构成：承重体、隔片和载虫体。承重体设计为一个半球形结构，其内壁均匀分布有若干小卡片，端口处外部设有一圈凸起的卡壳，卡壳的下部则是一个外缘环；隔片部分设计有均匀分布的若干缝隙；而载虫体也采用半球形设计，其中，上部同样均匀分布有若干供赤眼蜂出虫的孔洞。当载虫体与承重体扣合后，二者共同构成了一个中部带有外缘环的球体结构。在这个结构中，承重体的空间内可注入配重物，以确保装置的稳定。隔片上方的空间用于放置人工繁殖并被赤眼蜂寄生的卵。完成这些步骤后，载虫体与承重体紧密扣合成一个整体。使用该装置时，操作者只需将其直接抛投到水田中，装置便会自动在水面上漂浮。随着赤眼蜂的羽化，这些新生的赤眼蜂会主动从出虫孔中爬出，开始在田间搜寻并寄生于害虫体内。这种设计不仅简化了放蜂过程，也确保了赤眼蜂能在最佳的时间

① 王晓丽，张晓波，孔祥梅，等. 水稻二化螟发生规律及防治的初步研究［J］. 吉林农业科学，1996（4）：43–45.

② 臧连生，阮长春，邵喜文，等. 一种适合水田释放寄生蜂防治水稻害虫的放蜂装置：201320503873.5［P］. 2014–01–15.

和位置释放，从而提高其控害效率。

自2013年以来，针对水田专用的放蜂器技术被开发并开始在田间使用，这项技术迅速获得了农技推广人员和广大稻农的普遍认可。随着技术的不断实践和优化，放蜂器在外观设计和材料使用上也逐步发生了变化，以更好地适应绿色环保的发展需求、提高放蜂效果。

在材料的选择上，放蜂器从最初使用的塑料材质转变为以可降解玉米淀粉为主要成分的材质，这一改变旨在减轻环境负担，符合国家绿色环保的战略指导。同时，为了提高放蜂效率和适应环境条件，放蜂器的颜色也从浅色调整为深色，有助于在自然环境中更好地保护寄生蜂卵免受损害。此外，为了优化放蜂器的功能，出虫孔的设计也从原来的针孔型升级为线型，这种改进可以更有效地保证寄生蜂顺利而安全地离开放蜂器。更重要的是，放蜂器的结构经过重新设计，发展为具有双腔结构的新型设计（中国发明专利201620742714.4）[①]。在这种设计中，寄生卵被放置在内腔中，而出虫孔则设在内腔的外侧。这样即使有少量水分进入，也只会进入到外腔，从而有效避免对寄生卵造成直接损害。这种新型的球形放蜂器不仅适用于传统的人工投放方法，还可以配合现代化的植保无人机进行作业，大大提高了放蜂的灵活性和效率。

通过使用新开发的水田专用球形放蜂器，操作者可以在不进入水田的情况下，直接在稻田的田埂上进行人工抛投。这种设计让放蜂器在重力的作用下自动操作：承重体会首先进入水中，而装载着天敌昆虫的载虫体则会浮于水面之上。这一机制保证了寄生蜂能够安全地浮在水面上，从而避免了被捕食性天敌捕食和雨水的破坏，有效地保护了寄生蜂的安全与生活环境。

此外，这种放蜂器的设计考虑到了生产与使用的便利性。它可以通过机械化的方式进行生产，使生产效率高，成本较低。同时，放蜂器的设计也非常适合包装与运输，其紧凑的结构不仅节省了储存空间，而且便于在不同地点间的快速运输[②]。这些特点使得球形放蜂器成为一种非常实用和高效的工

① 张俊杰，苗麟，阮长春，等．一种防治水田作物害虫的双层镂空球状赤眼蜂放蜂器：201620742714.4［P］. 2016-12-21.

② ZANG L S，WANG S，ZHANG F，et al. Biological control with Trichogramma in China：history，present status and perspectives［J］. Annu Rev Entomol，2021，66：463-484.

具，特别适合在大规模的水稻种植区域广泛使用，从而提高了田间害虫的生物防控效率，支持了农业生产的可持续发展。

（二）利用放蜂器混合释放稻螟赤眼蜂和松毛虫赤眼蜂防治二化螟

为了防治二化螟的侵害，实施了一项创新的生物控制策略，利用放蜂器同时释放稻螟赤眼蜂和松毛虫赤眼蜂。这两种赤眼蜂是通过特定的寄主卵进行大量繁育而获得的，其中，稻螟赤眼蜂利用小卵（如米蛾卵）繁殖，而松毛虫赤眼蜂则采用大卵（如柞蚕卵）作为中间寄主。

放蜂活动主要集中在吉林省的几个水稻主产区，包括吉林市永吉县、松原市前郭县、长春市双阳区和通化市辉南县。这些地区均为水稻二化螟的高发区，因此特别需要采取有效的生物防治措施。

放蜂时间的选择依据二化螟的预测预报结果，首次放蜂时间定于 2014 年 6 月 23 日。此时间是基于对二化螟生活周期和活动模式的精确监测，旨在最大限度地利用赤眼蜂的寄生效果。

在每次放蜂时，会混合使用放蜂器释放松毛虫赤眼蜂和稻螟赤眼蜂。每公顷地块会释放 12 万头松毛虫赤眼蜂和 3 万头稻螟赤眼蜂，这些赤眼蜂平均分装在 3 个放蜂器中。放蜂周期为每 5 天进行 1 次，连续放蜂 3 次，每公顷总计放蜂 45 万头。这种密集的放蜂策略确保了足够数量的赤眼蜂在田间进行生物控制，以期达到最佳的防治效果。此外，这一防治方案覆盖了吉林省的 1333.3 公顷水稻种植面积，各示范点分别在 333.3 公顷的面积上实施放蜂防治。这一大规模的生物防治实践不仅体现了生物控制技术的应用潜力，也是对该地区水稻生产保护的一次重要尝试。

（三）防治效果比较

在 2014 年，为了对抗水稻二化螟的侵害，吉林市永吉县的示范地点设置了一个 7.3 公顷的核心放蜂区。在这个区域内，实施了几种不同的放蜂和防治组合，具体操作如下。

在 1.67 公顷的面积上，每公顷放置 12 万头松毛虫赤眼蜂和 3 万头稻螟赤眼蜂，每隔 5 天进行 1 次放蜂，总共进行 3 次放蜂。

在另外 1.67 公顷的区域，采用相同的方法放置 12 万头螟黄赤眼蜂和 3 万头稻螟赤眼蜂，也是每隔 5 天放蜂 1 次，共放蜂 3 次。

在第三个 1.67 公顷的区域，设置水稻二化螟性诱剂，每公顷设置 15 个点位。

第四个 1.67 公顷的区域中，同时使用水稻二化螟性诱剂、松毛虫赤眼蜂和稻螟赤眼蜂进行综合防治。

作为对照，第五个区域，0.67 公顷的面积内不采取任何防治措施。

为了评估这些防治策略的效果，水稻收割前，在各处理区域的中心采用平行跳跃式取样方法进行调查。在每个调查点，连续检查 100 个稻穴，记录下总株数、白穗数和虫伤株数。通过这些数据的分析，结果显示混合释放松毛虫赤眼蜂和稻螟赤眼蜂的方法对于控制二化螟的效果最为显著，防治效果达到了 84.52%，如表 5–1 所示。

表 5–1 永吉县赤眼蜂防治水稻二化螟效果调查（2014 年 9 月 14 日）

处理	操作方法	防治成本（元 / 公顷）	百穴白穗数（穗）	虫伤株率	校正防效
松毛虫赤眼蜂 + 稻螟赤眼蜂	每次每公顷 12 万头松毛虫赤眼蜂 +3 万头稻螟赤眼蜂，放蜂 3 次	225.0	0	（0.23 ± 0.11c）%	84.52%
螟黄赤眼蜂 + 稻螟赤眼蜂	每次每公顷 12 万头螟黄赤眼蜂 +3 万头稻螟赤眼蜂，放蜂 3 次	300.0	0.33	（0.40 ± 0.09c）%	76.19%
性诱剂	每公顷 15 个性诱剂点位	450.0	5.33	（1.11 ± 0.15b）%	33.93%
松毛虫赤眼蜂 + 稻螟赤眼蜂 + 性诱剂	每公顷 15 个性诱剂点位，每次每公顷 12 万头松毛虫赤眼蜂 +3 万头稻螟赤眼蜂，放蜂 3 次	675.0	0.67	（0.56 ± 0.20c）%	66.67%
空白对照	无任何防治措施	—	5.67	（1.68 ± 0.15a）%	—

三、东北地区二化螟防治经验总结

（一）关于水田专用放蜂器发明的启发

配套适合水田专用放蜂器具的研发考虑到了水田作物栽培管理的特殊需求，尤其是在进行有害生物防治时的操作便利性。传统的方法中，操作者需穿戴适合水田的靴子下田，这种方式操作复杂且费时。然而，随着适合水田专用的球形放蜂器的设计和制造，这一情况得到了显著改善。操作者无须下水，只需站在稻田的田埂上，便能轻松地将具有一定重量的放蜂器抛投入水田。

这种球形放蜂器的使用极大地提高了工作效率，节省了人力和时间。具体而言，1 人在每天 8 小时的工作时间内，可以通过释放赤眼蜂来防治水稻螟虫达到 40 公顷左右，而同样时间内，传统的人工施药方法仅能处理约 3 公顷。此外，这种设计为球形的放蜂器不仅便于包装、节省空间，还便于运输，有效降低了物流成本。更重要的是，这种放蜂器的设计可以有效地避免捕食性天敌对赤眼蜂的捕食，增加了赤眼蜂的生存率，从而提高了生物防治的效果。因此，这种放蜂器的发明不仅简化了操作流程，还提高了防治效率，是水田害虫生物防治技术的一大进步。

这项技术的推广和应用不仅需要考虑到赤眼蜂等天敌昆虫的生物学特性和效用，放蜂器具的设计和功能性同样关键。只有当放蜂器具能够有效支持天敌昆虫的生存和释放，技术才能被广泛采纳并大规模推广。因此，放蜂器具的研发与创新是推动生物防治技术发展的一个不可或缺的组成部分，对于实现可持续的农业生产模式至关重要。通过这些创新，能够更好地保护作物，减少化学农药的使用，同时为农业生态系统的健康和稳定做出贡献。

（二）稻螟赤眼蜂和松毛虫赤眼蜂成为东北地区防治水稻二化螟蜂种的原因

1. 蜂种来源

蜂种来源于当地的自然种群，这意味着这些寄生蜂能够更好地适应当地的气候、生境及寄主条件。在东北地区，稻螟赤眼蜂和松毛虫赤眼蜂自然存在于田间，它们专门寄生于二化螟的卵中。这种自然形成的种群具有天然的适应性和生存优势，使得它们成为该地区控制二化螟非常有效的生物防治工具。利用这些本地寄生蜂进行生物控制，不仅能有效降低二化螟的发生率，还能维持生态平衡，减少对环境的干扰。因此，稻螟赤眼蜂和松毛虫赤眼蜂的使用，在东北地区的农业害虫管理中具有重要的地位。

2. 田间自然优势

通过田间自然种群动态监测调查，研究人员发现，在当地水稻田中自然存在着多种赤眼蜂，包括稻螟赤眼蜂、螟黄赤眼蜂、玉米螟赤眼蜂、松毛虫赤眼蜂。在这些赤眼蜂中，稻螟赤眼蜂表现出显著的优势，它不仅发生期最早，而且在数量上占据绝对优势，并且活动时间持续最长，因此是水稻二化螟卵的主要天敌。

稻螟赤眼蜂的发生期通常始于 7 月初，其活跃高峰与水稻二化螟成虫的羽化高峰期相吻合。这种同步性使得稻螟赤眼蜂能有效地寄生在二化螟卵上，最大化其生物防控的效果。赤眼蜂的活跃期可以持续长达两个月，这一时间跨度覆盖了水稻生长的关键阶段，能极大地帮助控制水稻二化螟的发生和蔓延。

3. 寄生能力强

寄生能力是评估赤眼蜂防控效果的关键指标。在 0 ~ 4 日龄的二化螟寄主卵的实验中，松毛虫赤眼蜂在各种条件下通常都展示出最强的寄生能力。在温度为 18 ~ 26 ℃时，松毛虫赤眼蜂的寄生数量达到最多。而在更高的温度区间，即 30 ~ 34 ℃时，稻螟赤眼蜂的寄生数量最多，其次是松毛虫赤眼蜂。

湿度也对赤眼蜂的寄生能力产生显著影响。在不同湿度条件下，稻螟赤眼蜂通常都表现出最优的寄生能力。在 50% ~ 70% 的相对湿度下，松毛虫赤眼蜂也表现出较好的寄生效果[①]。然而，当考虑各种温湿度条件时，玉米螟赤眼蜂在所有赤眼蜂中的寄生能力显得最弱。

---

① YUAN X H，SONG L W，ZANG L S，et al. Performance of four Chinese Trichogramma species as biocontrol agents of the rice striped stem borer，Chilo suppressalis，under various temperature and humidity regimes [J]. J Pest Sci，2012，85：497–504.

4. 用大卵繁育松毛虫赤眼蜂和小卵繁育稻螟赤眼蜂混合释放防治水稻二化螟的优势

混合使用大卵和小卵繁育的赤眼蜂来防治水稻二化螟已被证明是一种成本效益高且有效的方法。具体而言，传统的使用小卵（如米卵）单独繁育稻螟赤眼蜂的方法，每公顷的防治成本约为 750 元。相比之下，采用放蜂器混合释放大卵（如柞蚕卵）繁育的松毛虫赤眼蜂（36 万头 / 公顷）和小卵繁育的稻螟赤眼蜂（9 万头 / 公顷）的策略，可以将生产成本降低至约 225 元 / 公顷，实现了约 70% 的成本削减。这种混合放蜂方式的成本与传统的化学农药防治成本基本相当，但显著地降低了人工成本。

在田间应用效果方面，这种混合放蜂策略也表现出色。通过性诱剂监测二化螟的活动高峰期，采取在每公顷释放 12 万头松毛虫赤眼蜂和 3 万头稻螟赤眼蜂的方法，每隔 5 天进行 1 次，共放蜂三次，每公顷累计放蜂 45 万头。这种方法的防治效果可以达到 80% 以上，与化学农药的效果基本持平。

基于成功筛选出优势蜂种、评估田间防治效果、建立小卵蜂生产线，以及开发适合水田释放的放蜂器，吉林省在全国范围内率先大规模推广赤眼蜂防治水稻二化螟的技术。自 2014 年起，吉林省便开始推广示范赤眼蜂混合释放的防治技术。特别是从 2016 年开始，这项技术被纳入政府物资采购项目，总投入专项资金达到 3870 万元。2016—2020 年，该技术在全省的累计推广示范面积达到了 237 333.3 公顷。

进入 2018 年后，吉林省人民政府进一步将赤眼蜂混合释放防治水稻二化螟技术定位为农业主推技术。每年的推广应用面积约为 66 666.7 公顷，显示出该技术在实际应用中的广泛性和高效性。除了在吉林省的大规模推广，这一赤眼蜂防治技术在辽宁、四川、上海、浙江、贵州等地区也得到了应用。这种从单个省份到多个省份的推广，不仅证明了技术的有效性，也反映了其在不同地域和气候条件下的适用性和扩散潜力。

5. 稻螟赤眼蜂和松毛虫赤眼蜂混合释放适合在东北地区推广防治水稻二化螟的重要条件

在东北地区，由于作物害虫种类相对较为单一，筛选出当地主要害虫的优势天敌种类将极大地加强对害虫的有效控制。特别是在东北地区的水稻生产中，水稻二化螟是最主要的常见害虫，这与南方稻区情况不同，后者除了水稻二化螟，还频繁发生稻纵卷叶螟和稻飞虱等其他重要害虫。

为了应对这一挑战，依靠筛选出的稻螟赤眼蜂和松毛虫赤眼蜂这两种优势蜂种，可以在水稻二化螟的发生期进行田间释放，这一策略已被证明可以有效控制水稻二化螟的发生和为害。通过这种方法，不仅能够针对性地解决东北地区水稻生产中的主要问题，还能减少对化学农药的依赖，从而支持可持续农业的实践。

第三节　我国水稻褐飞虱的抗药性治理

一、褐飞虱在我国的为害情况

褐飞虱是我国重要的水稻害虫之一，其发生历史悠久且影响深远。在20世纪70年代，褐飞虱曾5次大规模暴发，而在20世纪80年代至20世纪90年代初的12年时间里，有8年记录有大范围的褐飞虱暴发。特别是在1973—1994年的22年里，至少有17年褐飞虱的年发生面积超过了全国水稻种植面积的1/3。然而，1992—2004年，褐飞虱的发生相对较轻。

尽管有这样一段相对平静的时期，但近年来褐飞虱问题再次成为严重的农业威胁。它不仅在全国范围内的发生强度和暴发频次有了明显的增加，而且发生的地理范围在扩大，部分地区几乎每年都有大规模的发生记录。特别是在2005—2009年，褐飞虱在我国南方稻区及长江中下游稻区大量暴发，年发生面积分别达到了1140万公顷、1670万公顷、1570万公顷、1260万公顷和1040万公顷[①]。2005年，褐飞虱在西南单季稻区、长江中下游单季稻区和双季晚稻区、华南晚稻区发生了大暴发，这在浙江、江苏、上海、安徽、贵州的大部分地区及湖北和湖南的部分地区造成了近20年来最严重的虫害。2005年10月9日，广东高明地区单灯诱虫量达到了惊人的1.175千克，约有76.8万头。到了2006年8月31日晚，南京市城区路灯下的褐飞虱密集到如

① 中国农业年鉴编辑委员会. 中国农业年鉴［M］. 北京：中国农业出版社，2006.

同下雪，可见其发生的严重程度。

二、我国褐飞虱抗药性的发展

自20世纪70年代后期起，中国开始监测褐飞虱对农药的抗药性，并在1977年发现褐飞虱对丙体六六六的抗性已经达到了11倍。此后，进一步的报告显示，褐飞虱还逐渐对马拉硫磷、杀螟松等有机磷类杀虫剂产生了中等级别的抗性[①]。

在20世纪80年代末期，昆虫生长调节剂类杀虫剂噻嗪酮引进中国，凭借对褐飞虱低龄若虫的高效杀虫活性、对高等动物和天敌的安全性及良好的环境相容性，其迅速成为防治褐飞虱的主要品种。1996—2007年的抗药性监测显示，直至2004年褐飞虱对噻嗪酮未明显产生抗性。然而，自2005年起，中国大部分稻区的褐飞虱种群对噻嗪酮的抗性快速发展，到了2020年，监测地区的褐飞虱普遍对噻嗪酮产生了高水平抗性，超过500倍。

在20世纪90年代初，新烟碱类杀虫剂吡虫啉被引入中国。由于其高效的杀虫活性和长效持续期，特别是对半翅目害虫的特效性，吡虫啉很快成为各大稻区防治褐飞虱的首选药剂，并被广泛推广。但到了2005年，中国首次报道田间褐飞虱对吡虫啉产生了高水平抗性。同年，在长江流域的江苏、浙江和安徽等省的稻区，吡虫啉的使用量增加了4～8倍，然而其防治效果却从95%降至约60%。鉴于褐飞虱对吡虫啉产生了高至极高的抗性，全国农业技术推广服务中心随后发出通知，要求暂停使用该药剂。

到了2020年，中国南方主要稻区的褐飞虱对吡虫啉和噻虫嗪的抗性分别达到了2500倍以上和300倍以上。同时，对新近推广使用的第三代新烟碱类杀虫剂呋虫胺，褐飞虱的抗性最高已超过500倍。而对吡蚜酮，褐飞虱的抗性也处于中至高水平，为85～252倍。因此，全国农业技术推广服务中心建议在抗药性严重的地区暂停使用吡虫啉、噻虫嗪和噻嗪酮[②]。

---

① 王彦华，王强，沈晋良，等．褐飞虱抗药性研究现状［J］. 昆虫知识，2009（4）：518-524.

② 张帅．2016年全国农业有害生物抗药性监测结果及科学用药建议［J］. 中国植保导刊，2017，37（3）：56-59.

三、治理水稻褐飞虱抗药性的经验总结

（一）杀虫剂的使用与2005年后褐飞虱大发生的关系

过度依赖新型杀虫剂，如吡虫啉等，是导致2005年以后南方稻区褐飞虱大规模暴发的重要原因之一。长期而大量地使用单一品种的杀虫剂，使褐飞虱对这些药剂产生了高水平的抗药性。虽然杀虫剂能在短时间内有效地控制害虫种群数量，但这种做法可能导致一系列问题，最后反而增加害虫的数量。

具体来说，杀虫剂的使用除了压制害虫数量，也会带来所谓害虫再猖獗的问题。这主要是因为以下3个因素。

1. 杀虫剂的广泛使用对褐飞虱天敌的大规模杀伤

褐飞虱的天敌，包括蜘蛛、蝽和寄生蜂等，对于稻田中褐飞虱种群的自然控制扮演着关键角色。然而，在褐飞虱的化学防治过程中，由于缺乏对杀虫剂品种的合理选择，导致许多药剂，包括一些主流品种，对这些有益生物产生了显著的杀伤作用。具体研究发现，三唑磷和杀虫双等杀虫剂对稻田中的捕食性蜘蛛具有较高的杀伤作用。相比之下，氟虫腈和吡虫啉对稻田蜘蛛的影响虽然较小，但吡虫啉对黑肩绿盲蝽的杀伤力较大，而噻嗪酮则对稻田中的天敌相对安全。

这种对天敌的杀伤被认为是害虫再猖獗的一个重要原因。杀虫剂的使用不仅明显降低了捕食性天敌的数量，还削弱了它们在自然环境中的控制作用。结果，害虫得以迅速恢复甚至增加，因为天敌的数量和效能已被化学防治削弱。

2. 杀虫剂的亚致死剂量刺激褐飞虱生殖

杀虫剂的亚致死剂量可能直接导致褐飞虱雌虫生殖力的激增，这被认为是褐飞虱大发生的直接原因之一。长期且单一地使用某些杀虫剂，导致褐飞虱对这些药剂产生了耐药性和抗药性。这种耐药性使得原本能有效控制褐飞虱种群密度的致死剂量变得不再有效，转而成为亚致死剂量。这样的剂量不但不能有效控制褐飞虱，反而可能刺激其生殖力，从而显著提高其种群增长

率，引发猖獗为害[①]。庄永林等[②]的研究表明，用亚致死剂量的三唑磷（LC1，6.25 毫克 / 升）处理褐飞虱 3 龄若虫后，长翅型雌虫的平均产卵量可达到（325.5 ± 62.2）粒 / 头，这约是对照组 164.5 ± 1.0 粒 / 头的两倍；而短翅型雌虫的产卵量也从对照组的（242.3 ± 42.0）粒 / 头增加到（321.4 ± 25.6）粒 / 头，增幅约为 0.3 倍，具体如表 5–2 所示。此外，经过三唑磷处理的褐飞虱表现出产卵前期缩短、产卵期延长及卵块数量增多的趋势。拟除虫菊酯类药剂，如溴氰菊酯、高效氯氰菊酯及高效氯氟氰菊酯；有机磷类药剂，如甲胺磷、久效磷；氨基甲酸酯类药剂，如灭多威、杀虫威及丁硫克百威等，早已被证实能刺激水稻褐飞虱的再猖獗[③]。此外，非菊酯类药剂，如井冈霉素在一定剂量下（如 75 克 / 公顷）也可明显增加水稻褐飞虱的种群数量，井冈霉素和杀虫双甚至可以提高水稻褐飞虱若虫的存活率。除了影响褐飞虱的生存和繁殖，有些杀虫剂还可能促进水稻生长，为褐飞虱提供丰富的食料来源，吸引更多的褐飞虱迁入。同时，农药的使用有时还会降低水稻植株本身对褐飞虱的抗性，使得褐飞虱更容易侵害植株并造成更大的为害。

表 5–2　三唑磷对不同翅型褐飞虱雌虫繁殖的影响[④]

处理	试虫对数	翅型	产卵雌虫占比	产卵前期（天）	产卵期（天）	产卵量（粒）	卵块数（个）
三唑磷 1	32	长翅型	75.0%	3.1 ± 0.6a	11.8 ± 2.3a	325.5 ± 62.2a	59.0 ± 19.2a
对照 1	38	长翅型	63.2%	4.3 ± 1.4a	9.3 ± 0.6a	164.5 ± 1.0b	42.3 ± 1.3a
三唑磷 2	35	短翅型	91.4%	2.8 ± 0.4a	11.9 ± 2.3a	321.4 ± 25.6a	62.8 ± 42.9a
对照 2	12	短翅型	75.0%	3.2 ± 2.4a	9.0 ± 1.5a	242.3 ± 42.0b	52.6 ± 6.8a

① 王彦华，王鸣华. 近年来我国水稻褐飞虱暴发原因及治理对策［J］. 农药科学与管理，2007（2）：49–54.

② 庄永林，沈晋良，陈峥. 三唑磷对不同翅型稻褐飞虱繁殖力的影响［J］. 南京农业大学学报，1999，22（3）：21–24.

③ 高希武，彭丽年，梁帝允. 对 2005 年水稻褐飞虱大发生的思考［J］. 植物保护，2006（2）：23–25.

④ 庄永林，沈晋良，陈峥. 三唑磷对不同翅型稻褐飞虱繁殖力的影响［J］. 南京农业大学学报，1999，22（3）：21–24.

稻田中除了褐飞虱的为害，还存在稻纵卷叶螟、二化螟等多种害虫的问题。随着甲胺磷等5种高毒有机磷类农药被禁用，农民为了达到更好的防治效果，开始使用有机磷类药剂和含菊酯类药剂的混合剂，或者农民自行使用菊酯类药剂进行防治。这些做法可能导致褐飞虱的生殖力增加。

在中国，菊酯类药剂在稻田中的使用时常发生，且往往是隐性的。农民往往自行选择使用含菊酯的混剂处理水稻田，这一行为超出了行政部门和农业技术推广部门的控制范围。这种自发的药剂使用增加了褐飞虱问题再次恶化的可能性，不仅增加了控制褐飞虱的难度，尤其是在水稻生长的后期，还导致了杀虫剂使用量的增加。

3. 褐飞虱耐药性或抗药性增加

害虫耐药性或抗药性的增加是导致害虫问题再次恶化的一个重要原因。化学杀虫剂的不合理使用，特别是同一品种的长期、大面积和过量使用，不仅加剧了环境污染问题，还导致了褐飞虱抗药性水平的持续上升[①]。目前，褐飞虱已对多种常用于其防治的杀虫剂产生了高水平的抗性，这使得这些药剂在稻田中的使用被迫停止，包括吡虫啉、噻虫嗪和呋虫胺等。甚至部分褐飞虱种群对2016年才在中国登记使用的新型砜亚胺类杀虫剂氟啶虫胺腈也已产生了中等水平的抗性。

这种现象在中国及其周边国家尤为显著，对吡虫啉等杀虫剂的过度依赖，或所谓“掠夺性”使用，最终导致了褐飞虱高水平抗药性的形成。这种抗性的产生严重影响了对褐飞虱的有效控制。从化学防治的历史发展来看，任何一种化学农药如果被长期大量使用，最终几乎必然会导致目标害虫产生抗药性，这是一个几乎不可避免的结果[②]。

施药技术不当是导致褐飞虱抗药性加剧的另一个重要因素。褐飞虱主要在水稻的基部聚集为害，而对那些主要通过触杀和胃毒作用来防治害虫的杀虫剂而言，施药过程中使用足够的水量，确保药液能够有效到达水稻基部，

① 沈建新，沈益民．2005年褐飞虱大暴发原因及其应对策略［J］．昆虫知识，2007（5）：731-733.

② 高希武，彭丽年，梁帝允．对2005年水稻褐飞虱大发生的思考［J］．植物保护，2006（2）：23-25.

是提升防治效果的关键。然而，农民为了节省劳动力，往往采用高浓度、低水量的喷雾方式，这使得药液难以充分流达稻丛的基部。此外，对于那些具有内吸作用的杀虫剂，水稻在生长后期传导药剂的能力会降低。这意味着药剂向下传导的有效药量可能达不到杀死褐飞虱所需的致死剂量，转而成为亚致死剂量。这种亚致死剂量不足以杀死褐飞虱，反而可能对褐飞虱起到一定的筛选作用，从而加速了褐飞虱对这些药剂的抗药性发展。

直播水稻的种植方式也加剧了这一问题。直播方式下，水稻的植株密度相对较高，这增加了在水稻基部施药的难度。药液在这种密集的植株中难以均匀分布，尤其是难以到达靠近地面的部位，这是褐飞虱的主要活动区域。因此，即便施用了足够的药剂，由于分布不均，效果仍可能大打折扣。

（二）褐飞虱抗药性管理的有效方法

褐飞虱已对多种杀虫剂产生了不同程度的抗性，这使得能长期有效用于防治褐飞虱的药剂种类越来越少。尽管如此，化学防治仍然是控制褐飞虱的一个关键手段。因此，进行有效的抗药性管理，保护当前正在使用的高效药剂品种，如虫胺腈、三氟苯嘧啶等，以延缓褐飞虱抗药性的进一步发展变得尤为重要。在褐飞虱的防治方面，首先应该采取综合防治策略。这包括选择抗虫品种、改进耕作方法，以及加强肥水管理等措施，目的是恶化褐飞虱的生存环境，从而减少对杀虫剂的依赖。基于这些初步措施，可以进一步从以下几个关键方面来有效管理褐飞虱对杀虫药剂的抗性。

1. 加强抗药性监测

抗药性监测是治理害虫抗药性的关键基础。由于不同地区和不同种群的用药历史背景各异，褐飞虱对不同药剂的抗性水平可能存在显著差异。同一地区的褐飞虱种群对同一药剂的抗性水平也可能在不同年份之间发生变化，甚至在同一地区和同一药剂下，不同季节褐飞虱的抗性水平也可能不同。因此，长期系统的监测对于了解抗药性的发展动态和现状至关重要。

通过系统的抗药性监测，可以确定褐飞虱对哪些药剂品种已经产生了高水平抗性，并据此停止使用这些药剂。同时，限制使用褐飞虱具有中等水平抗性的药剂品种，每个生长季限用 1 次，并与低抗性和敏感药剂品种轮换使用，以延缓抗药性的进一步发展。轮换使用低抗或敏感药剂品种也是有效的策略之一。褐飞虱具有远距离迁飞的习性，能够在大范围内迁移并造成为害。其虫源地的发生和防治情况对迁入区有重大影响。因此，需要按照迁飞途径选取有代表性的监测点，进行高效的杀虫剂抗性监测，明确各地区的抗性水平。同时，加强国际交流与合作，特别是了解越南和泰国等褐飞虱虫源地的抗性动态，对于制定科学的用药策略和预防性抗药性治理具有重要意义。

这种监测和治理策略能够确保农药的有效使用，减缓抗药性的发展，并减少对环境的负面影响。通过综合利用各种防治手段，包括化学防治、生物防治和农艺措施，可以建立一个可持续的害虫管理体系。这不仅有助于保护现有的高效药剂品种，延长其使用寿命，还能提高农业生产的稳定性和安全性。

2. 安全用药，保护天敌

保护和利用天敌对于控制害虫种群至关重要，应尽量使用选择性强的杀虫药剂，以在有效控制害虫的同时减少对天敌的伤害。稻田是一个复杂的生态系统，拥有多种天敌，这些天敌对害虫的自然控制作用非常显著。特别是捕食性天敌，如蜘蛛和黑肩绿盲蝽，以及寄生性天敌，如缨小蜂、赤眼蜂、螯蜂类和捻翅虫类等，需要特别保护，以充分发挥其自然控害作用。禁止在稻田中使用菊酯类农药，能够有效防止杀伤天敌及引发害虫再猖獗的问题。

实践证明，合理轮换或混合使用作用机制不同、无交互抗性的杀虫药剂，是克服或延缓害虫抗药性的有效方法。根据抗药性监测结果，合理轮换使用毒死蜱、氟啶虫胺腈、三氟苯嘧啶、吡蚜酮和烯啶虫胺等杀虫药剂，可以有效延缓褐飞虱抗药性的进展。由于褐飞虱是一种迁飞性害虫，在其迁出区和迁入区之间，以及同一地区的上下代之间，同样需要采取药剂的轮换或混合使用策略，避免连续使用单一药剂，从而减缓田间种群中抗性基因的积累，延缓抗性的形成。在此基础上，制定和实施科学合理的用药策略，不仅有助于延缓褐飞虱的抗药性发展，还能保护和利用天敌，保持生态系统的平衡。这种综合治理方法不仅依赖对天敌的保护和利用，还需要根据具体情况，科学地轮换和混合使用不同机制的杀虫药剂，从而实现对褐飞虱的有效控制。

3. 改进施药技术

在水稻生长的中后期，由于植株叶片茂盛，手动喷雾器喷洒的药液难以

有效覆盖植株的中下部，导致防治效果不佳。而泼浇式防治方法虽然用药量大，但由于不够均匀，造成了药剂浪费和环境污染。相比之下，使用高效的风送式弥雾机可以显著改善防治效果。机动式弥雾机的高效性能使其在 1 天内可以防治 1.5 ~ 2.0 公顷的水稻。更为先进的高效宽幅远程机动弥雾机则能大幅提高药剂的使用效率。这种设备所形成的雾滴穿透性强，作业效率高，1 台机器 1 天可以覆盖近 7 公顷的面积。操作人员在田埂上即可完成作业，无须下田。显著提高了对植株中下部褐飞虱的防治效果。

当前用药过程中存在的几个主要问题是稻田缺水、用药部位不准确，以及药液量不足。褐飞虱与其他害虫不同，其主要集中在水稻基部为害，因此需要改变仅对植株上部喷洒药液的方法，针对植株基部进行喷雾，并增加药液量（即水量）才能确保防治效果。特别要注意，不能因为缺少水源或为了降低劳动强度而减少药液量，同时施药后田间应保持一定的浅水层。

使用助剂可以显著提高防治效果。例如，在条件允许的情况下，可以在施药时在药液中添加有机硅助剂，这有助于提高药液在作物表面的附着和扩散能力，从而提高农药的利用率和防治效果。有机硅助剂能够降低药液的表面张力，使其更均匀地覆盖在作物表面，确保药剂能够有效到达害虫活动的区域，特别是褐飞虱集中的植株基部。

4. 替代药剂的筛选和研制

在抗虫水稻品种尚未大规模推广且生态控制措施仍需完善的情况下，化学防治在褐飞虱大发生年份仍然是不可或缺的重要手段。由于褐飞虱对现有主要杀虫药剂的抗性日益严重，加之甲胺磷等 5 种高毒有机磷类药剂在我国全面禁用，筛选和推广高效替代药剂成为当务之急。

从现有药剂中筛选出对人畜低毒且对褐飞虱高效的药剂是理想选择，可以作为褐飞虱大发生年份的应急防治储备药剂。研究表明，啶虫胺及近年来开发的一些新型杀虫剂，如氟啶虫胺腈和三氟苯嘧啶，对褐飞虱具有较好的防治效果。这些药剂可以替代那些褐飞虱已产生严重抗性的药剂使用，但需要严格限制使用次数，以尽量延缓褐飞虱对这些药剂产生抗药性的速度。

研究褐飞虱对当前主要杀虫剂的抗性机制、交互抗性及抗性遗传是治理抗性的基础。这些研究不仅有助于分析不同杀虫剂间的交互抗性，还能为制定科学合理的抗性治理策略提供依据，同时也为新型杀虫药剂的开发提供了新的思路。加强对褐飞虱抗药性机制的研究，能够深入了解其抗性形成的原因和过程，从而指导防治工作。在研究抗药性机制的同时，加快筛选现有杀虫药剂中有效防治褐飞虱的药剂品种，并开发新型混剂进行示范推广，是一项切实可行的策略。这不仅为药剂轮用方案的制定提供了可靠依据，还为农药生产提供了理想的药剂品种，从而实现更有效的抗药性治理[①]。

（三）褐飞虱防治过程中实行“治前控后”防治策略的原因

通常情况下，褐飞虱在主害代之前的一代与主害代之间的增殖倍数约为20倍，而在大发生的年份这一倍数甚至可以达到40 ~ 60倍。因此，如果在前期没有有效压制虫口基数，后期的防治压力将大大增加。此外，后期水稻正处于旺盛生长阶段，植株高大，会导致用药效果不佳，防治效果不理想。实行“治前控后”的化学防治策略，可以有效切断暴发虫源基数，控制主害代密度，从而掌握防治的主动权。

“治前控后”的策略特别适用于中等偏重发生、大发生和特大发生的年份。在褐飞虱迁入、居留和增殖过程中，如果能够在主害代前一代采取防治措施，选择最佳时机用药，将主害代前一代的虫量控制在防治指标以下，就可以抑制其恢复繁殖优势，从而防止暴发。通过这种策略，可以将损失程度控制在经济阈值之下。这是多年实践总结出的一套行之有效的化学防治方法，已在生产中得到证明。

“治前控后”的策略能够在主害代前一代采取防治行动，抑制褐飞虱的增殖，使其在主害代来临时难以形成暴发。这不仅能掌握防治的主动权，还能显著减少主害代的直接为害。在中等和大发生的年份，这一策略必须作为预防性措施，贯穿于整个水稻害虫防治工作中，从而确保水稻的健康生长和高产量。

以下通过实际案例说明“治前控后”防治策略的重要性。2012年9月11日，研究人员在一块前期未防治褐飞虱的稻田进行了田间药效试验，当时田

---

① 王彦华，陈进，沈晋良，等. 防治褐飞虱的高毒农药替代药剂的室内筛选及交互抗性研究［J］. 中国水稻科学，2008（5）：519–526.

间每百穴的褐飞虱数量已达到 3000 ~ 5000 头，卵量也很多，每百穴的卵数为 1.9 万粒。使用了 5% 丁虫腈乳油、20% 氟虫双酰胺水分散粒剂、50% 吡蚜酮水分散粒剂和 5% 氟虫腈悬浮剂进行防治，结果显示几种药剂的防治效果均不理想。具体而言，施用 240 克 / 公顷的 50% 吡蚜酮水分散粒剂后，3 ~ 14 天的防效仅为 58.9% ~ 64.8%，其他处理的效果均未超过吡蚜酮的防效。由此可见，如果前期未能压低基数，后期即使使用较好的药剂也难以取得理想的防治效果。后期水稻生长茂密，正处于生长量最大的时期，植株高大，药液难以到达稻株基部，着液量较少，严重影响了防治效果。

2013 年，江苏省仪征市实施了水稻病虫全承包专业化统防统治，由植保站统一技术指导，根据病虫发生特点，全市共开展了 3 次总体防治，分别在 7 月 20—25 日、8 月 5—8 日和 8 月 25—31 日。从 9 月 5 日开始至 10 月 4 日，每隔 5 天跟踪调查褐飞虱，结果显示防治田块的每百穴虫量一直较低，均未超过 1200 头。后期所有承包稻田均未进行进一步防治，最终无一田块出现严重虫害。这说明前期控制褐飞虱虫量基数后，显著有利于后期的防治。

这种策略大大减少了用于褐飞虱防治的杀虫药剂的使用次数和用量，从而降低了抗药性发生和发展的风险。通过前期的有效控制，减少了后期的防治压力，确保了防治效果的稳定。这不仅降低了防治成本，还减少了环境污染和农药对非靶标生物的影响。

第六章　水稻病虫害防治的发展对策

近年来，我国稻区因耕作制度、栽培模式及极端天气的综合影响，病虫害问题日益严重。其中，二化螟、稻飞虱、稻纵卷叶螟、纹枯病及稻曲病等病虫害最为常见且危害严重。在农业生产中，病虫害的管理与防治面临诸多挑战，特别是农户生产模式较为分散，以小规模为主，加之管理操作缺乏规范性，导致防治技术推广困难，有效防控病虫害的能力不足。为适应植保工作的实际需求，亟须开发并推广更经济、更安全、更高效且符合实际生产条件的病虫害防治策略。

第一节　加强和完善防治技术体系

建立一个合理且完善的防治体系对于推动我国病虫害防治工作的有效开展至关重要。为此，必须全面强化以下两方面的工作：优化防治策略，确保措施科学合理；提升技术装备和方法，以适应防治需求的变化。

一、优化防治策略，确保措施科学合理

在当前全球农业生产中，优化防治策略以确保措施科学合理成为提升作物产量和质量的关键。对水稻病虫害防治而言，通过全面评估和科学分析现有的防治措施，实施针对性强的策略至关重要。这涉及对不同地区、不同作物的病虫害种类进行详细调查和研究，以便更准确地识别问题，并制定相应的解决方案。为了更有效地监控和管理水稻病虫害，建立精准的数据收集系

统是基础。通过利用现代信息技术，如遥感和地理信息系统，可以对病虫害的发展趋势进行实时监控。这些技术不仅能够提供病虫害发生的精确位置信息，还能预测其潜在的扩散趋势，从而使防治措施更加及时和有效。

随着环保意识的提高和可持续发展的需求日益增加，绿色防控技术应当成为常规防治策略的一部分。绿色防控技术，包括生物防治、病虫害诱导防治和机械防治等，不仅能有效控制病虫害，还能极大地减少化学农药的使用，降低对环境和人体健康的负面影响。生物防治是一种利用天敌、寄生菌和病毒等天然生物控制剂对水稻病虫害进行防治的技术。这种方法的优点在于对环境友好、安全可靠，并且不易产生抗药性。例如，释放对特定害虫有控制作用的天敌昆虫或应用微生物制剂来抑制病原的生长，这些方法已在多个国家的水稻种植中得到应用，并显示出良好的防控效果。病虫害诱导防治技术则是通过使用诱导剂激活植物自身的防御机制，使其对病虫害具有更高的抵抗力。这种技术能够在不直接使用化学杀虫剂的情况下，增强作物对抗病虫害的能力。机械防治方法，如使用机械手段直接清除病虫害或通过物理障碍阻止害虫侵入，虽然简单但效果显著，尤其适用于对初期病虫害的快速控制。

除了上述方法，还应加强基于生物和化学控制的综合防治模式的研究和应用。这种模式结合了多种防治技术的优势，可以更全面地应对复杂和多变的病虫害问题。例如，将生物防治与化学防治适当结合，使用化学方法控制病虫害高峰期的暴发，而在其他时期则主要依靠生物方法进行管理。为了确保这些防治策略的有效实施，还需要加强农民的培训和教育。通过组织定期的培训课程、工作坊和现场演示，可以提高农民对病虫害管理知识的理解和防治技能的应用能力。此外，通过提供技术支持和咨询服务，可以帮助农民解决实际生产中遇到的问题，从而提高整体的防治效率和作物产量。

二、提升技术装备和方法，以适应防治需求的变化

在农业病虫害防治领域，技术的持续提升和方法的革新是保障作物安全和提高农业生产效率的关键。通过采用先进的技术装备和方法，可以有效应对病虫害防治的多样化需求，进而实现可持续农业发展的目标。

（一）引进和应用新技术

在现代农业病虫害管理中，技术的进步不断提升防治的准确性和效率。无人机喷洒系统、智能监测装置和遗传工程技术作为防治领域的革新工具，正在引领一场农业生产方式的变革。无人机喷洒系统以其高效率和广泛适用性脱颖而出。在传统的农业作业中，大片农田的喷洒工作往往需要大量的人力和物力，且在地形复杂的区域，如山地或湿地，人工作业难度极大。无人机喷洒系统的引入极大地解决了这些问题。这种系统可以搭载精确的 GPS 和先进的喷洒设备，实现对农药的精确投放。无人机能够飞越人工难以到达的地区，进行快速且均匀的喷洒，这不仅提升了药物的覆盖面，还确保了喷洒的均匀性，极大地提高了农药的利用率和防治效果。此外，这种技术还能减少农药对环境和人体健康的潜在危害，因为它可以精确控制药物的用量和喷洒区域，避免喷洒过量和误喷。

智能监测系统的应用为农业防治提供了数据支撑和决策基础。这种系统通过安装在田间的传感器收集关于土壤湿度、温度、作物生长状态及病虫害发生情况的实时数据。通过这些数据，农业工作者可以及时获得作物生长和健康状况的精准信息，从而快速做出响应，调整灌溉、施肥或使用农药的计划。例如，如果监测到某个区域的作物出现了病虫害迹象，相关部门可以立即启动无人机进行定点喷洒，避免病害的扩散。智能监测不仅提高了防治的时效性和精确性，也为农业生产的可持续发展提供了技术保障。与此同时，遗传工程技术的应用正逐渐改变传统的病虫害防控模式。通过基因编辑技术，科学家能够在分子层面上改造作物，使其具备抗病虫害的特性。这种从源头上减少病虫害发生的方法，不仅减轻了对化学农药的依赖，还能增强作物的适应性和生产力。例如，通过插入特定的抗病基因，可以培育出对某些主要病害或害虫有抗性的水稻品种。这些品种在面对病虫害时表现出更强的抵抗力，从而保证了作物产量和质量，有力支撑了农业生产的持续和稳定。

（二）加强专业化防治技术的研究和推广

在现代农业发展中，新技术的推广应用对于提高作物生产效率、保护生态环境及增加农民收入具有极其重要的作用。特别是在水稻种植领域，水稻

轻型栽培、直播等新技术已经成为推动产业可持续发展的关键因素。

水稻轻型栽培和直播技术的应用，显著改善了水稻的栽培方式，这些技术通过减少种植过程中的人力物力投入，提高了种植的效率。水稻轻型栽培主要是通过优化种植结构和简化栽培管理措施来减少农药和化肥的使用，这不仅降低了生产成本，还减少了农业对环境的负担。例如，轻型栽培中的减肥减药技术，通过科学施肥和合理使用农药，有效控制了病虫害的发生，同时减轻了对生态系统的影响。直播技术则通过直接将稻种播撒到田间，省去了传统秧苗移栽的步骤，这种方法不仅简化了种植流程，还因为减少了对土壤的干扰，有助于保持土壤结构和生态平衡。直播稻田更适于自然条件下水稻的生长，可以增强植株的抗病虫害能力，从而减少化学农药的使用需求，进一步保护了农田生态环境。

这些新技术的推广应用不仅提升了水稻的抗病能力，还显著提高了稻米的质量和产量。提高作物的抗病性意味着在整个生长期内，作物更能抵御外来的病虫害威胁，减少了因病虫害造成的损失。同时，高质量的稻米能够满足市场对优质粮食的需求，增加农产品的市场竞争力。因此，农民能够从中获得更高的经济回报，提升了农业的整体盈利能力。为了进一步提升这些技术的应用效果和推广范围，持续进行相关技术的研究和开发至关重要。科研机构和技术开发团队需要不断探索更为高效和环保的防治方法，以适应不断变化的农业生产条件和市场需求。例如，通过改进直播设备，使其更能适应不同土壤类型和气候条件，或者开发更为精确的病虫害预测模型，以便在病虫害发生前进行有效预防。

（三）加强综合防治技术的研究与应用

综合防治技术作为一种集物理、化学、生物多种手段于一体的防治策略，旨在实现对病虫害的有效控制，同时减少对化学农药的依赖，以保护生态环境并提升农业的可持续性。这种技术的核心在于通过多元化的措施，实现对病虫害的全方位管理，从而降低农业生产中对环境的负面影响。综合防治技术中的生物控制方法是其重要组成部分。例如，利用草履虫这类病虫害的自然天敌来对付稻飞虱，是一种有效的生物控制策略。草履虫能够自然地抑制稻飞虱的数量，减少对化学杀虫剂的需求。此外，引进外来寄生蜂对抗稻飞虱和稻瘿蚊也是一种创新的生物干预方法。这些寄生蜂能够在不干扰作物生长的情况下，有效地控制害虫的生命周期，从而减少病虫害的暴发。除了生物控制，综合防治技术还包括物理和化学方法的合理应用。物理方法，如使用色板或性诱剂吸引并捕捉害虫，这些方法不仅环保且成本较低，能够在不破坏生态平衡的前提下控制病虫害。在化学控制方面，综合防治技术倡导使用低毒、低残留的生物农药，以及合理调配使用时间和剂量，确保化学物质的使用既能发挥效用又能最大限度地减少对环境的影响。

尽管综合防治技术已在理论和实践中显示出良好的前景，但其研究和应用过程仍面临一些挑战。系统化研究的不足是主要问题之一。当前对于综合防治技术应用效果和机理的研究还不够深入，导致在实际操作中难以针对特定的病虫害配置最优的防治策略。此外，缺乏针对性的防治方案也是限制综合防治技术广泛应用的一个重要因素。每种病虫害的生物特性和生态习性不同，需要根据具体情况制订专门的防控计划。为了克服这些挑战，加强科研投入和技术创新显得尤为重要。需要更多的科研资源投入到综合防治技术的基础研究和应用研究中，通过跨学科的合作加深对病虫害生物学特性的理解，并开发新的防治方法。例如，利用现代遗传学和分子生物学技术，研究害虫的抗药性发展机制，从而设计出更有效的生物控制策略。

（四）加强技术推广和人才培训

为了确保农业技术的广泛应用及其效果的最大化，技术推广和人才培训显得尤为关键。这不仅涉及技术的传播，还包括对农业工作者的教育和其能力提升，确保他们能够充分理解并正确应用这些先进技术。

在技术推广的过程中，举办培训班和研讨会是提升农业工作者技术水平的有效方式。通过这些活动，可以直接向农业工作者介绍最新的农业技术，包括操作方法、技术原理及预期效果。例如，对于无人机喷洒系统的操作培训，可以通过实地演示和模拟操作，让参训人员亲自体验操作流程，从而更好地掌握技术要领。此外，研讨会提供了一个交流平台，农业工作者可以在此讨论在技术应用中遇到的问题，分享经验，从而更深入地理解技术的实际效果

和应用场景。同时，强化农业工作者的操作能力也是技术推广不可或缺的一环。操作能力的增强不仅需要理论知识的学习，还需要在实际操作中不断练习和改进。通过定期的技能测试和操作演练，可以确保每位工作者都能达到一定的操作标准，有效地运用新技术来解决实际问题。此举不仅提高了工作效率，也保证了技术应用的安全性和有效性。

为了应对不同地区和不同作物的特定需求，技术的优化和调整同样重要。通过总结实际应用中的经验和教训，可以对现有技术进行适当调整。例如，根据不同地区的气候条件和土壤类型，调整无人机喷洒系统的喷洒参数，或者根据特定作物的生长周期和病虫害特性，调整生物控制策略。这样的优化不仅提高了技术的适应性，也增强了其实际应用的效果。另外，技术优化需要依赖持续的研发投入。科研机构和企业应当加大对农业技术研发的投资，探索更高效、更环保的技术解决方案。同时，政府的政策支持也是推动技术优化和推广的重要力量。通过提供资金支持、税收优惠等措施，可以激励更多的企业和研究机构投入到农业技术的研发和推广中。

第二节　推进抗性品种的选育和推广

水稻作为全球范围内重要的粮食作物之一，其稳定的生产对于保障食品安全至关重要。随着全球气候变化和病虫害的增多，传统水稻品种面临越来越多的生产挑战。因此，选育和推广抗性强的水稻品种不仅能有效提高水稻的生产稳定性，还能增强农业生态系统的可持续性，是当前农业科研及生产中的重要任务。

一、推进抗性品种的必要性

（一）应对气候变化

全球气候变化正以前所未有的速度和规模影响着地球的自然和人文环境，极端气候事件的频繁发生成为新的常态。洪水、干旱和高温等极端事件不仅对自然生态造成破坏，也严重威胁农业生产的稳定性，尤其是对水稻这一全球主要粮食作物的影响尤为显著。因此，开发和推广具有特定抗性的水稻品种，如抗旱、抗涝和耐盐碱品种，已成为全球农业研究的重点，旨在通过提升作物的适应性来减轻气候变化的负面影响。洪水是影响水稻生产的一个主要因素。在孟加拉国，洪水几乎每年都会发生，常常导致水稻田被淹没，造成严重的产量损失。针对这一问题，科研人员通过选择性育种技术，成功培育了多个抗涝品种。这些品种能够在被水淹没数周后仍然生存和生长，极大地提高了当地农民的水稻产量和生计安全。另外，干旱是全球许多地区，尤其是非洲和亚洲内陆地区的主要农业挑战。在印度，长期的干旱状况频繁发生，对水稻生产构成了巨大威胁。印度的农业科学家通过基因工程和传统育种技术的结合，开发了耐旱水稻品种，这些品种能够在极低的水分条件下生长，显著减少了水资源的需求，同时保证了粮食生产的稳定性。耐盐碱品种的开发同样重要，尤其是在全球海平面上升影响下，沿海及低洼地区土壤盐碱化日益严重。例如，在中国的东部沿海地区，盐碱土壤广泛分布，普通水稻品种难以生长。中国科学家通过筛选自然界中的耐盐碱基因，并将这些基因通过分子育种技术引入高产的水稻品种中，成功培育出既高产又耐盐碱的新品种。这些新品种的推广应用，有效提升了当地农民对盐碱地的利用率，增加了农业产出。

此外，对抗性品种的研发和推广不仅仅局限于单一的耐逆特性，更多研究正在致力于培育具有多重抗性的水稻品种。例如，国际水稻研究所（IRRI）正在开展一个项目，旨在将抗旱、抗涝和抗病害等多种耐逆性状集成到一个品种中。这种综合性抗性的品种将能够适应更多样化的环境条件，极大地提升全球水稻生产的灵活性和稳定性。

（二）防控病虫害

病虫害在农业生产中一直是一个重大挑战，尤其是对于水稻这种全球重要的粮食作物，病虫害的影响尤为显著。它们不仅使产量大幅降低，还严重影响稻米的品质。随着全球气候变化及病虫害种类和分布的变化，传统的水稻品种往往难以应对这些日益复杂的新威胁。因此，通过选育具有特定抗性

的水稻品种，不仅能有效控制病虫害，还可以减少对化学农药的依赖，从而降低生产成本并减少对环境的污染。

病虫害对水稻的影响主要体现在减产和稻米品质降低两个方面。病害，如稻瘟病、水稻白叶枯病等，以及害虫，如稻飞虱、稻螟等，可以在短时间内造成大面积的作物损失。这些病虫害在不同地区有不同的分布特点，且随着时间的推移和环境条件的改变而变化，其活动范围和危害程度也在不断变化。因此，开发出能够抵抗这些病虫害的水稻品种是控制病虫害的有效策略之一。传统的病虫害防治方法主要依赖化学农药，这虽然在短期内能够有效控制病虫害，但长期而言，化学农药的使用会带来一系列问题。首先，过度依赖化学农药会导致病虫害种群产生抗药性，这使同样的药剂难以在未来得到同样的防治效果。其次，化学农药的残留可能对环境造成长期污染，影响土壤和水质，对非靶标生物造成伤害，进而影响生态系统的平衡。最后，化学农药的使用还增加了农业生产的成本，尤其是在农药价格上涨和农业生产要求越来越绿色环保的当下。

相对于传统方法，选育抗病虫害水稻品种提供了一种更为可持续和环境友好的解决方案。通过植物育种技术，包括传统的杂交育种和现代的分子育种技术，可以将抗病虫害的基因引入水稻品种中。这些抗性品种可以在不施用或少施用化学农药的情况下，有效抵御特定的病虫害。例如，通过将抗稻瘟病基因引入水稻品种中，可以培育出对稻瘟病具有高度抗性的新品种，这种品种在田间的表现可以显著减少因病害引起的损失。此外，抗病虫害的水稻品种还可以通过减少农药使用带来的环境污染，为生态农业的实践提供支持。通过推广这些品种的种植，可以在全球范围内逐步减少化学农药的使用，改善农业生态环境，同时符合现代消费者对健康和可持续发展的需求。

（三）提高资源利用效率

抗性品种的开发不仅是为了抵抗病虫害，这类品种还常常表现出更优的资源利用效率，如更高的光合效率和水分利用效率。这种能力使抗性品种在资源受限的环境中尤其宝贵，它们能够在水资源稀缺或土壤肥力较低的条件下维持甚至提高产量，因而具有重要的农业和生态意义。

光合效率是植物将光能转化为化学能的能力，这直接关系到植物的生长和产量。抗性品种通过遗传改良，往往能够在进行光合作用时更有效地利用光照资源。例如，某些改良品种通过优化叶绿体功能，提高了光能的捕获和转换效率，使得在相同的光照条件下，这些品种可以产生更多光合产物。这不仅提升了植物的生长速度，还增加了最终的产量，特别是在光照条件受限的地区，如高纬度或多云雨季的地区，这一优势尤为明显。同样，水分利用效率也是衡量农作物适应性的重要指标，尤其在干旱和半干旱地区。抗性品种常常展现出更高的水分利用效率，即在消耗较少水分的情况下仍能维持较高的生产力。这是通过改变植物的生理结构和功能实现的。例如，通过调整气孔的开闭来减少水分的蒸腾损失，或者通过改善根系结构，增加根系的吸水能力。这种类型的抗性品种可以在水资源有限的环境中更好地生长和产出，对那些面临水资源压力的农业生产区来说，尤为重要。

在全球气候变化的大背景下，气候变暖和降水模式的不确定性增加了农业生产的不稳定性。在这种情况下，抗性品种的这些优势显得尤为重要。它们不仅能够在有限的资源条件下维持产量，还能通过减少农业投入品，尤其是水和肥料，来减少农业对环境的负面影响。因此，这些品种的开发和普及有助于推动农业的可持续发展，实现提升生产力的同时降低环境成本。此外，提高资源利用效率的抗性品种还能帮助农民减少生产成本。在水资源或肥力较低的地区，使用这些品种可以减少对昂贵的灌溉系统和肥料的依赖，从而降低生产过程中的投入。这对资源贫瘠地区的农民来说，是一个不容忽视的经济好处。通过降低生产成本，这些品种可以增加农民的利润空间，从而提高他们的生活质量和经济水平。

（四）保障粮食安全

随着全球人口的不断增长，粮食需求持续上升，这对农业生产提出了更高的要求。水稻作为全球主要的粮食作物之一，其产量和稳定性直接影响到全球粮食安全。因此，提升水稻的抗逆性能成为确保高产稳产、满足不断增长的粮食需求的关键。

水稻的抗逆性能主要指其抵御非生物和生物逆境的能力。非生物逆境包

括干旱、盐碱、高温和低温等自然条件的挑战，而生物逆境则主要是指病虫害的威胁。提高水稻的抗逆性能，不仅可以减少这些因素对水稻产量和质量的负面影响，还可以在资源有限的情况下实现更高效的粮食生产。对于非生物逆境，干旱是全球许多地区，尤其是干旱和半干旱地区面临的主要挑战。干旱条件下，水稻生长受限，产量显著下降。因此，培育可以在少水条件下生长的水稻品种，是解决这一问题的有效途径。这类水稻通过提高水分利用效率，可以在较少的水资源下维持较好的生长状态和产量，从而适应干旱环境。同样，对于盐碱土壤问题，开发耐盐碱的水稻品种可以有效地扩大水稻的种植区域，增加总体粮食产量。在应对高温或低温的挑战方面，通过选育具有更强热逆性或耐寒性的水稻品种同样至关重要。气候变化导致的温度波动对水稻的生长周期和产量稳定性构成威胁。研发能够适应更宽温度范围的水稻品种，可以保证在气候异常的年份里，水稻依然能够保持稳定的产量。

除了非生物逆境，生物逆境，尤其是病虫害，也是影响水稻产量和品质的重要因素。随着全球气候变化和病虫害种类及其分布的变化，新的病虫害问题不断出现。通过遗传改良和现代生物技术，培育出抗病虫害的水稻品种，不仅可以减少农药的使用，降低生产成本，还可以保护环境和人类健康。在实现这些目标的过程中，科研机构和农业技术的发展起到了核心作用。通过现代遗传学、生物技术和农业工程技术的应用，科学家能够精确地识别和利用那些有助于提高抗逆性的基因，加速优良品种的选育。此外，农业技术的创新，如精准灌溉和智能农业系统的应用，也可以大幅提高水稻的生产效率和适应性。

二、推进抗性品种选育和推广的具体策略

（一）基因编辑和分子育种技术

在现代农业科技中，基因编辑技术，特别是 CRISPR-Cas9 系统，已成为一种革命性的工具，它允许科学家们以前所未有的精度修改植物基因组。利用这种技术，可以培育出具有特定抗性的新水稻品种，显著提升水稻的生产效率和适应性。结合分子标记辅助选择（MAS）和基因组选择（GS）等先进

的现代育种技术，科学家们能够更高效、更精确地开发出适应各种环境压力的作物品种。

CRISPR-Cas9技术通过精确地剪切和修改特定的DNA序列，使特定的遗传特性可以被快速地添加、删除或修改。这种技术在水稻育种中的应用，尤其是在提升水稻的抗病虫害能力、耐逆性（如耐旱、耐盐）及改善营养品质方面显示了巨大的潜力。例如，科学家可以通过CRISPR-Cas9技术敲除水稻基因中导致易感病害的基因，或者插入能够提高抗逆性的基因，从而培育出更为强健的水稻品种。同时，MAS作为另一种强大的现代育种技术，通过利用DNA标记来直接选择带有所需农艺性状的基因或基因组。这种方法不依赖于表型的表达，可以在植物的幼苗阶段就进行选择，大大加速育种进程。MAS技术在定位和利用与病害抗性、产量和品质相关的基因方面尤为有效，这使得育种不仅更为迅速，而且更为精确。

GS则是一个更为全面的选择方法，它利用整个基因组的遗传信息来预测植物的性状表现，而不是仅关注个别基因。这种方法通过分析大量的遗传标记覆盖整个基因组，可以更全面地理解复杂性状的遗传背景。通过GS，育种者可以评估个体的遗传潜力，并选择那些最有可能表现出优异性状的个体进行繁育。将CRISPR-Cas9与MAS和GS结合使用，可以在多个层面上优化水稻育种策略。例如，利用CRISPR-Cas9产生基因特定的突变，再通过MAS和GS筛选出最优表现的个体，这样的组合策略不仅提高了育种的效率，也增加了育种的成功率。此外，这种整合方法还可以帮助科学家们更好地理解基因编辑产生的具体影响，以及这些改变如何在整个基因组中与其他遗传因素相互作用。

（二）传统与现代育种技术的结合

在农业科技不断进步的今天，传统育种技术与现代生物技术的结合已成为开发新品种的一种趋势。这种融合策略不仅保留了传统育种技术的优势，还利用了组织培养、体细胞杂交等现代技术的高效性和精确性，使新品种在产量、抗性和品质上都有显著的提升。

传统育种技术，如选择育种和杂交育种，依靠对种植历史长、遗传背景

复杂的品种进行选择和杂交，以获得具有所需性状的后代。这种方法的优点在于它能够利用植物自身的天然遗传变异，但缺点是周期长、效率低，并且往往无法精确控制所得到的遗传组合。为了克服这些限制，科学家们引入了组织培养和体细胞杂交等现代生物技术。组织培养技术允许从单一的植物细胞或组织出发，通过人工方法在无菌条件下培养，快速繁殖出大量遗传上一致的新植物。这种技术的应用极大地加速了新品种的繁殖过程，并且可以在短时间内获得大量所需的植物材料，非常适用于那些难以通过传统方法进行繁殖的品种。体细胞杂交技术则是将不同种或不同品种的植物细胞在实验室中直接融合，产生具有双亲遗传信息的新细胞。这种方法可以实现跨越物种障碍的遗传重组，创造出具有全新遗传特征的植物。通过体细胞杂交，可以将特定的耐病或耐逆性状引入经济作物中，这些性状在自然条件下很难通过传统杂交育种实现。

将这些现代生物技术与传统育种方法结合，育种者可以更加精确地设计和培育出符合市场需求的作物品种。例如，通过组织培养技术，可以快速繁殖出大量抗病性强的优良品种，然后通过体细胞杂交技术进一步引入其他重要的农艺性状，如耐寒性或高产性。这种整合策略不仅提高了育种的效率，还极大地缩短了新品种的开发周期。此外，这种结合传统与现代技术的方法还能确保新品种在保持高产量的同时，具有优良的品质和强大的环境适应能力。在品质方面，可以通过精确的遗传操作来调控作物的营养成分，如提高谷物的蛋白质含量或改善水果的风味。在环境适应性方面，可以通过引入特定的抗逆基因，使作物能够适应更广泛的栽培条件，如抗旱、抗盐或耐低温等。

（三）生态与环境适应性研究

研究不同水稻品种在多样化生态系统中的表现，并通过生态适应性试验筛选出在特定环境条件下表现最佳的品种，是提高水稻种植效率和适应性、确保粮食安全的重要方法。水稻种植面临的环境条件极为多样，包括干旱、湿润、高温、低温和盐碱地等不同的土壤和气候条件。这些不同的环境对水稻的生长发育和产量都有着直接影响。因此，了解各种水稻品种在特定生态条件下的表现，对于制定有效的种植策略及改良品种至关重要。

生态适应性试验的首要步骤是在试验田中模拟不同的生态环境。这些试验通常包括控制土壤类型、水分条件、温度和光照强度等变量，以模拟不同的生态环境。通过在这些控制条件下种植不同的水稻品种，研究人员可以观察和记录各品种的生长情况、抗病性、耐逆性及产量等关键指标。通过详尽的数据收集和分析，研究人员能够评估各品种在特定环境下的表现。例如，某些品种可能在干旱条件下表现出色，而另一些品种则可能在高湿条件下生长得更好。此外，研究还可能揭示某些品种在特定温度或土壤类型下具有更高的产量或更好的抗病能力。筛选过程中，研究人员会利用统计分析技术比较不同品种的表现，以确定哪些品种在特定环境下具有优越的农艺性状。这一过程可能涉及多年的试验和重复测试，以确保所得数据的准确性和可靠性。一旦识别出在特定环境条件下表现最佳的品种，这些信息便可以用于指导农业生产，推荐农民在相应的生态环境中种植最适宜的水稻品种。此外，生态适应性试验的结果也为水稻的育种研究提供了宝贵的信息。通过了解哪些基因或基因组合能在特定的环境中提高水稻的适应性和产量，育种专家可以利用这些信息进行有针对性的基因改良，培育出更具适应性的新品种。这种基于实证的育种策略能够显著提高育种的效率和成功率。

第三节　加大政府的扶持力度

政府在推动农业科技进步和提升病虫害防治效率方面扮演着至关重要的角色。通过制定合适的政策和提供必要的资金支持，政府不仅能激励科研机构和企业加强病虫害防治技术的研发和推广，还能促进产业界、学术界和研究机构之间的合作，共同构建一个高效、可持续的农业防治体系。

一、加大资金扶持力度

政府的资金支持在推动病虫害防治技术的研发中发挥着至关重要的作用。有效的资金援助不仅能加速基础科研和技术开发的进程，还能帮助科研机构

和企业解决研发过程中可能遇到的资金短缺问题，从而推动新防治技术的创新与应用。

政府可以通过多种方式提供这种支持。例如，提供研发补贴，这是一种常见且有效的方法。这种补贴直接为科研项目提供资金支持，降低了科研机构和企业在初期研发阶段的经济压力，使它们能够更专注于技术创新。研发补贴可以按项目进度分批发放，以确保项目能够持续进行并按计划完成。同时，也可以通过税收减免的形式减轻相应企业和研究机构的税负，以留给这些机构更多的资金用于研发投入。这种政策对初创企业和小型研究机构来说尤其重要，能够帮助他们显著降低运营成本，增加其在新技术研发上的投入能力。

另外，政府还可以设立专门的基金来支持具有突破性潜力的研究项目。这类基金通常会聚焦于那些具有重大社会和经济效益的研究领域，如病虫害防治技术。针对那些长期以来难以解决的重大病虫害问题，如抗药性问题和新出现的害虫种类，进行基金支持，保障研发的顺利进行。在这种方式下，政府不仅提供了资金支持，还通过资助这些关键性项目，促进了整个行业技术的飞跃发展。同时，也推动了国内外的合作研究。政府可以利用这些基金支持国际合作项目，使本国科研机构与国外的研究团队共同工作，分享研究成果，这不仅能加速技术的开发，还可以提升国内科研团队的国际竞争力。

除了以上措施，政府的资金支持还可以用于建立研发基础设施，如实验室和试验田。这些设施对于开展病虫害防治研究至关重要，因为它们提供了进行试验和测试的物理场所。拥有先进的研发设施可以显著提高研究的效率和准确性，加快新技术从实验室到田间的转化速度。最后，政府资金的持续投入也对培养科研人才有极大的促进作用。通过提供奖学金、研究津贴等方式，可以吸引更多优秀的科研人员投身于病虫害防治技术的研究。这不仅有助于技术的发展，也为未来的科技创新储备了人才资源。

二、促进产、学、研之间的协同合作

政府应积极促进产、学、研协同合作，通过建立一个有效的产学研合作平台，实现资源共享、信息交流和协同创新，这种合作模式极大地促进了科

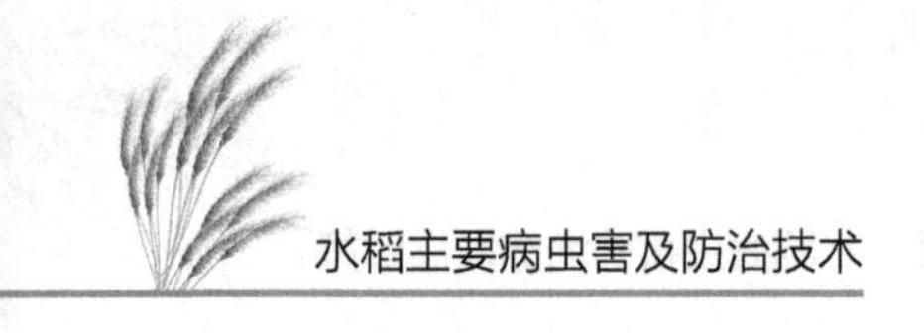

技成果的转化，提升了研发效率和技术水平。

产学研合作模式通过整合各方面资源，实现了理论与实践的有效结合。高等院校和科研机构在这一合作模式中，主要负责前沿科技的研究和新理论的探索，它们可以提供最新的研究成果和理论支持。这些研究成果往往包含了最新的科学发现和技术创新，是技术进步和产品开发的源泉。例如，高校和研究机构通过深入研究病虫害的生物行为和生态影响，可以开发出新的生物防治方法或更环保的农药。企业在产学研合作中则扮演着技术实际应用和市场推广的角色。企业具有将理论研究转化为实际产品的能力，这一点对科技成果的商业化至关重要。企业可以根据市场需求对科研成果进行调整和优化，使其更符合市场和用户的需求。例如，一项新开发的害虫控制技术，企业可以负责进行规模化测试、产品设计和最终的市场推广，确保这项技术能够达到广泛的应用并产生经济效益。政府机构在产学研合作中则主要负责提供政策和资金支持，确保合作项目的顺利进行。政府可以通过制定优惠政策、提供科研资金支持或建立特定的科技创新基金来促进合作项目的发展。政府还可以通过立法保护知识产权、优化科研环境等措施，为产学研合作提供一个良好的外部环境。

此外，建立产学研合作平台还有助于加强各方之间的信息交流与技术共享。通过定期举办研讨会、工作坊和学术会议，各参与方可以及时了解行业最新动态，探讨技术难题，共同寻找解决方案。这种密切的交流和合作有助于缩短科技成果的转化周期，提高研发的响应速度和市场适应性。产学研合作还可以培养一批具有实践经验的高素质人才。学生和研究人员通过参与实际项目，可以将理论知识与实践经验相结合，增强其解决实际问题的能力。同时，企业也可以从中发掘和培养未来的科技人才，为企业的长远发展储备人力资源。

三、建立全社会共同参与的病虫害防治体系

政府在推广新技术和提升农业技能方面具有不可替代的作用。通过举办公开讲座、技术培训班和示范活动，政府可以有效地将最新的科技成果和先

进的农业技术传授给基层农民和农业工作者。这些活动不仅帮助他们了解当前农业科技的最新发展，还能具体教授如何在日常农业生产中应用这些新技术，尤其是在病虫害防治方面。

公开讲座通常由专家学者或技术推广人员主讲，内容涵盖农业科技新知、病虫害预防方法及现代农业管理技术等。这些讲座通常以理论加实例的方式进行，使农民和农业工作者能够直观地理解新知识、新技术的重要性及应用价值。技术培训班则更侧重于实际操作技能的培训。在这些培训班中，参与者不仅会学习理论知识，还会通过实际操作来熟悉新工具和技术的使用。例如，在一次关于生物防治技术的培训中，参与者可以实地学习如何正确配置和使用微生物农药，如何监测病虫害的发生并进行有效干预。示范活动则是将理论与实践结合的展示，通常在真实的农田环境中进行。通过示范新技术在实际农业生产中的应用效果，不仅可以增强农民的信心，也能直接展示技术的效益，激励更多农民采纳和应用。示范活动还可以作为交流平台，让农民分享自己的经验和问题，从而促进知识和技术的进一步传播和优化。

通过以上方式，每个参与者都能从中获益，实现知识和技术的广泛传播。农民和农业工作者通过学习和实践，能够增强自己解决实际问题的能力，特别是在病虫害防治方面。此外，这种广泛的技术推广和应用也有助于提高整个农业系统的效率和生产力，降低因病虫害造成的损失，增强农业的可持续发展能力。

四、推动国际研讨

在全球化的背景下，病虫害问题已经不再是单一国家内部的挑战，而是涉及多个国家和地区的全球性问题。因此，国际合作在病虫害防治领域显得尤为重要。政府通过推动和参与国际合作，不仅可以共同应对跨国的病虫害挑战，还可以加强国际科技交流与合作，提升本国在国际农业科技领域的影响力和竞争力。

政府可以通过多种途径推动国际合作。建立跨国研究项目是实现这一目标的有效方式之一。通过与其他国家的政府机构、科研院所及大学合作，共同发起针对特定病虫害的研究项目，可以集合各方的智慧和资源，共同开发出新的防治技术或改良现有技术。例如，针对亚洲稻米生产中普遍存在的稻瘟病问题，可以与其他稻米生产大国（如印度、泰国）进行合作，共同研究更有效的生物防治方法或抗病品种。共享研究设施也是推动国际合作的一种方式。政府可以与其他国家共同建立或共享实验室、田间试验站等研究设施，这不仅可以降低各自的建设和维护成本，还能提高研究的实施效率。通过在不同的地理和气候条件下进行病虫害防治的实验和研究，可以更全面地评估技术的效果，提高研究的广度和深度。技术信息交流是国际合作的另一个重要方面。政府可以通过组织国际会议、工作坊和培训课程，促进国内外专家学者之间的技术交流和经验分享。这样的交流不仅可以帮助本国科研人员获取最新的国际研究动态，还可以向国际社会展示本国在病虫害防治领域的研究成果和技术进步。例如，定期举办国际病虫害防治论坛，邀请世界各地的专家学者来分享最新的研究成果和防治策略，这样的活动有助于推动全球范围内的技术进步和知识更新。此外，政府还可以通过双边或多边协议，形式化国际合作关系。这些协议可以涵盖研发资金支持、人才交流和技术转让等多个方面，为长期的国际合作提供法律和政策上的保障。通过这些协议，各国可以在平等和互利的基础上，共同应对全球病虫害问题，提高防治技术的共同发展水平。

第四节　积极推进病虫害遥感监测与预警技术的创新

中国，拥有世界上最庞大的人口规模，其粮食安全不仅是国家的根本大计，也是社会稳定和民生的关键[①]。在农业生产中，病虫害是主要的威胁之一，这些灾害具备多种类型，不仅影响范围广泛，严重程度高，而且具有高暴发率的特点，对国家的粮食生产安全构成了严重的威胁。随着近年来全球气候变化的持续加剧，作物病虫害的分布范围及其危害程度呈现逐年上升的趋势。

---

① 梅多平．乡村振兴背景下的粮食安全与农户增收策略［J］．甘肃农业，2022（4）：9-11.

2019年的统计数据显示，全球小麦、水稻和玉米因病虫害而造成的产量损失分别高达21.5%、30.0%和22.6%[①]。全球范围内，因病虫害造成的粮食产量损失大约占到了全球粮食总量的14%。其中，单是虫害所造成的损失就占到了全球粮食总产量的10%[②]。虽然可以通过喷洒农药来恢复约1/3的作物产量，但这种做法也带来了环境污染、农药残留和农产品质量下降等副作用。因此，精确地掌握病虫害的发生地点、影响范围及严重程度对于实施精准防控策略显得尤为重要。在中国，水稻作为最主要的粮食作物，占据了约3亿公顷的种植面积[③]，而病虫害的发生面积高达1.97亿亩次[④]。这不仅对粮食生产造成了极大的威胁，而且在环境保护方面也带来了严重的挑战。因此，对水稻病虫害的实时监测、预测和防控不仅对保障中国的粮食安全具有重要的现实意义，同时对防治环境污染起到了关键作用。

传统的作物病虫害监测方法主要依靠植保人员直接观察，这一做法容易受到主观判断的影响，且通常耗时长、效率不高。随着遥感技术的进步与普及，该技术已广泛应用于病虫害的监控[⑤]。遥感技术通过接收从地面物体发出的辐射信息，分析其性质及变化，有效监测作物的健康状况。病虫害会导致水稻的色素系统和细胞结构受损，进而改变生理生化特征和外观，这些变化可以通过遥感技术被准确捕捉。目前，研究已能在不同尺度上进行病虫害的分类、识别多种病虫害、定量分析其严重程度及进行早期检测[⑥]。中国和欧洲航天局发射的高分辨率卫星，以及众多商业卫星构建了一个周期短、分辨率高且覆

---

① 周建民，周其显，刘燕德．红外热成像技术在农业生产中的应用［J］．农机化研究，2010，32（2）：1-4，51.

② DEUTSCH C A，TEWKSBURY J J，TIGCHELAAR M，et al. Increase in crop losses to insect pests in a warming climate［J］. Science，2018，361（6405）：916-919.

③ 高照林．水稻生产农药使用现状调查［J］．科技风，2013（18）：227.

④ 郑庆伟．当前水稻病虫害发生动态［J］．农药市场信息，2018（17）：1.

⑤ 李卫国，蒋楠．农作物病虫害遥感监测研究进展与发展对策［J］．江苏农业科学，2012，40（8）：1-3.

⑥ 张凝，杨贵军，赵春江，等．作物病虫害高光谱遥感进展与展望［J］．遥感学报，2021，25（1）：403-422.

盖范围广泛的遥感观测网络[①]。此外，无人机搭载的遥感传感器不仅提高了观测的分辨率，还能在多云或雨天条件下为数据收集提供更大的灵活性。地面的遥感技术，如近红外和高光谱遥感，已显著提升监测的准确性，并使早期监测成为可能。随着遥感数据融合技术的发展，结合作物病理学和生态学知识，遥感技术在预测作物病虫害方面展现出更大潜力。本节综述了水稻病虫害的遥感监测和预测机制、多尺度监测方法和模型构建及系统，并探讨了当前研究的挑战与未来创新发展方向。

一、水稻病虫害遥感监测与预测的发展

遥感技术在水稻病虫害中的应用可分为监测与预测两个方面。在监测部分，遥感技术主要依靠分析水稻的光谱特征响应。病虫害会引起水稻光谱特征的变化，这些变化构成了遥感监测的基本依据。在预测方面，水稻病虫害的发生受到多种环境因素的影响。地表温度和气象数据等因素与病虫害的发生有着密切的联系，因此，可以利用这些环境因素作为指标，以预测病虫害的发生。这种方法因为能够及时发现问题，所以能在病虫害发生前采取相应的预防措施。

（一）水稻病虫害的遥感监测机制

水稻在遭受病虫害侵袭时，其光谱反射率会出现明显的变化，这成为利用遥感技术进行监测的关键依据[②]。在可见光波段，由于叶绿素的存在，健康的水稻表现出较低的光谱反射率和较高的光能吸收率；而在近红外波段，健康水稻由于叶内细胞结构的特点，其光谱反射率相对较高。这些光谱特性是识别水稻病虫害的重要依据。

以往的研究，如李波等的工作，采用了可见光（490 ~ 670 纳米）和短波红外（520 ~ 1750 纳米）光谱进行主成分分析（PCA），通过提取主要成分

① 叶回春，黄文江，孔维平，等. 作物长势与土壤养分遥感定量监测及应用［M］. 北京：中国农业科学技术出版社，2020.

② 黄文江，张竞成，师越，等. 作物病虫害遥感监测与预测研究进展［J］. 南京信息工程大学学报（自然科学版），2018，10（1）：30-43.

并将其作为输入向量训练概率神经网络（PNN）。在SPREAD参数设定为0.1时，该方法的分类精度达到了95.65%①。此外，Feng等②利用可见/近红外高光谱、中红外光谱和激光诱导光谱对水稻的多种病虫害进行识别，发现基于全光谱的可见/近红外光谱模型的分类准确度达到100%，中红外光谱和激光诱导光谱的最高准确率分别为96.88%和86.54%。Ghobadifar等③利用SPOT5卫星影像，通过构建基于近红外和红波段的植被指数，如NDVI、RVI和SDI，成功地监测了水稻纹枯病的发生情况。

病虫害的影响导致水稻的色素和细胞结构损伤，这些损伤表现为叶片发展不良、病斑明显、叶面积减少、枯黄和脱落等症状。这些外在的变化可以通过遥感传感器捕捉，并转化为光谱图像特征用于病虫害的识别与分析。例如，Zhang等④使用RGB图像和多光谱图像成功地检测了水稻纹枯病的发生。Fan等⑤在研究二化螟时，通过高光谱图像的灰度共生矩阵分析，提取了包括均值、方差、同质性、对比度、相异性、熵、二阶矩和相关性等一系列纹理特征，并评估了基于全光谱、特征波长、纹理特征的侵染度评估模型，还特别关注了特征波长和纹理特征的融合模型。最后研究发现，基于特征波长和纹理特征融合的模型表现最为优异。另外，Phadikar等⑥提出了一种基于费米能量的

---

① 李波，刘占宇，黄敬峰，等.基于PCA和PNN的水稻病虫害高光谱识别［J］.农业工程学报，2009，25（9）：143-147.

② GHOBADIFAR F，WAYAYOK A，SHATTRl M，et al. Using SPOT-5 images in rice farming for detecting BPH（Brown Plant Hopper）［J］. IOP Conference Series：Earth and Environmental Science，2014，20（1）：1-10.

③ ZHANG J C，HUANG Y B，PU R L，et al. Monitoring plant diseases and pests through remote sensing technology：A review［J］. Computers and Electronics in Agriculture，2019，165：104943.

④ ZHANG D Y，ZHOU X G，ZHANG J，et al. Detection of rice sheath blight using an unmanned aerial system with high-resolution color and multispectral imaging［J］. PLOS ONE，2018，13（5）：1-14.

⑤ FAN Y Y，ZHANG C，LlU Z Y，et al. Cast-sensitive stacked sparse auto-encoder models to detect striped stem bor-er infestation on rice based on hyperspectral imaging［J］. Knowledge-Based Systems，2019，168（MAR.15）：49-58.

⑥ PHADIKAR S，SIL J，DAS A K. Rice diseases classification using feature selection and rule generation techniques［J］. Computers and Electronics in Agriculture，2013，90：76-85.

图像分割方法，该方法能有效地将感染区域从背景中分离出来。通过使用颜色、形状和位置特征，并结合专家意见进行特征选择（共 14 个），建立了一个涵盖所有病株图像的规则库分类器。

这些先进的监测技术不仅使水稻病虫害的监测能够实现精准定位，还大大提高了早期诊断的准确性。通过实时和精准地监测，可以及时地采取防控措施，减少病虫害的扩散和损失，同时为精准施肥和管理提供了科学依据。这些技术的应用，无疑将推动农业向更高效、更环保和科技驱动的方向发展。

（二）水稻病虫害的遥感预测机制

病虫害的发生依赖特定的生态条件，其中，病害与温度、湿度等环境因素紧密相关，而虫害则常与空间分布和气候变化关系密切。例如，在低温高湿的环境中，甘蔗凤梨病的发生概率较高，同时，小麦在此类环境下也易受白粉病和锈病的侵害。黏虫作为一种典型的迁移性害虫，春季会向北迁移，一旦温度升高达到 26.9 ℃，其生长发育将迅速加快[①]。在这种背景下，遥感技术成为一种重要的手段，用于连续监测作物的生物物理状态和生境特征，信息技术和卫星图像的发展极大地提高了对生境的监测能力。特别是在水稻病虫害预测方面，通过多源数据融合和特征与模型方法的构建实现了病虫害的预测研究。

在具体的应用示例中，Zhang 等[②]的研究显示，与仅使用气象数据（如降水、温度、太阳辐射和湿度等）相比，结合遥感和气象数据构建的综合模型在预测小麦白粉病方面的精度更高，总体精度从 69% 提升至 78%。Yuan 等[③]则基于 Worldview-2 和 Landsat-8 卫星数据提取植被指数（GNDVI 和 VARIred）和环境特征（湿度、绿色度和 LST）来评估作物病虫害。他们

---

① 徐春阳，高玉军．气候变化对农作物病虫害发生发展趋势的影响［J］．农业与技术，2018，38（1）：136–137.

② ZHANG J C，PU R L，YUAN L，et al. Integrating remotely sensed and meteorological observations to forecast wheat powdery mildew at a regional scale［J］. IEEE Journal of Selected Topics in Applied Earth Observations and Remote Sensing，2017，7（11）：4328–4339.

③ YUAN L，BAO Z Y，ZHANG H B，et al. Habitat monitoring to evaluate crop disease and pest distributions based on multi-source satellite remote sensing imagery［J］. Optic，2017，145：66–73.

发现，相较于仅基于植被指数的模型，结合植被和环境指数的 FLDA 模型在预测作物病虫害发生方面更为准确，准确率分别为 71% 和 82%。石晶晶[①]的研究聚焦于长江三角洲地区水稻的稻飞虱与生境因子的关系。使用 MODIS、Landsat、GDEM 及 TRMM 等数据，反演了水稻的空间分布及植被指数、气温和降水等生境因子，进而采用多元统计法成功预测了稻飞虱的为害等级。田洋洋等则利用水稻纹枯病的病害调查数据、光学遥感数据和气象数据等多源数据，反演了与病害相关的生境因子，并建立了病害等级评价模型。

水稻病虫害的遥感预测技术通过利用多源数据与适宜病虫害发生发展的生境因子，如地表温度数据、气象数据及水稻种植范围等，综合分析作物特征与生态环境，构建预测模型，从而实现对病虫害的发生发展进行精确预测。这种方法不仅提高了预测的准确性，还为病虫害的及时防控提供了科学依据，是现代农业科技进步的一个典型例证。通过这些高科技手段，农业生产者能更有效地管理作物健康，优化农业资源的使用，从而提高农业生产的可持续性和效率。

二、多源数据应用于水稻病虫害监测的研究进展

近年来，遥感技术的进步已使从地面到航空和航天平台的多层次数据获取成为可能，这些数据广泛应用于作物病虫害的遥感监测研究。近地面遥感观测技术可以获得作物叶片或冠层的光谱数据，非常适合深入研究病虫害对单个作物植株的影响；而航空平台的遥感观测技术则能够覆盖更大的田块尺度，监测作物光谱，其观测范围比近地面遥感更广，但空间分辨率较低。另外，航天平台的遥感技术适用于更广泛的区域尺度监测，可以连续观测广大区域的作物病虫害情况，尽管它提供的空间分辨率是最低的，并可能会影响复杂地形下的病虫害监测精度。这些技术层级的应用为作物健康管理提供了宝贵的信息和工具。

① 石晶晶 . 稻飞虱生境因子遥感监测及应用［D］. 杭州：浙江大学，2013.

（一）近地水稻病虫害遥感监测技术的研究进展

在近地水稻病虫害遥感监测领域，高光谱遥感技术被广泛应用于水稻叶片和冠层尺度的监测工作。这种技术以其丰富的窄波段信息著称，能够更详细地保留水稻的光谱特性，因此受到众多研究者的青睐。

Liu 等[①] 在其研究中使用高光谱数据分析健康与受稻纵卷叶螟侵害的水稻光谱特征。结果显示，受侵害的水稻叶片在可见光区域（430 ~ 470 纳米、490 ~ 610 纳米和 610 ~ 680 纳米）及一个短波红外区域（2080 ~ 2350 纳米）表现出较高的反射率。相比之下，在近红外（780 ~ 890 纳米）和短波红外（1580 ~ 1750 纳米）波段，受侵害叶片的反射率低于正常叶片。万泽福[②] 通过分析单叶的高光谱成像数据，反演了稻瘟病感染前后水稻的生化参数。这些生化参数随后被用作支持向量机（SVM）的输入特征，成功实现了对感病和健康样本的分类，其中，分类精度超过了 90%。Huang 等[③] 则从叶片尺度出发，确定了与稻纵卷叶螟感染相关的 7 个敏感光谱区：503 ~ 521 纳米、526 ~ 545 纳米、550 ~ 568 纳米、581 ~ 606 纳米、688 ~ 699 纳米、703 ~ 715 纳米及 722 ~ 770 纳米。此外，他们还基于冠层尺度识别了一个敏感光谱区：747 ~ 754 纳米，并利用这些敏感区域的光谱指数构建了线性回归模型。黄建荣[④] 的研究则集中于冠层尺度，他使用高光谱数据对不同生育期的水稻在受褐飞虱侵害时的反应进行了研究，并建立了基于光谱指数的多元回归模型。这些研究为水稻病虫害的监测提供了理论基础和实践方法。

尽管近地水稻病虫害的遥感监测为理论研究和实践应用提供了坚实的基础，但实际生产和应用需求更倾向于将研究扩展到田块尺度和区域尺度。这

---

① LIU Z Y，CHENG J A，HUANG W J，et al. Hyperspectral discrimination and response characteristics of stressed rice leaves caused by rice leaf folder［C］//5th lnternational Conference on Computer and Computing Technologies in Agriculture（CCTA），2011.

② 万泽福 . 基于单叶成像高光谱的水稻叶瘟病害早期监测［D］. 南京：南京农业大学，2019.

③ HUANG J R，LIAO H J，ZHU Y B，et al. Hyperspectral detection of rice damaged by rice leaf folder（Cnaphalocrocis Medinalis）[J］. Computers and Electronics in Agriculture，2012，82：100–107.

④ 黄建荣 . 稻纵卷叶瞑和褐飞虱为害水稻的光谱监测［D］. 南京：南京农业大学，2013.

种趋势促使研究者们不断优化技术，以适应更广泛的应用场景，提高监测的精确性和效率。这一发展方向不仅有助于实时监控和预测病虫害，还能为农业生产的可持续性提供重要支持。

（二）航空水稻病虫害遥感监测技术的研究进展

在田块尺度的水稻监测中，尤其是针对破碎化的田间地块，无人机遥感技术被认为是一种极为适宜的监测手段。该技术免去了人工驾驶的需求，能够连续且自动地对特定目标进行拍摄，从而实现实时监控。

田明璐等[①]通过使用无人机搭载的多光谱遥感设备，对受稻纵卷叶螟侵害的水稻进行了监测。研究中，结合了敏感光谱波段（560 纳米、717 纳米、840 纳米、668 纳米）及植被指数（NDVI、DVI），开发出的模型成功识别了受螟虫侵害的水稻。袁建清[②]利用无人机获取的多光谱影像数据，创建了一个模型，该模型能够在田块级别上区分水稻穗颈瘟病害，实现了病害的精确填图和区域性病害监测。孙盈蕊[③]在田块尺度上使用无人机携带的高光谱非成像监测仪来分析水稻在遭受病虫害侵染时的光谱变化。研究发现，在近红外波段中，随着病虫害等级的升高，水稻的光谱反射率逐渐降低。利用概率神经网络建立的模型能够反演病虫害的严重程度，进一步实现水稻病虫害的精准监测。Liu 等[④]利用无人机上的高光谱传感器获取水稻孕穗期的冠层光谱反射率数据。他们不仅使用了新开发的双波段光谱指数（R490–R470）和三波段光谱指数（R400–R470）/（R400–R490），还利用了已公开的光化学反射指数（R550–R531）/（R550+R531）

---

① 田明璐，班松涛，袁涛，等 . 基于无人机平台的稻纵卷叶螟为害程度遥感监测［J］. 上海农业学报，2020，36（6）：132–137.

② 袁建清 . 基于多尺度遥感的寒地水稻稻瘟病信息提取与识别研究［D］. 哈尔滨：东北农业大学，2017.

③ 孙盈蕊 . 基于多尺度遥感技术的水稻病虫害监测研究［D］. 北京：中国地质大学（北京），2019.

④ LIU T，SHI T Z，ZHANG H，et al. Detection of rise damage by leaf folder（Cnaphalocrocis medinalis）using unmanned aerial vehicle based hyperspectral data［J］. Sustainability，2020，12（22）：1–14.

来建立回归模型，从而估算水稻的卷叶率。Qin 等[①]使用机载的宽带高分辨率数据来分析水稻纹枯病感染前后的光谱变化。通过综合分析植被指数和疾病指数，他们构建了一个新的图像指数 RSI，该指数可用于定量评估水稻纹枯病的感染程度。

尽管无人机遥感技术因其高时空分辨率和灵活性在小区域作物病虫害监测中得到广泛应用，但由于无人机的续航能力和观测时间的限制，该技术在大面积区域尺度的水稻监测中仍存在一定局限性。这些局限性需通过技术进步和新方法的开发来克服。

（三）卫星水稻病虫害遥感监测技术的研究进展

近年来，科技的飞速发展促使国内外相继发射了大量的卫星，包括国外的 Landsat、WorldView 和 PlanetScope 等，以及国内的资源卫星、高分卫星系列和风云卫星等。这些卫星遥感技术因其优秀的观测范围、数据采集速度及其重复和连续观测能力而受到关注，特别适用于区域尺度的水稻病虫害监测。

Shi 等[②]利用 PL 卫星的多光谱数据，提出了归一化两阶段植被指数的构建方法。研究表明，这一植被指数在识别病虫害方面表现出良好的能力。此外，他们还基于 PL 卫星图像，使用 VIs 作为输入变量，通过偏最小二乘判别分析（PLS-DA）为制图框架，绘制了疾病分布图，其结果与野外调研高度一致。唐倩[③]将高光谱数据与国产高分二号卫星的多光谱数据结合使用，成功实现了对稻纵卷叶螟为害严重程度的反演。此类研究突显了卫星遥感数据在精

① QIN Z H，ZHANG M H，CHRISTENSEN T，et al. Remote sensing analysis of rice disease stresses for farm pest management using wide-band air borne data［C］. //23rd International Geoscience and Remote Sensing Symposium（IGARSS 2003），2003：2215-2217.

② SHI Y，HUANG W J，YE H C，et al. Partial least square discriminant analysis based on normalized two-stage vegetation indices for mapping damage from rice diseases using planet scope datasets［J］. Sensors（Basel，Switzerland），2018，18（6）：1-16.

③ 唐倩. 大田水稻稻纵卷叶螟危害的地面高光谱特征分析及受害程度的卫星遥感估算［D］. 南京：南京信息工程大学，2021.

确监测和评估作物病害方面的潜力。Yuan 等[①] 基于 WorldView-2 和 Landsat-8 卫星数据，提取了植被指数和环境特征，用以预测作物病虫害。这种方法利用了遥感数据在大尺度上的应用优势，为作物健康管理提供了新的视角。这些指标的特定阈值可以清晰地区分受褐飞虱和水稻纹枯病感染的水稻与健康水稻。

然而，尽管卫星遥感在作物病虫害监测方面具有不可比拟的优势，如广泛的探测范围和快速的数据更新能力，但其空间分辨率相对较低，并且光谱分辨率也存在限制。虽然某些卫星，如 EO-1 Hyperion 和高分五号等装备了高光谱传感器，能够提供更细致的观测数据，但由于数据量庞大及空间分辨率的限制，这些高光谱数据更多地被用于科学研究，而在实际应用中的广泛投入使用还面临挑战。因此，虽然卫星遥感技术在理论研究和部分实际应用中显示出巨大潜力，但其在大规模实际应用中仍需进一步的技术改进和优化。

三、水稻病虫害遥感监测与预测模型构建方法的研究进展

水稻病虫害的遥感监测识别依托于精细化的监测模型。在众多模型中，数据驱动型的遥感监测与预测模型尤为关键，主要包括两大类：统计分析模型和机器学习模型。这两种模型通过对大量数据进行处理和分析，有效提高了病虫害识别的准确性和效率。除此之外，过程机理和知识图谱等方法也在水稻病虫害的遥感监测与预测中扮演重要角色。这些方法通过深入分析病虫害发展的生物学和生态学机制，为遥感监测提供了更为深入的理论支持，从而增强了预测模型的实用性和可靠性。

（一）统计分析模型的研究进展

在农业科学领域，准确监测和分析作物病虫害的严重程度是至关重要的。

① GHOBADIFAR F，WAYAYOK A，MANSOR S，et al. Detection of BPH（Brown Planthopper）sheath blight in rice farming using multispectral remote sensing［J］. Geomatics，Natural Hazards and Risk，2016，7（1）：237-247.

Liu 等[①]利用了多种统计回归分析方法来反演水稻褐斑病的严重程度。具体方法包括多元逐步回归分析、主成分回归分析及偏最小二乘回归分析。研究结果显示，偏最小二乘回归分析在预测病害严重程度方面表现最为出色。这种方法能够有效地处理变量多且相关性高的数据集，从而提供更精确的预测结果。在进一步的研究中，Liu 等[②]还对稻颖枯病的严重程度进行了深入分析。他们应用了主成分分析、方差分析和人工神经网络分析这 3 种技术。这些技术的应用旨在从不同角度评估病害影响，其中，人工神经网络分析特别适用于模式识别，能够在复杂的数据结构中识别出病害发展的潜在模式。

另外，Yang 等[③]在研究褐飞虱和稻纵卷叶螟对水稻侵染的严重程度时，采用了多元线性回归分析方法。研究发现，那些包含两个以上状态变量（SCs）的模型在识别虫害的严重程度上更为有效。这表明在进行虫害严重程度分析时，考虑更多的相关变量可以显著提高分析结果的准确性。尽管这些统计分析方法对数据有很强的依赖性，且在不同情境下的通用性可能受到限制，但仍因原理简单和计算方便而受到广泛欢迎。每种方法都有其独特的优势和局限性，选择合适的方法取决于特定的研究目标和可用的数据类型。

（二）机器学习模型的研究进展

机器学习模型在农业科学中，尤其是在水稻病虫害的监测与识别中扮演着关键角色。这些模型大致分为两类：经典机器学习模型和深度学习模型，每种都有其独特的应用和效果。

经典机器学习模型包括 K 近邻（K-NN）、决策树、支持向量机（SVM）等。这些模型在处理具体的监测任务时，常依赖手工选取的特征，如颜色、

① LIU Z Y，HUANG J F，SHI J J，et al. Characterizing and estimating rice brown spot disease severity using stepwise regression，principal component regression and partial least-square regression[J]. Journal of Zhejiang University.Science.B，2007，8（10）：738-744.

② LIU Z Y，WU H F，HUANG J F.Application of neural networks to discriminate fungal infection levels in rice panicles using hyperspectral reflectance and principal components analysis［ J ］. Computers and Electronics in Agriculture，2010，72（2）：99-106.

③ YANG C M，CHENG C H，CHEN R K.Changes in spectral Chara-Cteristics of rice canopy infested with brown planthopper and leaffolder［ J ］. Crop Science，2007，47（1）：329-335.

形状和纹理等。例如，Yao 等[①]使用 SVM 成功地对水稻白叶枯病、纹枯病和稻瘟病进行了检测和区分，达到了 97.2% 的准确率。此外，Suman 等[②]也利用基于 SVM 的方法，依据遥感影像中病叶的颜色和形状特征，对几种水稻病害进行了分类。Tian 等[③]将线性判别分析（LDA）、K-NN 和 SVM 应用于水稻稻瘟病的早期监测和识别。尽管这些经典模型在多个案例中表现优异，但它们通常需要研究人员基于经验进行特征选择，这一过程可能受到主观判断的影响，限制了模型的通用性和自动化水平[④]。

随着技术的进步，深度学习模型开始在水稻病虫害监测中显示出其优势。与经典机器学习模型不同，深度学习强调从大数据中自动学习和提取特征，尤其适合处理图像数据。例如，Rahman 等[⑤]利用卷积神经网络（CNN），尤其是对 VGG16 和 InceptionV3 这些先进的网络架构进行微调，以适应具体的病虫害图像识别任务。他们还提出了一种两阶段小型 CNN 架构，该架构不仅减小了模型的尺寸，还保持了 93.3% 的预期准确率。

此外，He 等[⑥]针对褐飞虱提出了基于双层快速 R-CNN 的检测算法，无论是在检测不同数目还是不同虫龄的褐飞虱中，都获得了高于 92% 的平均准确率。钟昌源等[⑦]通过结合语义分割的优势和分组注意力模块，构建了一种实时

---

① YAO Q，GUAN Z X，ZHOU Y F，et al. Application of support vector machine for detecting rice diseases using shape and color texture features［C］// International Conference on Engineering Computation，2009，5：79–83.

② SUMAN T，DHRUVAKUMAR T.Classification of paddy leaf diseases using shape and color features［J］. International Journal of Electrical and Electronics Engineers，2015，7（1）：239–250.

③ TIAN L，XUE B W，WANG Z Y，et al. Spectroscopic detection of rice leaf blast infection from asymptomatic to mild stages with integrated machine learning and feature selection［J］. Remote Sensing of Environment，2021，257：112350.

④ 温艳兰，陈友鹏，王克强，等 . 基于机器视觉的病虫害检测综述［J］. 中国粮油学报，2022，37（10）：1–11.

⑤ RAHMAN C R，ARKO P S，ALI M E，et al. Identification and recognition of rice diseases and pests using convolutional neural networks［J］. Biosystems Engineering，2020，194（C）：112–120.

⑥ HE Y，ZHOU Z Y，TIAN L H，et al. Brown rice planthopper（Nilaparvata Lugens Stal）detection based on deep learning［J］. Precision Agriculture，2020，21（6）：1385–1402.

⑦ 钟昌源，胡泽林，李淼，等 . 基于分组注意力模块的实时农作物病害叶片语义分割模型［J］. 农业工程学报，2021，37（4）：208–215.

的农作物病害语义分割模型，该模型的分割像素精度高达93.9%。

尽管机器学习方法提供了强大的工具来解决分类和回归问题，但也面临一些挑战，包括计算复杂性高、收敛速度慢等问题。此外，深度学习模型尤其依赖大量的训练数据来达到最佳性能，这在数据受限的情况下可能成为一个制约因素。然而，随着数据采集技术的进步和算法的不断优化，这些挑战正逐渐被克服。

（三）过程机理和知识图谱方法研究进展

水稻病虫害的遥感监测识别技术主要依靠捕捉水稻在受病虫害侵染前后的光谱变化来实现。当病虫害侵染水稻时，叶片的色素和细胞结构会受到影响，导致功能失调，这些生理变化反映在遥感设备捕捉到的光谱数据上。在多种光谱响应特征中，可见光至近红外光谱和荧光波段光谱是进行水稻病虫害遥感监测的两个主要特征。研究者们已经利用可见光至近红外波段的光谱响应特征成功监测了多种水稻病虫害，如二化螟、水稻纹枯病和褐飞虱等。这些病虫害的识别和监测不仅基于光谱的变化，还涉及对植物生理状态的综合评估[①]。例如，Hao等[②]的研究显示，水稻白叶枯病的侵染会显著降低水稻的光合性能，并对叶绿素的荧光参数Fm产生影响。这表明叶绿素荧光技术可作为一种有效的植物病害无损监测工具，因为它能够精确地指示植物生理状态的变化。此外，知识图谱模型方法为水稻病虫害的监测识别提供了一个新的视角。这种方法通过整合如形状、颜色、纹理等多种病虫害的识别特征，构建出一种全面的知识图谱模型。基于这个模型，研究者可以更系统地分析和识别各种植物病害。例如，Ferentinos[③]利用PlantVillage数据集及互联网上超过3万张田间图片构建数据集，在实施作物健康及病虫害识别时，该方法达到了

① HUANG J R，SUN J Y，LI A，et al. Detection of brown planthopper infestation based on spad and spectral data from rice under different rates of nitrogen fertilizer[J]. Precision agriculture，2015，16(2)：148-163.

② HAO H，LI S，ZHANG G Z，et al. Influence of bacterial leaf blight on the photosynthetic characteristics of resistant and susceptible rice [J]. Journal of phytopathology，2018，166 (7-8)：547-554.

③ FERENTINOS K P. Deep learning models for plant disease detection and diagnosis [J]. Computers and electronics in agriculture，2018，145：311-318.

高达99.53%的准确率。这一高性能显示了知识图谱模型在实际应用中的潜力。

遥感技术结合先进的机器学习和数据分析方法，在水稻病虫害的监测与管理中展现出强大的能力。它不仅提供了快速、准确的病虫害识别方式，还促进了农业科技的进步，提高了作物管理的科学性和效率。

四、水稻病虫害遥感与预测的创新发展方向

（一）多时相遥感数据与生境数据结合

病虫害的出现是一个渐进的过程，其中受病害侵染的水稻会展现出在光谱特征上的时间序列变化，这种变化在遥感监测中通常表现为信号的显著变动。尤其是在病害发生初期，光谱特征的形成呈现出更加明显的时间特征，提供了识别和预测的可能。相对于病害，虫害在早期由于其密度较小且生存位置较为隐蔽，使得它们通过遥感技术进行监测和识别变得更加困难。

为了有效应对这一挑战，结合多时相遥感数据与生境数据成为一个有效的策略。这种结合不仅增强了对水稻病虫害的实时动态监测能力，而且提高了对潜在病虫害暴发的预警效率。通过对多时相遥感数据的连续分析，研究人员能够追踪作物健康状况的变化趋势，并结合生境数据，更全面地理解病虫害发展的环境因素。这样的方法不仅有助于早期发现问题，还能在病虫害形成之前采取有效措施，极大地降低了农作物的潜在损失。

（二）整合多源数据，构建水稻病虫害监测预测系统

在当今大数据时代，通过整合多源数据构建一个综合的水稻病虫害监测预测系统成为解决区域性病虫害问题的关键工具。在病虫害的监测预测过程中，单一的数据源往往无法满足对高精度和广覆盖需求的挑战，尤其是在将针对叶片或冠层这类中小尺度的研究成果扩展到更大区域应用时面临的困难。遥感技术由于其能够覆盖广阔区域的优势，成为监测和预测水稻病虫害的重要工具。然而，当依赖单一的遥感技术时，由于数据分辨率和变化的局限性，其监测预测的精度可能会受到影响。例如，在处理大范围的数据时，细节捕捉不足可能导致病虫害识别的不准确。

为了克服这些限制，当前的趋势是向集成多种数据类型的方向发展。这包括结合来自物联网的实时数据、环境信息采集系统和传统遥感技术。物联网技术通过在田间部署传感器收集有关气候、土壤条件和作物生长状况的数据，为病虫害监测提供了关键的地面真实性信息。同时，这些传感器可以实时传输数据，使得监测系统能够实时更新和响应环境变化。通过这种多源数据的整合，监测预测系统不仅能提供更精确的数据，还能增强对复杂农业环境的理解。例如，环境信息采集可以帮助研究人员了解病虫害暴发的生态条件，而遥感技术则可以提供快速的空间分布图。这种方法能够实现从局部到整体的精细监测，及时发现并对病虫害进行干预。

参考文献

[1] 黄文江，师越，董莹莹，等. 作物病虫害遥感监测研究进展与展望［J］. 智慧农业，2019，1（4）：1-11.

[2] 沈田辉，王风良，卞康亚，等. 盐城市大丰区 2017 年稻纵卷叶螟重发原因分析及绿色防控技术集成［J］. 上海农业科技，2018，48（2）：106-108.

[3] 王凤英，胡高，陈晓，等. 近年来广西南宁稻纵卷叶螟大发生原因分析［J］. 中国水稻科学，2009，23（5）：537-545.

[4] 李昕洋，魏松红，桑海旭，等 . 辽宁省稻曲病菌遗传多样性和致病力分析［J］. 植物保护学报，2020，47（1）：84-92.

[5] 王根，宋元周. 稻纵卷叶螟的发生与防治［J］. 现代农业科技，2019，48（16）：112，114.

[6] 倪合兵. 稻纵卷叶螟的发生规律与绿色防控技术［J］. 安徽农学通报，2019，25（23）：79-80.

[7] 包云轩，曹云，谢晓金，等. 中国稻纵卷叶螟发生特点及北迁的大气背景［J］. 生态学报，2015，35（11）：3519-3533.

[8] 罗文辉，刘昌敏，郭瑞光，等. 不同药剂防治稻纵卷叶螟田间试验［J］. 湖北植保，2020，32（6）：21-23.

[9] 许卿，邓云，苏妍，等. 南平市稻纵卷叶螟的发生特点及绿色防控措施［J］. 现代农业科技，2021，49（21）：114-115，120.

[10] 陈永年 . 稻纵卷叶螟发育起点温度及有效积温的测定［J］. 湖南农业大学学报（自然科学版），1986，13（1）：39-48.

[11] 张润杰，古德祥 . 以温度为基础的稻纵卷叶螟发育模拟模型［J］. 中山

大学学报论丛，1989，8（1）：15-23.
[12] 谭方颖，王建林，宋迎波，等. 华北平原近45年农业气候资源变化特征分析［J］. 中国农业气象，2009，30（1）：19-24.
[13] 杨东，段留生，谢华安，等. 不同生育期弱光对超级稻Ⅱ优航2号产量及品质的影响［J］. 福建农业学报，2013，28（2）：107-112.
[14] 杜彦修，季新，张静，等. 弱光对水稻生长发育影响研究进展［J］. 中国生态农业学报，2013，21（11）：1307-1317.
[15] 邓飞，王丽，姚雄，等. 不同生育阶段遮阴对水稻籽粒充实和产量的影响［J］. 四川农业大学学报，2009，27（3）：265-269.
[16] 张秀英. 温度对水稻生长发育各个时期的影响分析［J］. 湖南农机：学术版，2010，37（11）：229-230.
[17] 熊伟，杨婕，吴文斌，等. 中国水稻生产对历史气候变化的敏感性和脆弱性［J］. 生态学报，2013，33（2）：509-518.
[18] 张文香，王成瑷，王伯伦，等. 寒冷地区温度、光照对水稻产量及品质的影响［J］. 吉林农业科学，2006，47（1）：16-20.
[19] 黄启仕 . 分析优质水稻栽培技术及病虫害治理［J］. 黑龙江粮食 . 2021（8）：92-93.
[20] 张晓玲 . 水稻病虫害防治中的突出问题及其对策浅析［J］. 农家参谋，2019（4）：56.
[21] 付东波 . 水稻病虫害绿色防控技术探讨［J］. 种子科技，2019，37（12）：111-112.
[22] 林涛 . 农田水稻病虫害防治管理［J］. 农家科技（上旬刊），2020（7）：30.
[23] 闻来祥 . 农药减量技术在水稻病虫害防治上的应用［J］. 乡村科技，2020（14）：99，103.
[24] 陈铁保，黄春艳，王宇 . 除草剂药害诊断及防治［M］. 北京：化学工业出版社，2002.
[25] 陈温福 . 北方水稻生产技术问答［M］. 北京：中国农业出版社，2004.
[26] 成卓敏. 新编植物医生手册［M］. 北京：化学工业出版社，2008.

[27] 程家安 . 水稻虫害 [M]. 北京：中国农业出版社，1996.

[28] 丁爱云 . 植物保护学实验 [M]. 北京：高等教育出版社，2004.

[29] 丁锦华，胡春林，傅强，等 . 中国稻区常见飞虱原色图鉴 [M]. 杭州：浙江科学技术出版社，2012.

[30] 董金皋 . 农业植物病理学 [M].3 版 . 北京：中国农业出版社，2015.

[31] 冯纪年 . 陕西草地鼠虫害及其防治 [M]. 咸阳：西北农林科技大学出版社，2006.

[32] 郭普 . 植保大典 [M]. 北京：中国三峡出版社，2006.

[33] 郭全宝，汪诚信，邓址，等 . 中国鼠类及其防治 [M]. 北京：农业出版社，1984.

[34] 郭书普，时敏，董伟，等 . 水稻、麦类、玉米、高粱病虫害防治原色图鉴 [M]. 合肥：安徽科学技术出版社，2005.

[35] 韩崇选，李金钢，杨学军，等 . 中国农林啮齿动物与科学管理 [M]. 咸阳：西北农林科技大学出版社，2005.

[36] 韩运发，徐祖荫 . 中国农作物蓟马 [M]. 北京：农业出版社，1982.

[37] 何振昌 . 中国北方农业害虫原色图鉴 [M]. 沈阳：辽宁科学技术出版社，1997.

[38] 洪剑鸣，童贤明，徐福寿，等 . 中国水稻病害及其防治 [M]. 上海：上海科学技术出版社，2006.

[39] 洪晓月 . 农业螨类学 [M]. 北京：中国农业出版社，2012.

[40] 侯明生，黄俊斌 . 农业植物病理学 [M]. 2 版 . 北京：科学出版社，2006.

[41] 黄保宏，张铁辉 . 农作物病虫草害防治实用技术 [M]. 安徽：安徽大学出版社，2014.

[42] 匡海源 . 农螨学 [M]. 北京：农业出版社，1986.

[43] 李淑玲，熊思健 . 水稻营养套餐施肥技术 [M]. 北京：中国林业出版社，2011.

[44] 李文新，侯明生 . 水稻病害与防治 [M]. 武汉：华中师范大学出版社，2002.

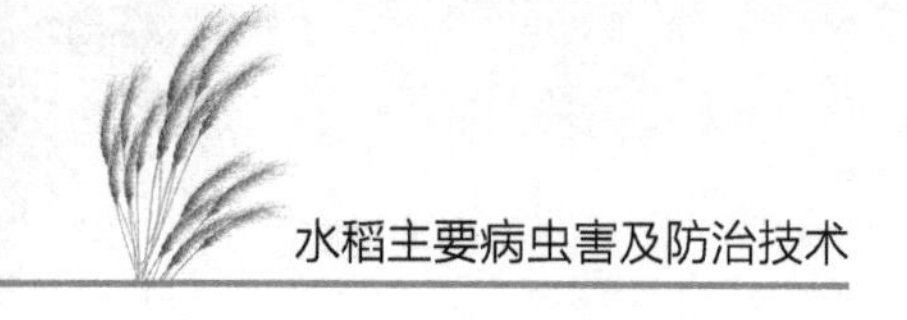

[45] 李小坤.水稻营养特征及科学施肥[M].北京：中国农业出版社，2016.

[46]张素艳，李轲轲，张冬明，等.北方农作物主要病虫害诊断与防控[M].沈阳：辽宁科学技术出版社，2015.

[47] 蒋金炜，乔红波，安世恒.农田常见昆虫图鉴[M].郑州：河南科学技术出版社，2014.

[48] 吕国强. 粮棉油作物病虫原色图谱[M]. 郑州：河南科学技术出版社，2015.

[49] 许大全. 光合作用效率[M]. 上海：上海科学技术出版社，2002.